Visual Basic 程序设计

主　编　何　鲲　梁兴琦　袁跃

编　委　(以姓氏笔画为序)

朱方洲(安徽经济管理干部学院)
刘儒香(亳州师范高等专科学校)
孙玲玲(安徽经济管理干部学院)
杨　斐(阜阳职业技术学院)
李六杏(安徽经济管理干部学院)
李　颖(马鞍山师范高等专科学校)
邹汪平(池州职业技术学院)
何　鲲(安徽经济管理干部学院)
姜　婷(安徽经济管理干部学院)
袁跃峰(安徽经济管理干部学院)
唐　立(安徽经济管理干部学院)
梁兴琦(安徽经济管理干部学院)

中国科学技术大学出版社

内 容 简 介

本书依据教育部最新公布的《全国计算机等级二级 Visual Basic》考试大纲要求编写。全书共12章，主要内容包括：Visual Basic 概述；Visual Basic 对象及其操作；Visual Basic 程序设计基础；窗体设计；常用控件；数组；过程；文件；图形绘制；对话框与菜单设计；Visual Basic 与数据库；程序调试与错误处理等。

为便于学生学习和理解，本书配有大量的实例和源程序代码。与本书配套的还有《Visual Basic 程序设计上机实验应用实例》，便于学生巩固所学内容。

图书在版编目(CIP)数据

Visual Basic 程序设计 / 何鲲，梁兴琦，袁跃峰主编. —合肥：中国科学技术大学出版社，2012. 2 (2016. 8 重印)

ISBN 978-7-312-02971-4

Ⅰ. V… Ⅱ. ①何…②梁…③袁… Ⅲ. BASIC 语言—程序设计 Ⅳ. TP312

中国版本图书馆 CIP 数据核字(2011)第 259582 号

出版 中国科学技术大学出版社
地址：安徽省合肥市金寨路 96 号，邮政编码：230026
网址：http://press. ustc. edu. cn
印刷 安徽国文彩印有限公司
发行 中国科学技术大学出版社
经销 全国新华书店
开本 787 mm × 1092 mm 1/16
印张 15
字数 348 千
版次 2012 年 2 月第 1 版
印次 2016 年 8 月第 2 次印刷
印数 4001—6000 册
定价 26. 00 元

前　　言

Visual Basic 6.0 是 Microsoft 公司推出的一款 Windows 应用程序开发工具。它采用可视化编程技术以及面向对象和事件驱动的编程机制，其优点是可方便快捷地开发出强大的 Windows 应用程序。它由于简单易用，对学习者要求不高，成为初学程序设计人员的首选。"Visual Basic 程序设计"是计算机类专业及相关专业必修的一门专业基础课。

本书依据教育部最新公布的《全国计算机等级二级 Visual Basic》考试大纲要求编写而成，在内容编排、例题题型和讲解及本教材实验指导书的实验内容等各个方面都做了精心设计。全书共分 12 章，第 1 章 Visual Basic 概述；第 2 章 Visual Basic 对象及其操作；第 3 章 Visual Basic 程序设计基础；第 4 章窗体设计；第 5 章常用控件；第 6 章数组；第 7 章过程；第 8 章文件；第 9 章图形绘制；第 10 章对话框与菜单设计；第 11 章 Visual Basic 与数据库；第 12 章程序调试与错误处理。

本书在编写过程中充分考虑了高职学生的特点和要求，简化理论叙述，注重理论联系实际，突出实例教学，通过经典案例详细讲述概念、语法，力求叙述简洁明了，以使学生快速掌握 Visual Basic 的程序设计方法和应用。

本书可作为应用性、技能型人才培养的各类教育相关专业学生学习 Visual Basic 语言程序设计的教材，也可作为各类水平考试、全国计算机等级考试的自学辅助用书及学习计算机程序设计的培训教材及参考书。

本书由何鲲、梁兴琦、袁跃峰担任主编，各章编写人员具体如下：第 1 章由梁兴琦、李颖共同编写；第 2 章由李六杏编写；第 3、4 章由刘儒香编写；第 5 章由何鲲、姜婷共同编写；第 6、7 章由杨斐编写；第 8、9 章由邹汪平编写；第 10 章由何鲲、唐立共同编写；第 11 章由袁跃峰、朱方洲共同编写；第 12 章由孙玲玲编写。此外，尚有许多老师对本书的编写提出了宝贵的意见与建议，在此一并表示感谢。

由于编者水平有限，书中不妥甚至错误之处在所难免，敬请读者批评指正，以便修订。

编　者

2011 年 11 月

前　言

目　　录

第 1 章　Visual Basic 概述

本章主要任务

1. 了解 Visual Basic 的发展和特点。
2. 了解 Visual Basic 6.0 的安装。
3. 了解 Visual Basic 6.0 的集成开发环境。
4. 掌握计算机程序设计的基本概念。

Windows 操作系统自问世以来，以其友好的图形用户界面、简单易学的操作方法赢得了广大计算机用户的喜爱，成为当今微机操作系统的主流产品。许多软件公司为适应这一趋势，相继推出了很多 Windows 环境下的应用程序开发工具，如 Visual Basic、Visual C++、Java 及 Delphi 等。而对于初学 Windows 应用程序设计的用户来说，这其中的 Visual Basic 无疑是最理想的一种开发工具。

1.1　Visual Basic 的发展和特点

1.1.1　Visual Basic 简介

Visual Basic（简称 VB）是美国微软公司在 BASIC 语言基础上推出的一种面向对象的可视化编程工具，是目前世界上使用比较广泛的一种程序开发工具。“Visual”的中文意思是“可视的”，这里指的是开发图形用户界面（GUI）的方法，不需编写大量代码去描述界面元素的外观和位置，只需要把预先建立的对象添加到窗体对象上的某个位置即可。“Basic”指的是 BASIC 语言，它是 20 世纪 60 年代美国 Dartmouth 学院的两位教授共同设计的一种计算机程序设计语言，英文全称为“Beginner's All-Purpose Symbolic Instruction Code”，含义是“初学者通用的符号指令代码”。BASIC 语言是一种曾经被广泛应用的程序设计语言，Visual Basic 不仅保持了 BASIC 语言简单易学的特点，而且增加了可视化编程、事件驱动、面向对象程序设计等特点，使程序设计更加直观、简单，大大降低了 Windows 应用程序开发的难度，提高了程序开发效率。

如今，VB 的功能十分强大，可以实现 Windows 的绝大部分功能，如多任务、多文档界面（MDI）、对象的链接与嵌入（OLE）、动态数据交换（DDE）及动态链接库（DLL）等。应用 VB 可以方便地完成各种任务，从小型应用程序到大型的数据库应用系统和多媒体信息处理系统，甚至通过 Internet 访问遍及全球的分布式应用程序等。

1.1.2 Visual Basic 的发展

1. Visual Basic 1.0

1991 年,微软公司推出了 Visual Basic 1.0 版。这在当时引起了很大的轰动,许多专家把 Visual Basic 的出现当作是软件开发史上的一个里程碑。微软公司总裁比尔盖茨说:"Visual Basic 是开发应用程序最强有力的工具,是令人震惊的新奇迹。"其实 Visual Basic 1.0 的功能非常简单,微软公司只为它添加了 VBX 控件,而没有 OCX 控件,缺少数据库支持,而且还仅仅是一种解释性语言,不能生成.exe 文件。它最大的革新是加入了事件驱动模型和可视化开发。

2. Visual Basic 2.0 和 Visual Basic 3.0

在随后的几年中,微软又陆续推出了 Visual Basic 2.0 和 Visual Basic 3.0。在 3.0 这个版本中,微软增加了最新的 ODBC 2.0 支持、Jet 数据引擎支持和新版本 OLE 支持。最吸引人的地方是它对数据库的支持大大增强了,Grid 控件和数据控件能够创建出色的数据窗口应用程序,而 Jet 引擎让 Visual Basic 能对最新的 Access 数据库进行快速的访问。Visual Basic 3.0 还增加了许多新的金融函数。此外还增加了相当多的专业级控件,可以开发出较高水平的 Windows 应用程序。Visual Basic 3.0 是 1998 年以前国内最流行的 Visual Basic 版本。

3. Visual Basic 4.0

1995 年 10 月,微软公司推出了 Visual Basic 4.0。Visual Basic 4.0 是一场革命,但在当时而言,这简直也是场灾难。首先 VBX 控件消失了,代之的是 OCX 控件,OLE 已经不是传统的 OLE 了,Visual Basic 4.0 所用的语言换成了 Visual Basic for Application,这一切导致 Visual Basic 3.0 以下版本很难移植到 Visual Basic 4.0 中,但不可否认的是 Visual Basic 4.0 为 Visual Basic 成为一种 COM 语言奠定了基础。微软在这个版本中引入了 COM 编程思想,比如在语言上加入了类模块以及属性过程、函数过程、子程序过程等组件开发所需的封装性特征。同时该版本的 Visual Basic 还能够开发 DLL 函数,可以将书写好的类用这种方式和其他语言共享。在当时用 Visual Basic 开发 COM 组件比其他任何开发语言都快捷。

4. Visual Basic 5.0

1997 年,微软公司推出了 Visual Basic 5.0。这个版本的 Visual Basic 为 COM 提供了最强有力的支持,同时微软还加入了一个本地代码编译器,让应用程序的执行效率大大提升。Visual Basic 5.0 提供了更多的面向对象支持,允许开发人员创建事件和接口,改进了类模块,支持创建自己的集合类、ActiveX 控件、进程内的 COM、DLL 组件以及在浏览器中运行的 ActiveX 文档。Visual Basic 5.0 的 IDE 支持"智能感知",这是一项非常方便开发者的功能,开发者可以不必记住很长的成员名称和关键字,只要按".",想要的东西统统会自动弹出来。

5. Visual Basic 6.0

1998 年,微软公司推出了 Visual Basic 6.0。Visual Basic 6.0 已经是一款非常成熟和稳定的开发系统,微软把 Visual Basic 6.0 作为 Visual Studio 的一员发布,这表明微软在改变 Visual Basic 的产品定位,成为大规模企业开发的利器。在 Visual Basic 6.0 中微软加入了 ADO 数据访问模型,使大数据量快速访问成为可能,提高了 Visual Basic 对多层结构的分布式应用程序的开发能力,同时微软也为 Visual Basic 加入了开发 Web 应用程序的能力。

随着版本的更新,Visual Basic 变得更加简单易学,功能也日益强大。目前使用最多的是

Visual Basic 6.0 版。它包括 3 种版本：学习版、专业版和企业版，以满足不同层次开发者的需求，大多数应用程序可以在这 3 种版本中通用。学习版是 Visual Basic 6.0 的基础版本，该版本包括所有的标准内部控件、网络控件及数据绑定控件等，适用于初学者了解 Windows 环境下的应用程序开发，可以用来开发 Windows 应用程序。专业版为专业编程人员提供了一整套功能完备的软件开发工具，包括了学习版的全部功能，同时还包括 ActiveX 控件、Internet 控件、报表控件等，适用于专业人员创建客户/服务器(Client/Server)应用程序。企业版可供专业编程人员开发功能强大的分布式应用程序，该版本包括专业版的全部功能，还包括自动化管理器、部件管理器、数据库管理工具等。

2000 年以后，微软公司又推出了 Visual Basic 7.0 以及更高级的 VB.NET 版本。本书以 Visual Basic 6.0 为蓝本。

1.1.3 Visual Basic 的特点

Visual Basic 是一种可视化的、面向对象并采用事件驱动编程机制的结构化高级程序设计语言，可用于开发 Windows 环境下的各类应用程序。它简便易学，容易掌握，编程效率高，可以高效、快捷地开发出功能强大、界面友好的 Windows 应用程序，已成为深受广大用户欢迎的程序设计语言。Visual Basic 主要有以下几个特点：

1. 面向对象的可视化编程

在用传统程序设计语言设计应用程序时，都是通过编写程序代码来设计程序界面，在设计过程中看不到程序的实际显示效果，必须编译后运行程序才能看到。如果对程序的界面效果不满意，还要回到原来的程序中去修改。有时这种设计→编译→运行→修改的过程要反复多次，大大影响了软件开发效率。

Visual Basic 采用了面向对象的程序设计(OOP)方法，把程序和数据封装在一起作为一个对象，并为每个对象赋予一定的属性。每个对象都以图形方式显示在界面上，都是可视的，用户可以直接看到界面设计的效果。Visual Basic 提供了可视化的设计平台，将 Windows 界面设计的复杂性"隐藏"起来，程序员不必再为设计界面而编写大量的程序代码。用户只需按设计要求，用系统提供的工具在窗体上"画"出各种对象，并设置这些对象的属性，Visual Basic 就会自动产生对象的程序代码并封装起来，程序员所需要编写的只是实现程序功能的那部分代码，从而大大提高了编程效率。

2. 事件驱动的编程机制

传统程序设计语言设计的程序一般由一个主程序和若干个过程或函数组成，程序运行时总是从主程序开始，由主程序调用各个过程和函数。程序设计者在编程时必须将整个程序的执行顺序精确地设计好，程序按指定的流程执行，故传统的程序设计语言被称为面向过程的程序设计语言。但是 Windows 环境下的程序运行是无法做到完全按顺序运行的，用户不可能把所有的操作都事先设计好。因为每一个用户的操作都是随机的，不同的用户所进行的操作是完全不同的。因此传统的面向过程的程序设计语言用于 Windows 环境下的应用程序开发会面临很大的困难。

Visual Basic 采用事件驱动的编程机制，即通过产生事件来驱动对象执行相应的操作，没有事件就不执行任何操作，这样就很好地解决了面向过程程序设计语言所面临的困难。例如，按钮是一个对象，当用户单击该按钮(如"退出"按钮)时将产生单击事件(Click 事件)，而产生该事件时实际将执行一段程序(称为“事件过程”),用来实现指定的操作(如退出应用程序)。

一个对象可能会产生多个事件,每个事件都可以通过事件过程来响应。多个事件可以对应多个事件过程,不同的事件过程对应不同的过程代码。因此在用 VB 开发应用程序时,不必按照事件的执行顺序来编写程序,而是编写若干个微小的子程序——“过程”。这些过程分别面向不同的对象,每个过程都由相应的事件触发而执行(称为“事件驱动”),由用户操作引发某个事件来驱动完成某种特定功能,而不是由事先设计好的程序流程来控制。各个事件的产生顺序是任意的,它将使设计工作变得相对简单,用户只需针对一个事件编写一个过程即可。

一个 VB 程序通常包含若干个过程,它没有传统意义上的主程序。每一个事件过程的代码一般都较短,容易编写,不易出错。这种编程机制,非常适合于 Windows 环境下的应用程序开发。

3. 结构化的程序设计语言

Visual Basic 是在 Basic 语言的基础上发展起来的,具有高级程序设计语言的语句结构,接近于自然语言和人类的思维方式,语句简练、易懂。Visual Basic 吸取了其他结构化程序设计语言的优点,具有丰富的数据类型、大量的内部函数,支持标准的程序设计结构:顺序结构、选择结构和循环结构。

4. 强大的数据库管理功能

Visual Basic 具有很强的数据库管理功能。利用数据控件和数据库管理窗口,可以直接建立和编辑 MS Access 格式的数据库,并提供了强大的数据存储和检索功能。同时,还能直接编辑和访问其他外部数据库,如 DBASE、FoxPro、Paradox 等,这些数据库格式都可以由 Visual Basic 编辑和处理。Visual Basic 提供的开放式数据库连接(ODBC)功能,可以通过直接访问或建立连接的方式使用并操作后台大型网络数据库,如 SQL Server、Oracle 等。在应用程序中,可以使用结构化查询语言 SQL 直接访问 Server 上的数据库,并提供简单的面向对象的库操作命令、多用户数据库的加锁机制及网络数据库的编程技术,为单机上运行的数据库提供 SQL 网络接口,以便在分布式环境中快速而有效地实现客户/服务器方案。

1.2 Visual Basic 6.0 的安装

1.2.1 Visual Basic 6.0 的安装环境

在安装 Visual Basic 6.0 之前,必须考虑它的运行环境,包括软件和硬件两方面。为保证 Visual Basic 6.0 正常运行,对系统环境的最低要求是:

① 操作系统:Windows 95 及其以上版本或者 Windows NT 4.0 及其以上版本。

② 微处理器:486DX/66 MHz 或更高的处理器,建议使用 Pentium 以上的微处理器。

③ 内存:Windows 9.x 下要求 24 MB 以上,Windows NT 下要求 32 MB 以上。

④ 硬盘空间:学习版的典型安装需要 48 MB,完全安装需要 80 MB;专业版的典型安装需要 48 MB,完全安装需要 80 MB;企业版的典型安装需要 128 MB,完全安装需要 147 MB。

⑤ 其他设备:CD-ROM 驱动器、鼠标等。

1.2.2　Visual Basic 6.0 的安装

Visual Basic 6.0 安装光盘上"OS"目录下的文件是压缩文件,因此安装 Visual Basic 6.0 必须使用安装程序 Setup.exe 将文件解压缩并安装到硬盘中,而不是直接将光盘上的文件复制到硬盘。

Visual Basic 6.0 三个版本的安装方法相同,下面以中文企业版为例简单介绍其安装过程。

1. 启动安装程序

将安装光盘插入 CD-ROM 驱动器,运行安装程序 Setup.exe,即可进入安装程序。

2. 输入产品号和用户 ID

进入安装程序后,要阅读一份"用户许可协议",点击"同意"按钮继续下一步,根据系统提示,输入用户姓名、公司名称和 ID。

3. 选择安装路径

输入用户姓名、公司名称和 ID 后,进入下一步,选择程序要安装的位置。此时可按照系统所给默认路径安装,如需自己选择安装路径,则单击"更改文件夹"按钮,在弹出的"改变目录"对话框中设置安装目录,单击"确定"按钮后,选定路径被设置。

4. 选择安装方式

Visual Basic 6.0 提供了"典型安装"和"自定义安装",用户可以单击相应的图标,完成选择。此后系统会自动把 Visual Basic 文件安装到计算机硬盘中。

1.3　Visual Basic 6.0 集成开发环境

1.3.1　Visual Basic 6.0 的启动和退出

安装完成后,在"开始"菜单的"程序"组中会多出一个"Microsoft Visual Basic 6.0 中文版"菜单选项,点击此项就可以启动并进入 Visual Basic 6.0 的可视化编程环境。启动 VB 6.0 后,将首先打开"新建工程"对话框,如图 1-1 所示。

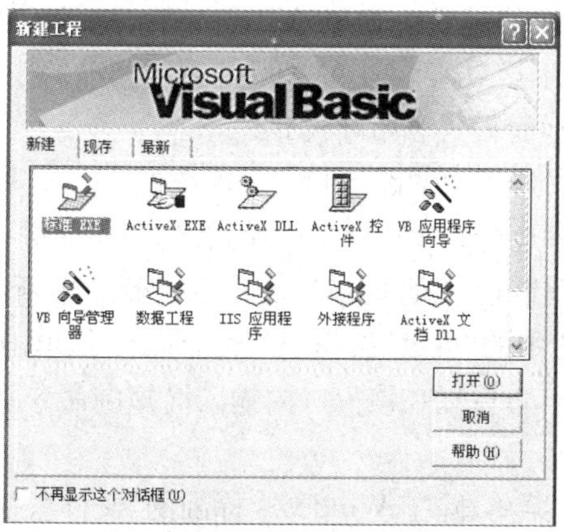

图 1-1　"新建工程"对话框

“新建工程”对话框有 3 个选项卡，“新建”选项卡用于建立新的工程，“现存”选项卡用于选择和打开现有工程，“最新”选项卡用于列出最近使用过的工程。

选择“新建”选项卡中列出的“标准 EXE”工程类型，单击“打开”按钮，即可进入 Visual Basic 6.0的可视化编程环境，如图 1-2 所示。由图 1-2 可见，VB 6.0 的可视化编程环境中除了具有 Windows 环境下的标准标题栏、菜单栏和工具栏之外，还有工具箱、属性窗口、工程资源管理器、窗体设计器、代码窗口和窗体布局窗口等。

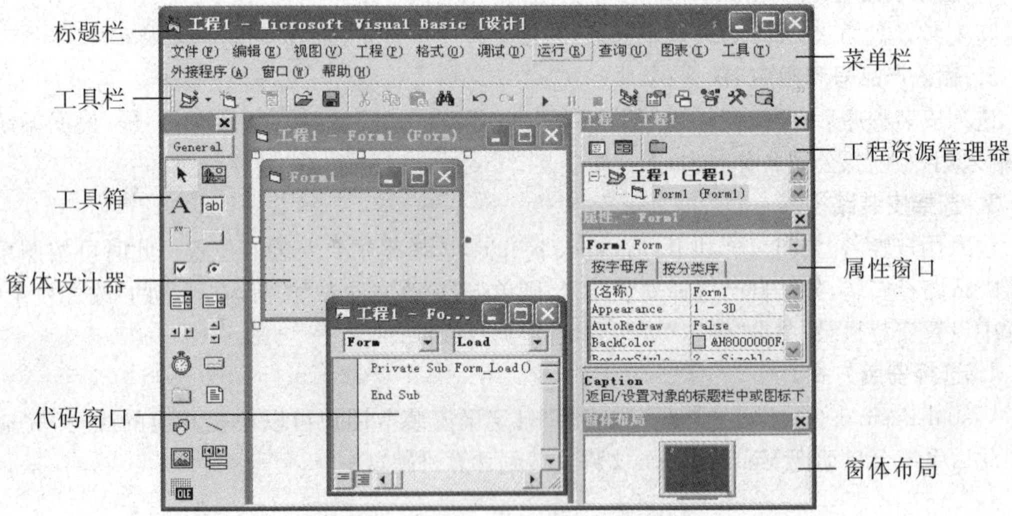

图 1-2 Visual Basic 6.0 的可视化编程环境

可以通过单击“关闭”按钮关闭 VB 6.0 可视化编程环境窗口，或单击菜单栏中的“文件|退出”命令，或按“Alt+F4”快捷键等方法退出 VB 6.0。退出时，如果当前程序经过修改，则系统会弹出一个对话框，提醒用户保存所做的修改。如果当前程序未做任何修改，则直接退回到 Windows 环境下。

1.3.2 Visual Basic 6.0 的功能窗口

1. 标题栏

标题栏用于显示应用程序的名称。启动 VB 6.0 后，标题栏中显示的默认标题为“工程1-Microsoft Visual Basic[设计]”，方括号中的“设计”表明当前的工作模式为设计模式。VB 共有 3 种工作模式：设计模式、运行模式和中断模式。

① 设计模式：可以进行用户界面的设计和代码的编制。

② 运行模式：当应用程序运行时 VB 处于此模式，这时不能进行界面设计和代码编辑。

③ 中断模式：主要用于调试程序，此时应用程序运行暂时中断，可以编辑代码，但不可设计界面。按 F5 键或单击工具栏中的“继续”按钮，程序继续运行，单击“结束”按钮程序停止运行。在此模式下，会弹出“立即”窗口，可以在该窗口内输入简短的命令并立即执行。

2. 菜单栏

菜单栏中共有 13 个下拉菜单，除了 Windows 标准的“文件”、“编辑”、“视图”、“窗口”和“帮助”外，还提供了一些专用的功能菜单，如“工程”、“格式”、“调试”、“运行”等，这些菜单包含了程序设计过程中所需的各种命令。

① 文件:用于创建、打开、保存、显示最近的工程及生成可执行文件。

② 编辑:用于程序源代码的编辑。

③ 视图:用于集成开发环境下程序源代码、控件的查看。

④ 工程:用于控件、模块和窗体等对象的处理。

⑤ 格式:用于执行窗体控件的对齐等格式化命令。

⑥ 调试:用于执行程序调试、查错等命令。

⑦ 运行:用于执行程序启动、设置中断和停止程序运行等命令。

⑧ 查询:VB 6.0 新增功能。在设计数据库应用程序时用于设计 SQL 属性。

⑨ 图表:VB 6.0 新增功能。在设计数据库应用程序时编辑数据库的命令。

⑩ 工具:用于集成开发环境下工具的扩展。

⑪ 外接程序:用于为工程增加或删除外接程序。

⑫ 窗口:用于屏幕窗口的层叠、平铺等布局及列出所有打开文档窗口。

⑬ 帮助:帮助用户系统学习掌握 VB 的使用方法及程序设计方法。

3. 工具栏

工具栏集中了 VB 6.0 中最常用的操作,利用工具栏按钮可以快速地访问常用的操作命令。VB 6.0 提供了 4 种工具栏:编辑、标准、窗体编辑器及调试,并可根据需要定义用户自己的工具栏。一般情况下,VB 6.0 中只显示“标准”工具栏,其他工具栏可以通过“视图”菜单中的“工具栏”命令打开。

4. 工具箱

工具箱位于 VB 可视化编程环境的左侧,由 21 个按钮形式的图标构成,这些图标中除“指针”图标外,其余的都称为“控件”,如图 1-3 所示。

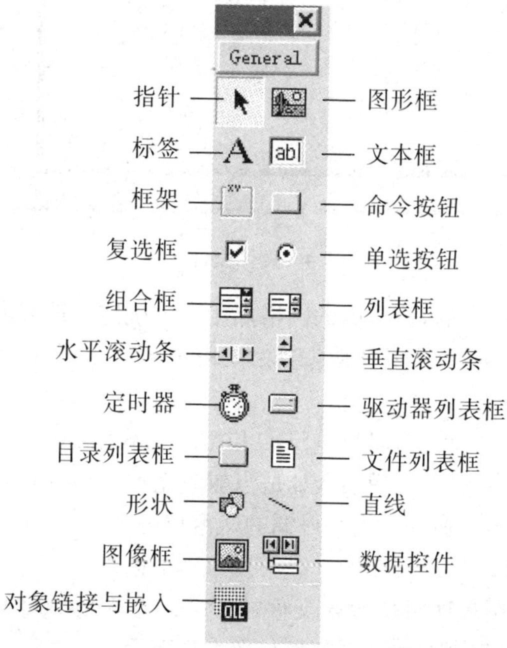

图 1-3　工具箱

VB 的工具箱包含了建立应用程序所需要的各种控件。编程人员可以在设计阶段使用这些控件，在窗体上构造出所需的应用程序界面。注意："指针"不是控件，只是用于在窗体上选择并调整控件位置的工具。用户可以通过"工程"菜单中的"部件"命令将其他外部控件添加到工具箱中。

工具箱的控件可以通过选项卡来重新组织。用户只要在工具箱上单击鼠标右键，并从快捷菜单中选择"添加选项卡"命令，在弹出对话框的文本框中输入新的选项卡名称，然后单击"确定"按钮就可以了。接下来，再用拖拽的方式将某些功能相似的控件放到不同的选项卡中。因此，用户可以根据自己的意图管理控件，并通过单击选项卡名称在不同的选项卡之间切换。

5. 窗体设计器

窗体设计器也称"对象窗口"或"窗体窗口"，主要用来在窗体上设计应用程序的界面。用户可以将工具箱中的控件对象以拖拽的方式添加到窗体设计器中，为了能够获得满意的界面效果，可以随意移动控件对象的位置或改变其大小。

一个 VB 的应用程序至少要有一个窗体窗口。每一个窗口都必须有唯一的名称，新建窗体时默认的窗体名称为 Form1，如图 1-4 所示。

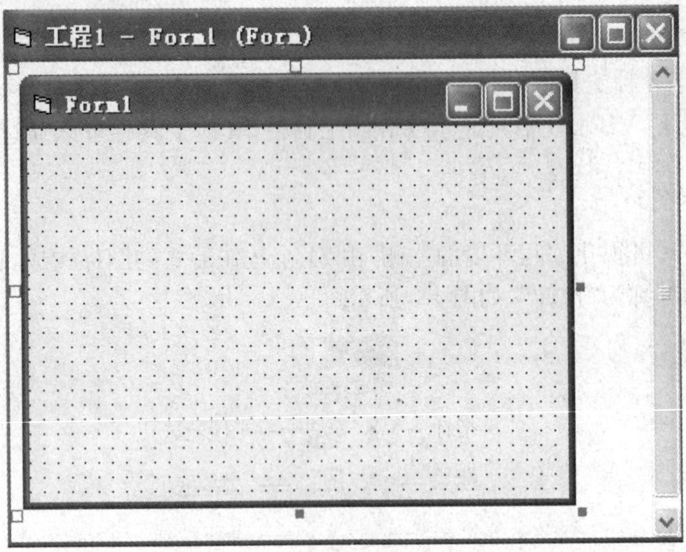

图 1-4　窗体设计器

在设计状态下窗体是可见的，窗体内的网格点用于准确定位放置的控件。右击窗体的空白处，在弹出快捷菜单中可以选择"查看代码"、"菜单编辑器"、"属性窗口"、"锁定控件"和"粘贴"等命令。

VB 6.0 一般有两种窗体：单文档界面(SDI)和多文档界面(MDI)。对于 SDI 选项，其所有窗口可在屏幕上任何地方自由移动，只要 VB 是当前应用程序，它们将位于其他应用程序之上；对于 MDI 选项，所有窗口包含在一个大小可调的父窗口内。

6. 工程资源管理器窗口

工程是指创建一个应用程序时所包含文件的集合。在 VB 中用工程资源管理器来管理工程中的窗体和各种模块，工程资源管理器窗口如图 1-5 所示。

工程资源管理器采用类似资源管理器的层次化管理方式列出当前工程中所有的文件，包括窗体文件(. frm)、类模块文件(. cls)、标准模块文件(. bas)、工程文件(. vbp)和资源文件(. res)。

在工程资源管理器窗口中有“查看代码”、“查看对象”及“切换文件夹”3 个按钮。单击“查看代码”按钮，可以打开“代码”窗口，用于显示和编辑代码；单击“查看对象”按钮，可以打开“窗体设计器”，可以查看正在设计的窗体；单击“切换文件夹”按钮，则可以隐藏或显示包含在对象文件夹中的个别项目列表。

7. 属性窗口

单击工具栏上的“属性窗口”按钮，或选择“视图”菜单中的“属性窗口”命令，均可打开属性窗口，如图 1-6 所示。属性窗口用于列出选定窗体和控件对象的属性列表，在设计时可以通过修改对象或控件的属性来改变其外观、位置等，这些属性将是程序运行时各对象属性的初始值。属性窗口包括以下几项：

① 对象下拉列表框：单击右端的下拉箭头可列出当前窗体所有对象的名称，供用户选择不同的对象。

② 选项卡：代表显示属性的两种方法，可按字母序或按分类序显示所有对象。

③ 属性列表：它分为两栏，左列显示所选对象的所有属性名称，右列显示对应的属性值，可以查看和修改属性值。当用户选择一个属性时，其右侧可能会出现下拉箭头式按钮或三点式按钮，这表明该属性有预定值可供选择。

④ 属性说明：显示所选属性的简短说明。

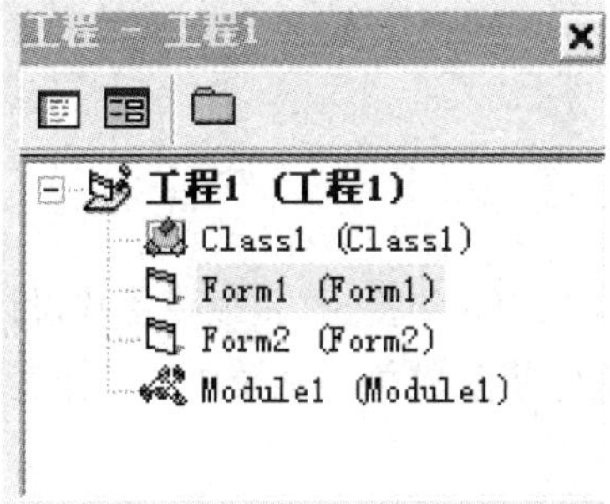

图 1-5　工程资源管理器窗口

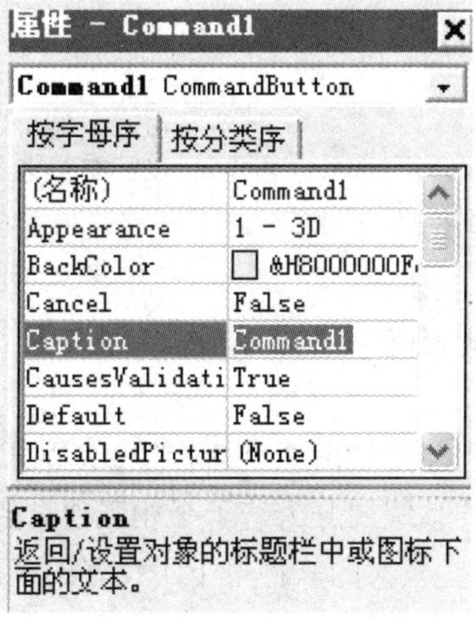

图 1-6　属性窗口

8. 代码窗口

代码窗口又称“代码编辑器”，主要用于编写事件过程、显示和修改程序代码，是专门进行程序设计的窗口，如图 1-7 所示。

打开代码窗口的方法有很多，双击窗体设计器的任何地方、单击菜单中的“视图|代码窗口”命令或单击工程资源管理器窗口中的“查看代码”按钮都可以打开代码窗口。代码窗口中含有对象下拉列表框、事件下拉列表框、代码编辑区、过程查看图标和全模块查看图标等。

① 对象下拉列表框：用于显示对象的名称。它列出了当前窗体中包含的所有对象名，单击右边的下拉箭头可选择其他对象名。

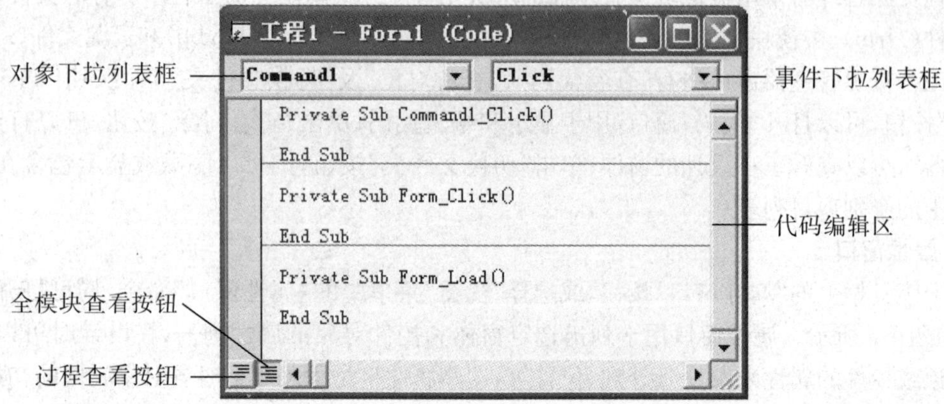

图 1-7　代码窗口

② 事件下拉列表框：用于列出与对象有关的事件。当选择一个事件时，代码编辑区就自动显示该事件过程。

③ 代码编辑区：用于显示、修改各种事件过程的代码。它提供了完善的文本编辑功能，可以方便地对代码进行删除、移动、复制、粘贴等操作。另外还具有自动列出成员特性、大小写字母转换、语法提示、自动语法检查等功能。

④ "过程查看"图标：该图标的作用是使代码编辑区每次只显示一个过程代码。

⑤ "全模块查看"图标：该图标的作用是使代码编辑区内显示所有的过程代码。

1.4　计算机程序设计基本概念

1.4.1　结构化程序设计

结构化程序设计由迪克斯特拉(E. W. Dijkstra)在 1969 年提出，是以模块化设计为中心，将待开发的软件系统划分为若干个相互独立的模块，这样使完成每一个模块的工作变得单纯而明确，为设计一些较大的软件打下了良好的基础。

结构化程序设计方法的三条原则是：自顶向下、逐步求精、模块化。

即首先把一个复杂的大问题分解为若干相对独立的小问题。如果小问题仍较复杂，则可以把这些小问题又继续分解成若干子问题，这样不断地分解，使得小问题或子问题简单到能够直接用程序的三种基本结构表达为止。然后，对应每一个小问题或子问题编写出一个功能上相对独立的程序块来，这种像积木一样的程序块被称为模块。每个模块各个击破，最后再统一组装，这样，对一个复杂问题的解决就变成了对若干个简单问题的求解。这就是自上而下、逐步求精的程序设计方法。

确切地说，模块是程序对象的集合，模块化就是把程序划分成若干个模块，每个模块完成一个确定的子功能，把这些模块集中起来组成一个整体，就可以完成对问题的求解。这种用模块组装起来的程序被称为模块化结构程序。在模块化结构程序设计中，采用自上而下、逐步求精的设计方法便于对问题的分解和模块的划分，所以它是结构化程序设计的基本原则。

例如，如果我们要求一元二次方程 $ax^2+bx+c=0$ 的根，则可以考虑用结构化程序设计思想来解决。

分析：先从最上层考虑，求解问题的算法可以分成三个小问题，即：输入问题、求根问题和输出问题。这三个小问题就是求一元二次方程根的三个功能模块：输入模块 N1、计算处理模块 N2 和输出模块 N3。其中 N1 模块完成输入必要的原始数据，N2 模块根据求根算法求解，N3 模块完成所得结果的显示或打印。这样的划分，使求一元二次方程根的问题变成了三个相对独立的子问题。

分解出来的三个模块从总体上是顺序结构。其中 N1 和 N3 模块是完成简单的输入和输出，可以直接设计出程序流程，不需要再分解。而 N2 模块是完成求根计算，比较复杂，可以将其再细化成 N21、N22 等几个子模块，分别对应一次方程和二次方程的求根。

可见，编制程序与建大楼一样，首先要考虑大楼的整体结构而忽略一些细节问题，待把整体框架搭起来后，再逐步解决每个房间的细节问题。在程序设计中就是首先考虑问题的顶层设计，然后再逐步细化，完成底层设计。使用自顶向下、逐步细化的设计方法符合人们解决复杂问题的一般规律，是人们习惯接受的方法，可以显著地提高程序设计的效率。在这种自顶而下、分而治之的方法指导下，实现了先全局后局部、先整体后细节、先抽象后具体的逐步细化过程。这样编写的程序具有结构清晰的特点，提高了程序的可读性和可维护性。

1.4.2　面向对象程序设计

结构化程序设计的编程方法采用的是面向过程、按顺序执行的机制，其缺点是程序员始终要关心什么时候发生什么事情。这种方法用于处理 Windows 环境下的各种事件工作量太大，而且因其操作的不确定性有时甚至不可能完成程序设计。VB 采用的是面向对象、事件驱动的编程机制，程序员只需编写响应用户动作的程序，如移动鼠标、单击命令按钮等，而不必考虑按精确次序执行的每个步骤，编程工作量大大减少。另外 VB 提供的多种标准控件可以快速创建强大的应用程序而不必过多关注细节问题。

1. 相关概念

(1) 对象

在现实生活中，任何一个实体都是一个对象(Object)。例如，一个人、一台电脑等都是对象。如果把对象进行抽象，会发现这些现实生活中的对象有两个共同的特点：一是它们都有自己的特征，如人有姓名、性别、年龄等；二是它们都有自己的行为，如每个人都要吃饭、睡觉、喝水等。

在面向对象程序设计中，对象就是现实世界中对象的模型化，它具有自己的特征和行为。对象是具有特殊属性(数据)和行为方式(方法)的实体，是代码和数据的结合。

对象具有属性、事件和方法三要素，一个对象建立以后，其操作就是通过该对象的属性、事件和方法来描述。

VB 中的对象有窗体和控件。窗体是创建应用程序界面的基础，而应用程序的界面就是由一个个控件对象组成。VB 中的对象可以分为两类：一类是由系统提供给用户直接使用的，称为预定义对象，如标准控件；另一类是由用户自己定义的对象。

(2) 属性

对象的属性用来描述对象的特征，表现为属性值。可以通过改变对象的属性值来改变对象的特征，如将某一命令按钮对象的标题由“退出”改为“确定”，标签的颜色由“灰色”改为“白色”等。在可视化编程中，每个对象都有一组特定的属性，其中许多属性可能为大多数对象所共有，如通过设置 Caption 属性，可以改变大多数对象的标题内容。还有一些属性仅局限于个别对象，如只有命令按钮才有 Cancel 属性，它用于确定命令按钮是否是窗体默认的取消按钮。

每一个对象的属性都有一个默认值，通过修改对象的属性能够控制对象的特征。修改对象的属性有两种方式，即在程序中用指令代码修改属性和在设计时通过属性窗口修改属性。

(3) 事件

事件是系统预先定义好的、能够被对象识别的动作。例如单击事件（Click)、双击事件(DblClick)、装载事件(Load)、鼠标移动事件(MouseMove)等。不同的对象能够识别不同事件。

(4) 方法

对象的方法是指在对象中预先定义好的并且该对象能够执行的操作。在面向对象程序设计中，方法就是系统提供的一种特殊函数或过程，当用户需要实现某种功能，而该对象又提供了实现相应功能的过程代码时，用户只需调用这些过程，即调用方法，无需用户自己编程。如清除方法 Cls、显示方法 Show、移动方法 Move 等。

方法决定了对象可以进行的操作，它只能在程序代码中使用。每个方法完成某个特定的功能，其实现步骤和细节用户看不到，也不能修改，用户可以按照约定直接调用它们。

2. 可视化编程

Visual Basic 可视化编程与传统的编程方法不同，不再遵循编程→编译→调试→运行的传统模式。用户无需编写大量的代码去描述界面元素的外观和位置，而是采用面向对象的程序设计方法和事件驱动的编程机制，将数据和方法集成到若干个独立的控件对象中去，使程序设计大大简化，更容易掌握。

3. 事件触发编程机制

当事件发生时，VB 将检测到两条信息，即发生的是什么事件和什么对象接收了事件。但是，VB 只能自动识别事件的发生，并不能自动产生对事件的响应。为了使对象能够对由用户或系统触发的某一事件做出响应，就必须编写事件过程。对象响应某个事件后会执行什么样的操作，可以通过一段程序代码实现，这段独立的程序代码就是“事件过程”。事件过程在对象检测到某个特定事件发生时才执行，即响应该事件。

1.5 Visual Basic 6.0 的帮助系统

Visual Basic 6.0 提供了内容丰富、使用方便的在线帮助系统，用来帮助用户解决在进行程序设计时出现的问题。

1.5.1 使用 MSDN Library 在线帮助

一旦用户完成了 Visual Basic 6.0 及相应的 MSDN 帮助文件的安装，就可以充分利用帮助文件所提供的相关帮助内容，解决在学习或使用 Visual Basic 进行程序设计过程中出现的问题。

可以通过下面的步骤启动 MSDN 帮助文件。

① 启动 Visual Basic 6.0。

② 选择菜单"帮助|内容"，如图 1-8 所示。

③ 在打开的 MSDN Library Visual Studio 6.0 窗口中，通过选择"目录"标签、"索引"标签、"搜索"标签或"书签"标签中的主题就可以查找相关内容。

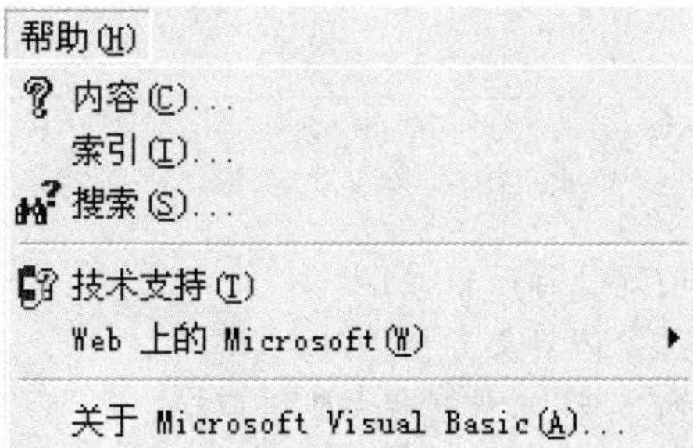

图 1-8　帮助菜单

1.5.2　上下文相关帮助

Visual Basic 6.0 的许多部分是上下文相关的。上下文相关意味着不必通过"帮助"菜单就可直接获得有关这些部分的帮助。启动 Visual Basic 6.0 以后，在"代码窗口"中将光标插入点置于一个关键词中并按 F1 键，就会显示有关该关键词的帮助信息。

可以使用上下文相关帮助的部分：

① Visual Basic 中的每个窗口（属性窗口、代码窗口等）。

② 工具箱中的控件。

③ 窗体或文档对象内的对象。

④ 属性窗口中的属性。

⑤ Visual Basic 关键词（声明、函数、属性、方法、事件和特殊对象）。

⑥ 错误信息。

第2章 Visual Basic 对象及其操作

本章主要任务

1. 理解和熟悉对象的概念。
2. 掌握对象的建立与基本操作。
3. 理解和熟悉窗体对象与控件对象。
4. 熟悉对象的事件、事件过程与事件驱动。
5. 了解 Visual Basic 的工作模式与运行模式。

在现实生活中,对象是具有某些特性的具体事物,如一个人、一台电脑等;在面向对象程序中,对象就是系统中运行的基本实体,如一个窗体、一个命令按钮等。

任何一个对象都有属性、事件和方法三个要素,各自从不同的角度表达了对象的构成,通过三者有机的结合,便构成一个完整的 Visual Basic 应用程序。

2.1 对象的概念

2.1.1 对象(Object)

对象(Object)是代码和数据的集合。可以把对象看成日常生活中的各种物体,如一支笔、一辆汽车、一台电脑都是一个对象。一台电脑又可以拆分为主板、CPU、内存、外设等部件,这些部件又都分别是一个对象,因此电脑对象可以说是由多个"子"对象组成的,它可以称为是一个对象容器(Container)。

在 Visual Basic 6.0 中,对象可以由系统设置好,直接供用户使用,也可以由程序员自己设计。Visual Basic 设计好的对象有窗体、各种控件、菜单、屏幕、剪贴板等,用户使用最多的对象是窗体和控件。

2.1.2 类(Class)

类是同一种对象的统称,是一个抽象的整体概念,也是创建对象实例的模板,而对象则是类的实例化。

下面以“学生”为例，说明类与对象的关系。学生是一个笼统的名称，是整体概念，我们把学生看成一个“类”，一个个具体的学生（比如你自己）就是这个类的实例，也就是这个类的一个个对象。

对象是具有特殊属性（数据）和行为方式（方法）的实体。一个对象建立以后，其操作就是通过与该对象有关的属性、事件和方法来描述。

实例 1：一辆汽车是一个对象。

这辆汽车一定会具有某些特性。例如品牌、型号、颜色、车牌号等。从对象的角度来看，这就是对象的属性。

这辆汽车一定能够完成某些功能。例如加速、减速、转弯等。从对象的角度来看，这就是对象的方法。

一辆汽车一定能够响应一些外部事件。例如，当用户踩刹车时，汽车要能做出响应，将速度降低。从对象的角度来看，这就是对象的事件。

实例 2：Visual Basic 对象——控件。

控件具有某些特性。例如标题、大小、位置等，这就是对象的属性。

控件能完成某些功能。例如，Text1. print ″welcome to China!″，这就是对象的方法。

控件能够响应一些外部事件。例如 Load、Click、DblClick 等，这就是对象的事件。

2.1.3　对象属性

在 Visual Basic 中，每个对象都有用来描述和反映该对象的参数，称为属性（Property）。属性是用来描述和反映对象特征的参数。对象的数据就保存在属性中，每个对象属性都有一个默认值。属性值决定了对象的外观和行为。

2.1.4　对象方法

方法是面向对象程序设计语言为编程者提供的用来完成特定操作的过程和函数。在 Visual Basic 中已将一些通用的过程和函数编写好并封装起来，作为方法供用户直接调用，这给用户的编程带来了极大的方便。因为方法是面向对象的，所以在调用时一般要指明对象。对象方法的调用格式为：

［对象.］方法［参数名表］

说明：① 若省略了对象，表示是当前对象，一般指窗体。

② 窗体常用的方法有显示输出 Print、移动 Move、清除 Cls、显示 Show、隐藏 Hide 等方法。

实例：在窗体 Form1 上打印输出“Visual Basic 程序设计”，可使用窗体的 Print 方法：

Form1. Print　″Visual Basic 程序设计″

2.2 对象的建立与基本操作

2.2.1 对象的命名

每一个对象都有自己的名字。每个窗体、控件对象在建立时 VB 系统给出了一个默认名。用户可通过属性窗口设置(名称)来给对象命名。对象名称命名的原则:

① 名称必须以字母开头,由字母、汉字(最好不用)、数字及下划线组成;

② 名称的长度不超过 40 个字符;

③ 名称不能与 VB 的公共对象的名称相同,例如 Clipboard、Screen 或 App 等;

④ 相同类型的对象不能有相同的名称(若相同则会生成控件数组,见 6.4 节);

⑤ 名称的命名最好体现"见名知义",即可以反映出对象的类型与对象的用途。

2.2.2 对象的建立

工具箱的各种控件并不是对象,而是代表了各个不同的类。通过类的实例化,可以得到真正的对象。当在窗体上画一个控件时,就将类转换为对象,即创建了一个控件对象,也简称为控件,如图 2-1 所示。建立对象的方法有:

① 单击工具箱控件在窗体上按住左键拖拉到所需要的大小后释放。

② 双击工具箱控件,则立即在窗体中出现一个默认大小的对象框。

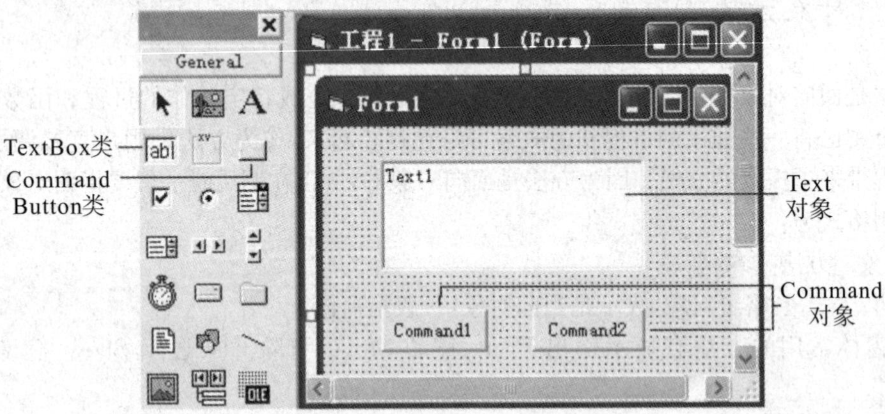

图 2-1 创建控件对象

2.2.3 编辑对象

对对象进行编辑,首先需要用鼠标单击对象使其被选中,然后可以对其进放大、缩小、复制、删除等相关编辑操作。

2.3　窗体对象与控件对象

窗体和控件都是 Visual Basic 中的对象，它们是应用程序的“积木块”，共同构成用户界面。

2.3.1　窗体对象

窗体(Form)是 Visual Basic 编程中最常见的对象，也是程序设计的基础。在程序运行前，即设计阶段，称为窗体，程序运行后也可以称为窗口。各种控件对象必须建立在窗体上，一个窗体对应一个窗体模块。

窗体的结构和操作与 Windows 环境下的应用程序窗口类似，如图 2-2 所示。

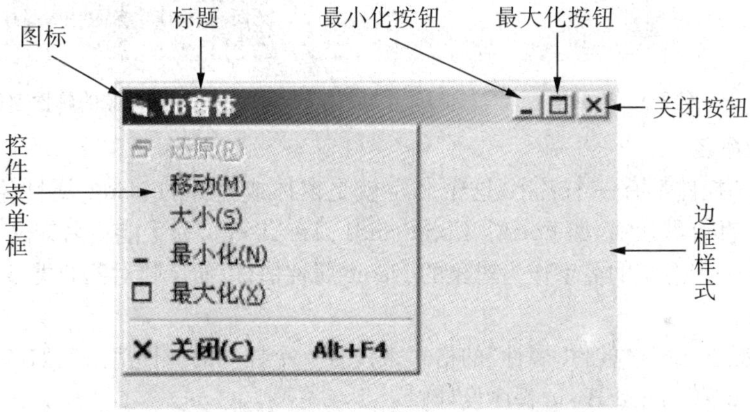

图 2-2　窗体的结构

2.3.2　控件对象

在 Visual Basic 中，因为有了控件，才使得 Visual Basic 不但功能强大，而且易于使用。控件以图标的形式放在工具箱中，如图 2-3 所示，每种控件都有与之对应的图标。启动 Visual Basic 后，工具箱位于窗体的左侧。

1. 标准控件(内部控件)

VB 中的控件通常分为 3 种类型：

① 内部控件。这些控件由 Visual Basic 的. exe 文件提供。启动 Visual Basic 后，内部控件就出现在工具箱中，既不能添加，也不能删除。

② ActiveX 控件。是扩展名为. ocx 的独立文件，其中包括各种版本 Visual Basic 提供的控件和仅在专业版和企业版中提供的控件，另外还包括第三方提供的 ActiveX 控件。

③ 可插入对象。因为这些对象能添加到工具箱中，所以可把它们当作控件使用。

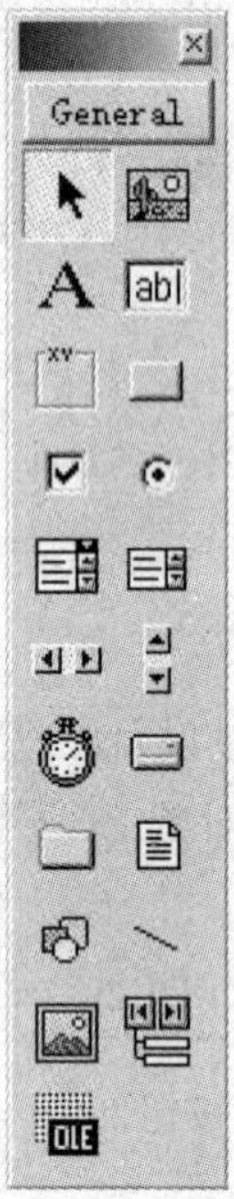

图 2-3 工具箱

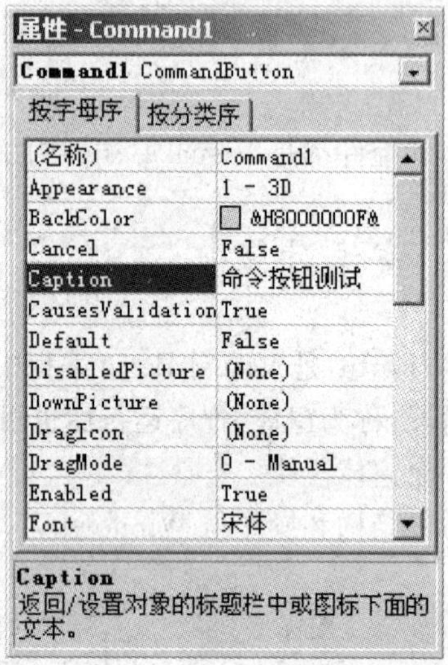

图 2-4 对象的属性窗口

2. 控件的命名

每个窗体和控件都有一个名字，这个名字就是窗体或控件的 Name 属性值。在一般情况下，窗体和控件都有默认值，如 Form1、Command1、Text1 等。为了能见名知义，提高程序的可读性，最好用有一定意义的名字作为对象的 Name 属性值，以便反映对象的类型。

3. 控件值

在一般情况下，通过“控件. 属性”的格式来设置一个控件的属性值。例如：

Text1. Text="Visual Basic 程序设计"

为了方便使用，Visual Basic 为每个控件规定了一个默认属性，在设置这个属性值时，不必给出属性名，通常把该属性称为控件的值。

使用控件值可以节省代码，但会影响程序的可读性。

2.4 对象的属性及其设置

2.4.1 对象的基本属性

1. Name 名称属性

Name 是所有对象都具有的属性，它是创建对象的名称，每个对象都有其默认的名称。如窗体对象默认名称为 Form1，标签对象默认名称为 Label1，如图 2-4 所示。在程序中，控件名作为对象的标志被引用，不会显示在窗体上。

2. Height、Width、Top 和 Left 属性

这四个属性决定窗体（或控件）的大小或在容器中的位置，其单位为 twip，1 twip=1/20 点

=1/1440 英寸=1/567 cm。如图 2-5 所示。

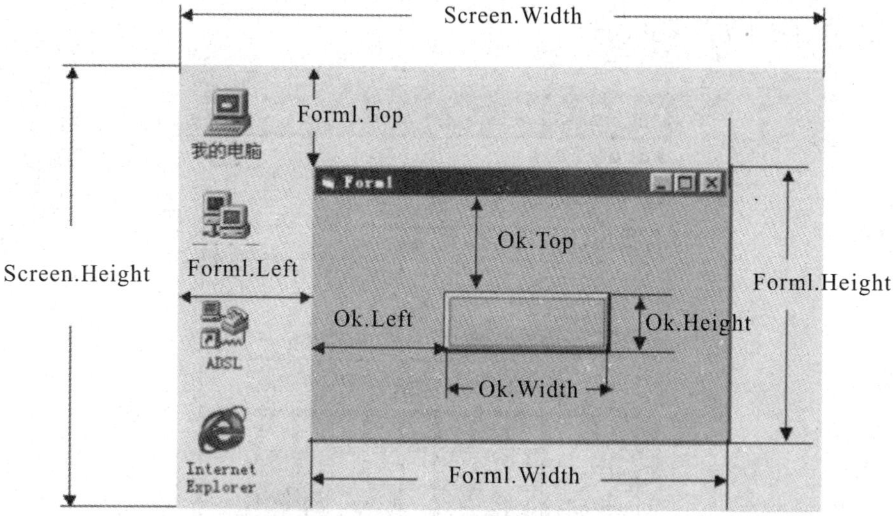

图 2-5 窗体、控件在容器中的位置

3. Caption 标题属性

Caption 属性决定出现在对象标题栏上的文本内容。

4. Font 字体属性组

FontName 属性是字符型参数，决定对象上正文的字体(默认为宋体)。

FontSize 属性是整型参数，决定对象上正文的字体大小。

FontBold 属性是逻辑型参数，决定对象上正文是否是粗体。

FontItalic 属性是逻辑型参数，决定对象上正文是否是斜体。

FontStrikeThru 属性是逻辑型参数，决定对象上正文是否加删除线。

FontUnderLine 属性是逻辑型参数，决定对象上正文是否带下划线。

5. Enabled 属性

Enabled 属性决定控件是否可操作。它是逻辑型参数，其值有两个，即 True 和 False。True 是允许用户进行操作，并对操作做出响应(为默认值)；False 则使该对象呈暗淡色，禁止用户进行操作。

6. Visible 属性

Visible 属性决定控件是否可见。它是逻辑型参数，其值有两个，即 True 和 False 。True 表示运行时控件可见(为默认值)；False 表示运行时控件隐藏，用户看不到，但控件本身是存在的。

7. BackColor 属性和 ForeColor 属性

BackColor 属性用于返回或设置对象的背景颜色，如图 2-6 所示。ForeColor 属性用于返回或设置在对象里显示图片和文本的前景颜色。它们是十六进制长整型数据。

说明：在程序代码中，可用 Windows 运行环境的红-绿-蓝(RGB)颜色方案，使用调色板或在代码中使用 RGB 或 QBColor 函数指定标准 RGB 颜色。正常 RGB 颜色的有效取值范围是 0 到 16777215 (&HFFFFFF&)。该范围内数的高字节为 0；较低的 3 个字节，从最低字节到最高字节依次决定红、绿、蓝的值。红、绿、蓝的值分别由一个 0 到 255 (&HFF&)之间的数表示。例如，将窗体 Form1 的背景色设置为红色，则可使用下面三种方法：

```
Form1.BackColor = RGB(255, 0, 0)
Form1.BackColor = &HFF& (低字节到高字节分别表示红、绿、蓝的值)
Form1.BackColor = vbRed
```

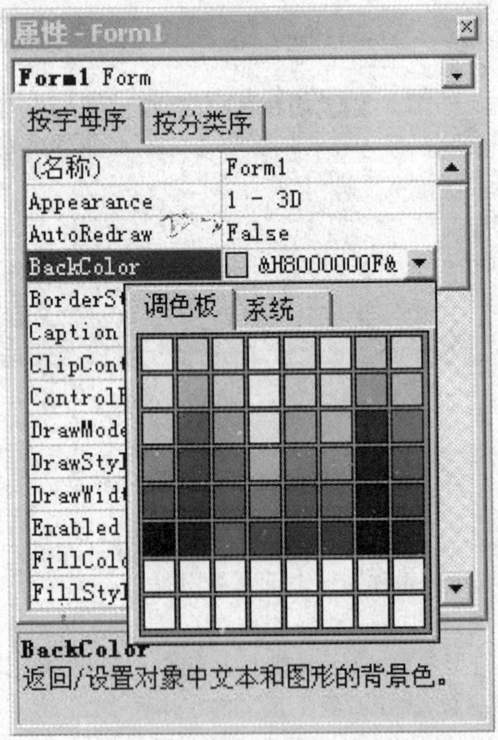

图 2-6 Form1 的背景颜色

2.4.2 对象的属性设置

对象属性设置的方法有两种：在设计模式下通过属性窗口直接设置对象属性和在程序代码中通过赋值实现。

1. 通过属性窗口直接设置对象属性

通常把只能通过属性窗口设置的属性称为“只读属性”。首先激活要设置的属性窗口。

激活属性窗口的方法有：① 用鼠标单击属性窗口的任何部位；② 执行“视图”菜单中的“属性窗口”命令；③ 按 F4 键；④ 单击工具栏上的“属性窗口”按钮；⑤ 按组合键 Ctrl＋PgDn 或 Ctrl＋PgUp。

然后对属性进行相应的设置，设置值有以下三种模式：

(1) 直接输入新属性值

有些属性，如 Caption(标题)、Text(文本框)等都必须由用户输入，这些可以通过在属性窗口中输入新属性值来实现，如图 2-7 所示。

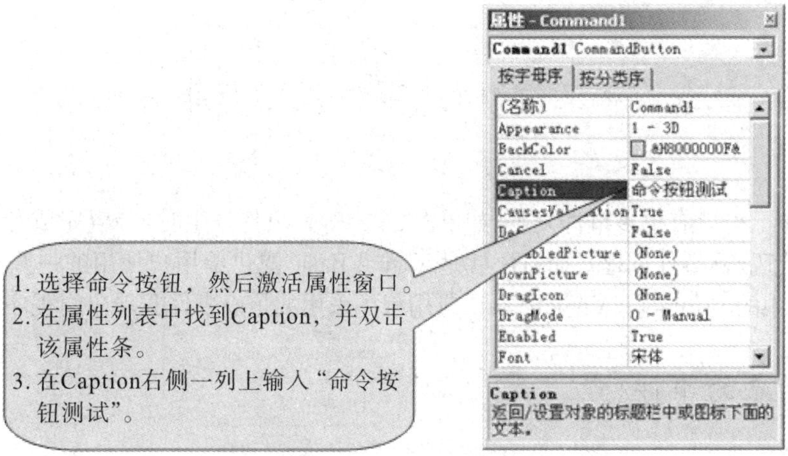

图 2-7 在属性窗口中键入新属性值

(2) 选择输入

有些属性，例如 BorderStyle、ControlBox、DrawStyle、DrawMode 等，取值的可能情况是有限的，对于这样的属性可以在下拉列表中选择所需要的属性值，如图 2-8 所示。

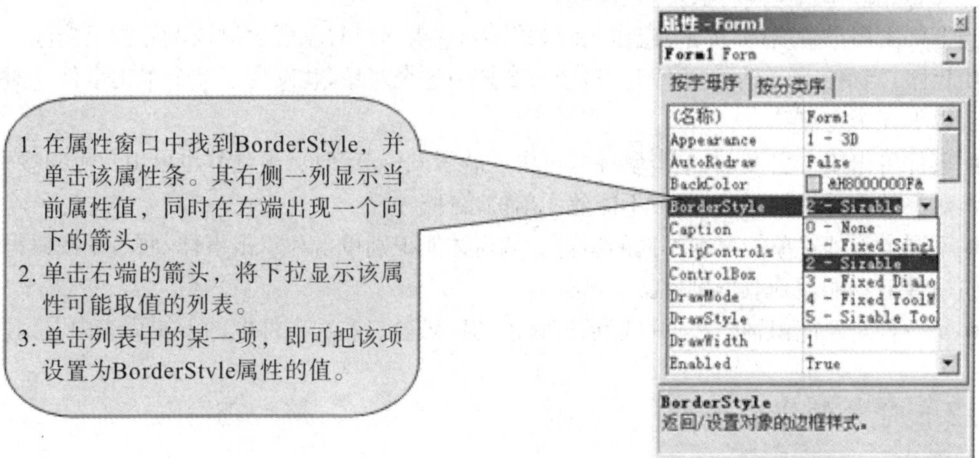

图 2-8 在下拉列表中选择所需要的属性值

(3) 利用对话框设置属性值

对于与图形(Picture)、图标(Icon)或字体(Font)有关的属性，设置框的右端会显示省略号，单击省略号，屏幕上将显示一个对话框，可以利用该对话框设置所需要的属性，如图 2-9 所示。

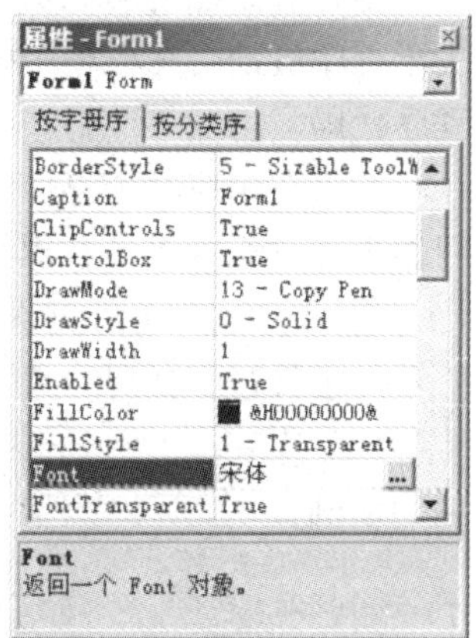

图 2-9 利用对话框设置属性值

2. 在程序的代码中设置对象的属性

对象的属性也可以在程序的代码中通过赋值实现。其格式为：

对象.属性="属性值"

例如：cmdDisp.Caption="显示"。

2.5 对象的事件、事件过程与事件驱动

每个对象上可以有很多事件发生，如单击、双击等。事件发生时，希望完成什么事情，需写一段对应的代码(称事件过程)；而方法就是 Visual Basic 提供给用户使用的一些写好的过程或函数，如上例中的 print 等。Visual Basic 应用程序采用的是以事件驱动应用程序的工作方式。

2.5.1 对象的事件

事件是 VB 事先设置好的，能够被对象识别和响应的某种行为和动作。如单击(Click)事件，双击(DblClick)事件，键盘按下(Keypress)事件。最常用的事件有：

① Click/DblClick：单击/双击窗体触发。

② Load：窗体被载入时触发的事件。该事件通常用来在启动应用程序时对属性和变量进行初始化。

③ Unload：卸载窗体时触发该事件。

当事件由用户触发(如单击)或由系统触发(如载入)时，对象就会对该事件做出响应。如运行应用程序，当单击一个命令按钮时，对于命令按钮这个对象，就发生了一个单击事件。对象的事件有以下几个特点：

- 事件可由用户引发(如单击鼠标)，可由系统引发(如定时器事件)，也可由代码间接引发。
- 对象的事件是固定的，用户不能建立新的事件。
- 不同类型的对象能识别不同的事件。如窗体能识别单击和双击事件，而命令按钮只能识别单击事件但不能识别双击事件。
- 每一种对象能识别的事件可以从该对象的代码窗口右边事件框的下拉列表中看到。

2.5.2 对象的事件过程

尽管对象能自动识别预定义的事件，但对象是否响应具体事件以及如何响应具体事件则取决于程序员是否在程序中做了安排，即程序员是否为该对象的这个事件编写了实现某一功能的程序代码。

对象在响应某个事件后所执行的操作是通过一段程序代码来实现的，这样的一段程序代码叫做事件过程。事件过程是事件触发后处理的程序。事件过程的一般格式为：

```
Sub 对象名_事件过程名[(参数列表)]
  事件过程代码
End Sub
```

实例：

对象名称 事件名称 程序代码

```
Private Sub Command1_Click()
  Dim a As Integer, b As Integer, c As Integer
  c = a + b
  Print c
End Sub
```

2.5.3 对象的事件驱动

Visual Basic 程序的执行是由事件来驱动的。事件驱动应用程序的典型工作方式是：

① 启动应用程序，装载和显示窗体。

② 对象等待事件的发生。

③ 事件发生后，如果在相应的事件过程中存在代码，就执行代码。

④ 应用程序等待下一次事件。

2.6 Visual Basic 的工作模式

Visual Basic 有三种工作模式：设计模式、运行模式、中断模式。在 Visual Basic 中，每个程序都处于设计、运行、中断三种工作模式中的一种。Visual Basic 用标题栏来显示窗口标题及 Visual Basic 所处的工作模式。

2.6.1 设计模式

建立应用程序的大多数工作都是在设计模式下完成的。当设计程序界面、编写代码、设置属性时，标题栏显示“Microsoft Visual Basic [设计]”，表示 Visual Basic 工作在设计模式下，如图 2-10 所示。此时，只能使用设置断点和向“监视窗口”中添加监视表达式两种调试工具，不能使用其他调试工具。

图 2-10 设计模式

由设计模式可以切换到运行模式和中断模式。单击启动按钮、单击“运行|启动”命令或按 F5 键，都会使应用程序切换到运行模式。

在运行模式下，单击“调试|逐过程”命令或单击“调试|逐语句”命令，都会使程序切换到中断模式。

2.6.2 运行模式

运行模式代表程序处于运行阶段，此时只能查看代码，不能修改代码。当在 Visual Basic 中运行应用程序时，Visual Basic 进入运行模式，标题栏自动切换成“Microsoft Visual Basic [运行]”，如图 2-11 所示，执行结束，回到设计模式。在运行模式下，用户可以看到程序执行时的实际效果，能够真正与程序进行交互式交流。

图 2-11 运行模式

单击结束按钮或单击“运行|结束”命令，都会使应用程序切换回设计模式。

单击中断按钮或单击“运行|中断”命令或按“Ctrl＋Break”键或者程序在运行过程中出现错误等，都会使应用程序切换到中断模式。

2.6.3 中断模式

中断模式表示程序处于中止状态或单步跟踪调试状态。在这种模式下，可以查看程序代码并进行修改。在中止状态下，还可以根据不同需要决定应该重新启动程序、结束执行还是从中断处继续执行程序。选择不同，切换到的模式也不同。

当程序在运行过程中因某种原因中断时，Visual Basic 自动进入中断模式，标题栏切换成“Microsoft Visual Basic [Break]”，如图 2-12 所示，此时可修改、调试程序。

图 2-12 中断模式

在设计模式时可以更改应用程序的设计和代码，却看不到这些变更对应用程序的运行产生的影响。在运行模式时可观察应用程序的工作状况，但是不能直接修改代码。在中断模式下，可以在应用程序中修改代码，观察应用程序界面的运行情况，检查或修改变量值，查看或控制应用程序下一步运行的语句等。设计模式、运行模式和中断模式是程序设计中轮换使用的三个阶段。

第 3 章　Visual Basic 程序设计基础

本章主要任务

1. 理解和掌握基本数据类型。
2. 掌握常量和变量的定义方法。
3. 掌握运算符和表达式的使用方法。
4. 了解常用的内部函数。
5. 理解和掌握几种基本的流程控制结构。

Visual Basic 是在 BASIC 语言的基础上发展起来的，它兼容原来版本的数据类型和语法，对其中的某些语句和函数的功能做了修改或扩展，并根据语言的可视性要求增加了一些新的功能。本章将介绍构成 Visual Basic 应用程序的元素，包括数据类型、常量、变量、运算符、表达式、函数、VB 的基本语句等基本内容。

3.1　数 据 类 型

3.1.1　基本数据类型

所谓基本数据类型是指 VB 内置的、最基本的数据类型，由它们可构造出其他数据类型。表 3-1 列出了 Visual Basic 所允许使用的基本数据类型。

表 3-1　Visual Basic 基本数据类型

数据类型	占内存大小	数据有效范围	类型声明符
Integer(整型)	2 字节	－32768～32767	%
Long(长整型)	4 字节	－2147483648～2147483647	&
Single(单精度实型)	4 字节	负数：－3.402823E38～－1.401298E－45 正数：1.401298E－45～3.402823E38	!

续表

数据类型	占内存大小	数据有效范围	类型声明符
Double(双精度实型)	8 字节	负数:－1.79769313486232D308～－4.94065645841247D－324 正数:4.94065645841247D－324～1.79769313486232D308	#
Currency(货币型)	8 字节	－922337203685477.5808～922337203685477.5807	@
String(字符串型)	字符串长度	0～65535 个字符	$
Byte(字节型)	1 字节	0～255	无
Boolean(布尔型)	2 字节	True 或 False	无
Date(日期型)	8 字节	100 年 1 月 1 日～9999 年 12 月 31 日	无
Object(对象型)	4 字节	任何对象引用	无
Variant(通用型)	可以表示任何数据类型,也称变体型		

对于任何一种数据类型,我们应注意以下 3 个方面:

① 数据类型的英文名称。声明一个变量时,使用的就是它的英文名称,如:

Dim x As Single

② 对应数据占用内存的大小,这决定了该数据类型的范围。例如:单精度实型和双精度实型数据所占的内存大小不同,因此数据的有效范围也不一样。

③ 类型说明符。它的作用有助于我们识别数据类型。例如:10%(整型)、25&(长整型)、12.5!(单精度型)、3.14#(双精度型)、"VB"$(字符串型)、323@(货币型)、#07/28/2007#(日期型)。

VB 提供了一个函数 VarType(),它可以测定数据类型。我们可以在窗体的单击事件中编写代码,如图 3-1 所示。

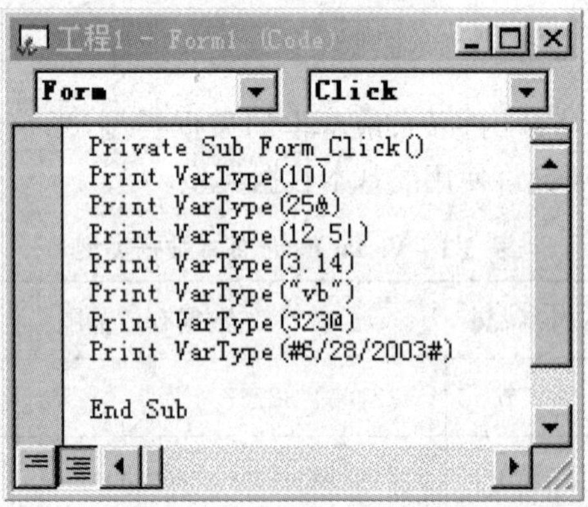

图 3-1 VarType 使用示例

上图中的程序运行后,在窗体上显示 2、3、4、5、8、6、7。这是 VarType()函数的返回值。这些函数返回值的意义如表 3-2 所示。

表 3-2　VarType( )函数的返回值及相应的数据类型

VarType()函数返回值	代表的数据类型	VarType()函数返回值	代表的数据类型
0	空	5	双精度
1	NULL	6	货币型
2	整型	7	日期型
3	长整型	8	字符串型
4	单精度		

3.1.2　用户自定义类型

有时我们会感到以上基本数据类型不能满足实际编程需求，这时我们可以将不同类型的数据组合成一个有机的整体，以便于使用。这样的一个整体是由若干不同类型的、互相有联系的数据项组成的，它类似 C 语言中的“结构体”、Pascal 语言中的记录类型，我们称之为“记录”。VB 提供了 Type 语句来定义这样的数据类型，其格式如下：

```
Type　自定义类型名
  数据类型元素名 1　As　类型名 1
  数据类型元素名 2　As　类型名 2
  ……
End Type
```

例如，我们可定义一个名为 student 的类型，其中包括有学号、姓名、成绩等信息：

```
Type student
  no as integer
  name as string
  grade as single
End Type
```

在定义了 student 类型后，就可以定义 student 类型的变量了，例如：

```
Dim stu1 As student
```

此语句定义了 student 类型的变量 stu1，它包括有 3 个成员：stu1. no，stu1. name，stu1. grade。

3.2　常量与变量

3.2.1　直接常量

直接常量是指以数据实际值的形式给出的数据，如 12.3 是一个数值常量，"ABC"是一个字符串常量，＃07/20/2007＃是一个日期常量。VB 的直接常量可根据数据类型的不同，分为数值型、字符串型、日期/时间型和布尔型。

1. 数值型常量

指由数字、小数点、正负号和特定符号构成的量。有 4 种表示方式，即整数型、长整型、货币型和浮点型，它们各自的取值范围见表 3-1。

整数型：有 3 种形式，即十进制、十六进制和八进制。十进制整数如 234、－4；十六进制整数由一个或几个十六进制数字(0～9 及 A～F 或 a～f)组成，前面冠以 &H(或 &h)，如 &H36、&H21F；八进制由一个或几个八进制数字(0～7)组成，前面冠以 &O(或 &o)，如 &O35、&O147。

长整型：也有 3 种形式，大体同整数型，只不过十六进制和八进制的数后要以 & 结尾，如 &H36&、&H21F&、&O35&、&O147& 等。

货币型：是为计算货币而设置的定点数，规定最多保留小数点右边 4 位和小数点左边 15 位。表示形式在数字后加@符号，如 123.45@。

浮点型：也称实数，分为单精度浮点数和双精度浮点数，后者比前者的精度更高。通常以指数形式(科学记数法)来表示，由尾数、指数符号和指数 3 部分组成，其中尾数本身也是一个浮点数，指数符号为 E(单精度)或 D(双精度)，指数为整数。例如在 2.35E－8(2.35×10^{-8})和 43D6(43×10^{6})中，2.35 和 43 是尾数，－8 和 6 是指数。

2. 字符串常量

字符串常量是用一对双引号括起来的若干个合法字符，汉字等非英文字符也是构成字符串常量的合法字符。如"china"、"10/01/1997"、"x="、"水利学院"等。应注意的是：字符串常量是指双引号中的字符串，而不包括双引号本身，双引号只是字符串常量的起止界限。字符串常量的长度不能超过 65535 个字符。如"4567445"，"ABC＃＄&"。

注意：""表示空字符串，即不包含任何字符的字符串，而" "表示由一个空格组成的字符串。

3. 日期/时间型

用来表示某一具体的时间或日期，它的分界符是＃号，如＃7/14/2003＃，＃10：34：08＃，＃January 1,2007＃。日期和时间的显示会根据计算机中的短日期格式和时间格式来显示。

4. 布尔型

通常也称为逻辑型，其取值只有两个，分别为 True 和 False。

VB 在判断常量类型时会存在多义性，如 3.15 可能是单精度，也可能是双精度或货币型。默认情况下，VB 选择占用内存最小的表示法，即 3.15 通常被作为单精度处理。为了明确表明某一类型，可以在常数的后面加上类型说明符。

3.2.2 符号常量

在程序中往往会多次用到某一个常量，为避免重复书写该常量，VB 提供了符号常量。也就是说，用一个符号来代替一个常量。使用符号常量可以增强程序的可读性和可维护性。符号常量必须先定义后使用，其定义格式如下：

[Private|Public] Const 符号常量名[As 数据类型]＝表达式

其中：中括号[]内的内容可以省略；Private|Public 表示常量的作用域，见 7.4 节“变量的作用域”中的内容；符号常量名的命名规则同变量的命名规则；表达式是由运算量和运算符构成的式子。例如：

Const MAX as integer=999

Const MYSTRING="HELP"

注意:符号常量有点像变量,但不能像对变量那样修改符号常量,也不能对符号常量赋以新值。

3.2.3　内部常量

内部常量也称系统常数,由应用程序和控件提供,通常都带有表示对象库的前缀,如 VB 和 VBA 等对象库的常量都以 vb 开头。例如:

Form1. BackColor=vbBlue(vbBlue 是颜色内部常量,表示蓝色)

Form1. WindowsState=vbMaximized(作用是将窗口最大化,其中的 vbMaximized 就是系统常量)

系统预定义的常量可通过对象浏览器查看。在对象浏览器的 Visual Basic、Visual Basic for Application 等对象库中列举了 Visual Basic 的常量。

3.2.4　变量的声明

声明(或定义)一个变量,就是给变量分配一个内存空间。使用变量前,一般必须先声明变量名和其类型,以决定系统为它分配的存储单元。在 VB 中,可以用名字表示内存位置,因此一个有名称的内存位置称为变量。存储数据内容的数据类型则决定了该数据的存储方式。变量的名字应遵循以下规则:

① 名字只能由字母、数字和下划线组成。

② 名字的第一个字符必须是英文字母,最后一个字符可以是类型说明符。

③ 名字的有效字符为 255 个。

④ 不能用 VB 的保留字作为变量名,但可以把保留字嵌入变量名中;同时,变量名也不能是末尾带有类型说明符的保留字。

在 VB 中,变量名以及过程名、符号常量名、记录类型名、控件名等都统称为标志符,它们的命名都必须遵循上述规则。同时,在 VB 中不区分名字中的大小写,如 Hello、HELLO、hello 指的是同一个名称。

任何变量都属于一定的数据类型,在 VB 中可以通过以下方式来定义(或声明)一个或多个变量:

1. 用 Dim 和 Static 定义变量名称和类型

① 使用 Dim 定义变量,格式如下:

Dim 变量名 As 数据类型

例如:

Dim max as Single

Dim sum(2,5) as Long

Dim name as String

Dim count as Integer, aver as Single

如果没有指明数据类型,则所创建的变量为变体类型。也就是说,你给变量什么类型的值它就存放什么类型的变量。变体型变量可以存放各种类型的数据。例如：

```
Dim  x
x=4
x="hello"
```

② 使用 Static 定义变量,格式如下：

Static 变量名 As 数据类型

使用 Static 定义的变量为静态变量。它与 Dim 定义的变量不同之处在于:在执行一个过程结束时,过程中所用到的 Static 变量的值会保留,下次再调用此过程时,变量的初值是上次调用结束时被保留的值;而 Dim 定义的变量在过程结束时不保留,每次调用时需要重新初始化。

例如,在窗体的单击事件中编写如下代码：

```
Private Sub Form1_Click()
  Dim x As Integer
  Static y As Integer
  x=x+1
  y=y+1
  Print x, y
End Sub
```

当单击该窗体 3 次时,上述过程即被执行了 3 次,x 的值始终是 1,而 y 是静态变量,能保留上次过程的值,因此 y 值的变化是 1、2、3。

2. 用类型声明符定义变量类型

可使用类型声明符(见表 3-1)隐含定义变量的数据类型。例如,n%是一个整型变量,s$是一个字符串变量,d#是一个双精度浮点型。要注意一点的是:对于局部变量可以用此种方式,如果没有类型说明符,VB 将该变量指定为通用型变量。但是 VB 也提供了强制对变量进行显示声明的措施,即需要用 Dim 等关键词对变量定义。其操作是通过"工具"菜单中的"选项"命令,在打开的"选项"对话框中选择"要求变量声明",如图 3-2 所示。这样设置后,每次建立新文件,VB 就将语句 Option Explicit 自动加到全局变量或模块级变量的声明部分,在此情况下运行含有类型声明符定义变量的程序时,会出现"变量未定义"的提示。

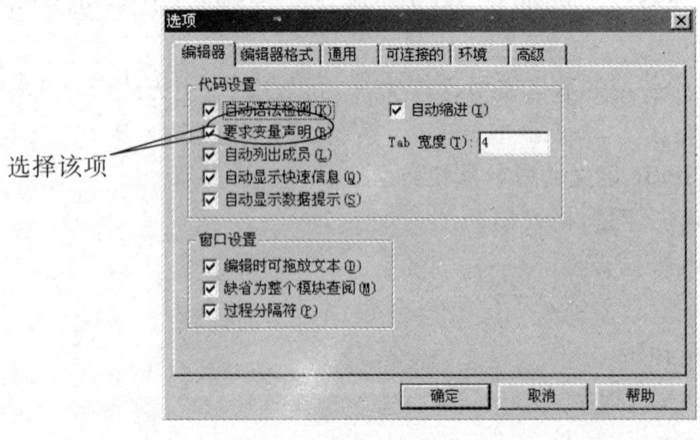

图 3-2　强制变量声明

3.3　运算符与表达式

3.3.1　算术运算符

VB 提供的算术运算符，如表 3-3 所示。

表 3-3　VB 算术运算符

运算符	含义	举例	说明
+	加	25+30　结果为 55	
+	字符连接	“foot”+“ball”　结果为“football”	
−	减	50−10　结果为 40	
−	取负	−15　结果为−15	单目运算，15 取负
*	乘	4 * 6　结果为 24	
/	除	9/2　结果为 4.5	
\	整除	7\3　结果为 2	结果取商的整数部分
Mod	取余	7Mod 3　结果为 1	两数相除之后的余数
^	求幂	3^4　结果为 81	
&	字符连接	"VB"&"程序"　结果为"VB 程序"	两个字符串连接

说明：① \是整除运算符。如果参加运算的两个量是整数，则取其商的整数部分，如 5\2，得 2。如果参加运算的两个量(除数和被除数)是实数，则先按四舍五入原则变成整数，然后取其商的整数部分。如 4.6\2.4，先变成 5\2，得 2。

② Mod 是求余数运算符。如果参加运算的两个量是整数，则进行整数相除后取其余数，如 15 Mod 2，得 1。如果参加运算的两个数是实数，则先按四舍五入原则变成整数，然后进行整数相除再取其余数。如 18.749 mod 2.378，先变成 19 mod 2，得余数 1。

③ ^是乘方运算符。2^3 就是算术中的 2^3。如 2.5^3，得 15.625；2.5^−3，得 0.064。

④ +和 & 是连接运算符，也称字符运算符。在 VB 中，+和 & 可以用来连接字符串，生成一个较长的字符串。两者的区别是：& 作为专门连接字符串的运算符，会自动将非字符串类型的数据转换成字符串后再进行连接，而+则不能自动转换。例如，12 & "ab"，连接后的结果为 12ab，而如果使用 12 + "ab"，则出错。为了避免与算术运算中的加法相混淆，一般用 & 号，而不用+来连接两个字符串。

⑤ 运算优先级。在一个表达式中可能包括多个运算符，这就要确定各运算符的优先顺序问题。算术运算符的优先级别如图 3-3 所示(由高到低排列)，运算示例如图 3-4 所示。

() → 正负号 → 函数 → 乘方^ → */ → \ → MOD → +−

图 3-3　算术运算符优先级

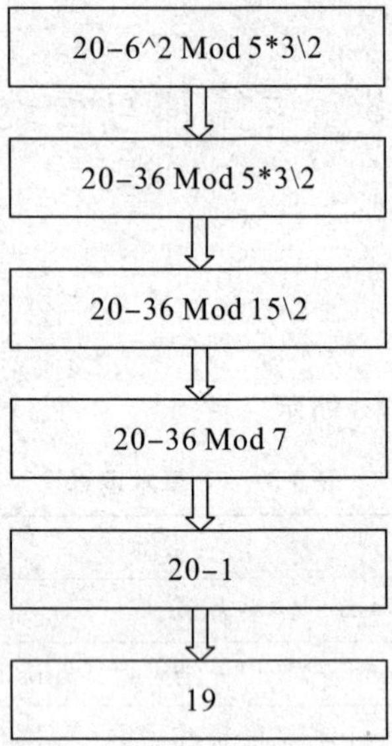

图 3-4 算术表达式运算过程

3.3.2 关系运算符

关系运算也称比较运算，关系表达式的值是一个逻辑值，逻辑值只有 True(真)和 False(假)两个。例如 2+3>=5，x<60，″ab″<″abc″就是关系表达式。VB 提供了 8 个关系运算符，它们的优先级相同，如表 3-4 所示。

表 3-4 VB 关系运算符

运算符	含义	举例	说明
=	等于	45=45 结果是 True	
>	大于	50>60 结果是 False	
>=	大于等于	7>14/2 结果是 True	先执行 14/2 运算再进行关系运算
<	小于	″cat″> ″bat″ 结果是 True	c 大于 b 所以结果为真
<=	小于等于	16−2<=14 结果是 True	
<>	不等于	30<>30 结果是 False	
Like	字符串匹配	″abc″ Like ″a＊″ 结果是 True	＊为通配符
Is	对象比较	Form1 Is Form2 结果是 False	Form1 和 Form2 均为对象

关系运算符可以对数值、字符串和日期进行比较。两个数值型的量相比较时，按其值大小确定，如 3>2 其值为 True；两个字串型的量相比较时，从左到右地逐个比较字符，其大小以字符的 ASCII 码值为标准，如″VB″<″VC″结果为 True；日期型数据的比较，后面的日期大于前面的日期，如＃03/22/2003＃ > ＃07/21/2003＃为 False。

Like 和 Is 运算符有特定的比较功能。Like 运算符用来比较字符串表达式，可以使用诸如?、＊和＃等这些通配符，主要用于数据库查询；Is 运算符用来比较两个对象的引用变量，此外它还在 Select Case 语句中使用。

3.3.3　逻辑运算符

逻辑运算也称布尔运算。用逻辑运算符连接两个或多个关系式，即组成一个布尔表达式。VB 的逻辑运算符有 And、Or、Not、Xor、Eqv、Imp 等 6 种，如表 3-5 所示。

表 3-5　VB 逻辑运算符

运算符	含义	举例	说明
Not	逻辑非	Not("a"< "b")　结果为假	Not 真　结果为假
And	逻辑与	3>4 And 3<6　结果为假	假 And 真　结果为假
Or	逻辑或	5<6 Or 5>1　结果为真	真 Or 真　结果为真
Xor	逻辑异或	5<6 Xor 5<1　结果为真	真 Xor 假　结果为真
Eqv	逻辑等于	"a"<"b" Eqv "c">"d"　结果为假	真 Eqv 假　结果为假
Imp	逻辑蕴含	10>3 Imp 10<15　结果为假	真 Imp 假　前真后假为假

逻辑运算符的优先顺序为：Not→And→Or→Xor→Eqv→Imp。也就是说，逻辑非(Not)级别最高，逻辑蕴含(Imp)级别最低。各个运算符的运算规则如表 3-6 所示。

表 3-6　逻辑运算真值表

a	b	a And b	a Or b	Not a	a Xor b	a Eqv b	a Imp b
True	True	True	True	False	False	True	True
True	False	False	True	False	True	False	False
False	True	False	True	True	True	False	True
False	False	False	False	True	False	True	True

3.3.4　表达式

1. 表达式组成

表达式由变量、常量、运算符和圆括号按一定的规则组成。表达式通过运算有一个结果，运算结果的类型由数据和运算符共同决定。

2. 表达式书写规则

① 乘号不能省略。如 x 乘以 y 应写成 x * y。

② 括号必须成对出现，且均使用圆括号。

③ 表达式从左到右在同一基准上书写，无高低、大小。

如：数学表达式$(xy)^4$，写成 VB 表达式为(x * y)^4。

一个表达式可能含有多种运算，计算机按一定的顺序对表达式求值，一般顺序是首先做算术运算，其次做关系运算，最后做逻辑运算，括号的级别最高。例如：4 * 2<2Or2^3>9，先进行算术运算(8<2 Or 8>9)，然后求出关系运算值(False Or False)，最后算出逻辑运算值 False。

3. 优先级

不同的运算符有不同的优先级，具体优先级是：算术运算符＞关系运算符＞逻辑运算符。

3.4 常用的内部函数

3.4.1 数学函数

常用的VB数学函数如表3-7所示。

表3-7 VB常用数学函数

函数	说 明	示例	返回值
Sin(x)	返回自变量x的正弦值	Sin(0)	0
Cos(x)	返回自变量x的余弦值	Cos(0)	1
Tan(x)	返回自变量x的正切值	Tan(0)	0
Atn(x)	返回自变量x的反正切值	Atn(0)	0
Abs(x)	返回自变量x的绝对值	Abs(－4)	4
Exp(x)	返回以e为底，以x为指数的值，即e的x次方e^x	Exp(1)	2.7183
Sqr(x)	返回x的平方根	Sqr(9)	3
Sgn(x)	返回数的符号值：当x为负数时，函数返回－1；当x为0时，函数返回0；当x为正数时，函数返回1	Sgn(4)	1
Log(x)	返回以e为底的自然对数	Log(2.7183)	1
Round(x,[n])	对x进行四舍五入，保留的小数位数由n指定	Round(5.346,2)	5.35

上述三角函数(Sin、Cos和Tan)的自变量x是以弧度为单位的角度，而Atn函数的自变量是正切值，它返回正切值为x的角度，以弧度为单位。

3.4.2 转换函数

转换函数就是强制地将一个表达式转换成某种特定的数据类型，常用的VB转换函数如表3-8所示。

表 3-8 常用转换函数

函数	说 明	示例	返回值
Int(x)	求不大于自变量 x 的最大数	Int(−4.2)	−5
Fix(x)	去掉一个浮点数的小数部分，保留其整数部分	Fix(−4.7)	−4
Asc(x)	返回字符串 x 中第一个字符的 ASCII 码	Asc("abc")	97
Chr(x)	求 ASCII 码值为 x(整数)的相应的字符	Chr(110)或 Chr$(110)	n
Str(x)	把 x 的值转换为一个字符串	Str(23.4)或 Str$(23.4)	"23.4"
Val(x)	将数字字符串 x 转换为数值	Val("45AB")	45
Cint(x)	把 x 的小数部分四舍五入，转换为整数	Cint(−4.7)	−5
Lcase(x)	将 x 转换为小写字母	Lcase("VisualBasic")	"visualbasic"
Ucase(x)	将 x 转换为大写字母	Ucase("VisualBasic")	"VISUALBASIC"

说明：Val(x)函数在遇到不为数字的第一个字符时，停止转换，如 Val("4k2")的结果为 4，但可以识别进位制符号如 &O 和 &H，并且当 x 中含有空格、制表符和换行符时，这些符号将从 x 中被去掉，例如 Val("&O35")和 Val("3　4"+chr(13)+ "3")的值分别为 29 和 343。

3.4.3 字符串函数

VB 提供了丰富的字符串操作函数，从而极大地提高了 VB 对字符的处理能力，常见的字符串函数如表 3-9 所示。字符函数名后加 $ 符号表示函数的返回值是字符串类型的，但也可省略。

表 3-9 常用字符串函数

函数	说 明	示例	返回值
Ltrim$(字符串)	去掉字符串左边的空白字符	Ltrim$("　　OK")	OK
Rtrim$(字符串)	去掉字符串右边的空白字符	Rtrim$("OK　　")	OK
Left$(字符串,n)	取字符串左部的 n 个字符	Left$("ABCD",2)	AB
Right$(字符串,n)	取字符串右部的 n 个字符	Right$("ABCD",2)	CD
Mid$(字符串,p,n)	从位置 p 开始取字符串的 n 个字符	MID$("ABCD",2,2)	BC
Len(字符串)	测试字符串的长度	Len("Visual Basic")	12
String$(n,字符串)	返回由 n 个字符组成的字符串	String$(4,"*")	* * * *
Space$(n)	返回 n 个空格	Space$(3)	
String$(n,c)	返回由 n 个 c 中首字符组成的字符串	String$(3, "ABCDEF ")	AAA
Instr([n],字符串 1,字符串 2)	返回字符串 2 在字符串 1 中的位置	Instr("Computer","pu")	4

3.4.4 日期与时间函数

常见的日期与时间函数如表 3-10 所示。

表 3-10 常用日期与时间函数

函数	说 明	示例	返回值
Date[$][()]	返回系统当前日期	Date	2003－6－20
Time[$][()]	返回系统当前时间	time	9∶30∶26 AM
Now	返回系统当前日期和时间	Now	2003－6－20 9∶30∶26 AM
Year(N)	返回指定日期(N)的年份	Year("2003－05－22")	2003
Month(N)	返回指定日期(N)的月份	Month("2003－05－22")	5
Day(N)	返回指定日期(N)的某一日	Day("2003－05－22")	22
Weekday(N)	返回指定日期(N)的星期	Weekday("2003－05－22")	5

Date 和 Time 及 Now 的返回值格式,可以在本机 Windows 的"区域设置"中进行设置。参数 N 是能够表示日期的通用型、数值表达式、字符串表达式或它们的组合。

除了上述日期函数外,还有两个函数比较有用:

(1) DateAdd 增加日期函数

格式:DateAdd(要增减日期形式,增减量,要增减的日期变量),要增减日期形式见表 3-11。

作用:对要增减的日期变量按日期形式做增减。

例如:DateAdd("ww",2,#2/13/2007#),它表示在指定的日期上加 2 周,所以最终结果为#2/27/2007#。

(2) DateDiff 函数

格式:DateDiff(间隔日期形式,日期 1,日期 2),间隔日期形式见表 3-11。

作用:两个指定的日期按日期形式求相差的日期。

例如:DateDiff("m",#2/14/2007#,#3/8/2007#),它表示两个日期之间相差几个月,结果为 1。

表 3-11 日期形式

日期形式	yyyy	q	m	y	d	w	ww	h	n	s
意义	年	季	月	一年的天数	日	一周的日数	星期	时	分	秒

3.4.5 随机函数

随机函数 Rnd [(N)],用于产生一个小于 1 但大于等于 0 的单精度数,参数 N 决定了生成随机数的方式,一般可以省略。为了生成某个范围的随机整数,可以使用:

Int((U－L＋1) * Rnd＋L)

其中,U 是产生随机整数范围的上限,L 是下限。例如产生[10～20]之间的随机整数,可以使用表达式 Int((20－10＋1) * Rnd＋10)。

利用随机函数，还可以随机产生英文字母，这是因为英文字母的 ASCII 码也是整数(大写字母的范围是[65,90]，小写字母的范围是[97,122])。如产生随机小写英文字母的表达式：

Chr(Int((122－97＋1) * Rnd＋97))

另外，当一个应用程序不断地重复使用随机函数时，同一随机数可能会反复出现。Randomize 函数可以消除这种情况，它可以初始化随机数生成器，其格式为：

Randomize [(x)]

其中，x 是一个整型数，它是随机数发生器的“种子数”，可以省略。

3.5　基本的流程控制结构

3.5.1　编码基础

1. VB 代码不区分字母的大小写

为了提高程序的可读性，VB 对用户程序代码进行自动转换：

① 对于 VB 中的关键字，把构成关键字的每个单词的首字母大写，其余字母均小写；

② 对于用户自定义的变量、过程名，VB 以第一次定义的为准，以后输入的自动向首次定义的格式转换。

2. 语句书写自由

① 在同一行上可以书写多句语句，语句间用冒号“:”分隔；

② 单行语句可以分若干行书写，在本行后加入续行符下划线“_”；

③ 一行允许多达 255 个字符。

3. 注释有利于程序的维护和调试

① 注释以 Rem 开头，但一般用撇号“'”引导注释内容，用撇号引导的注释可以直接出现在语句的后面。

② 也可以使用“编辑”工具栏中的“设置注释块”、“解除注释块”按钮，使选中的若干行语句(或文字)成为注释或取消注释。

4. 语句

(1) 语句的概念

程序由语句组成，Visual Basic 中的语句是执行具体操作的指令，每个语句以回车键(Enter)结束。程序语句是 Visual Basic 关键字、属性、函数、运算符以及能够生成 Visual Basic 编辑器可识别指令的符号的有意义组合。如 END 是结束语句，STOP 是暂停语句等。早期 BASIC 中的某些语句(如 PRINT 输出、CLS 清屏)在 VB 中被改为方法而依附于对象，大部分语句仍保留为语句(如赋值、REM 或'注释、END 结束等)。书写语句时可不区分字母大小写。

(2) 复合语句行

一般情况下一行写一句。所谓复合语句行是指在一行上写多条语句，此时应在语句间加语句分隔符冒号“:”。一个语句行的长度不能超过 1023 个字符。如：

Text1. text="Hello": Red=255: Text1. BackColor=Red

(3) 语句断行

当一条语句太长时,可将该语句分成两行或多行来写,称语句断行。语句断行必须在语句末尾使用语句续行符"_"。在使用续行符时,在它前面至少要加一个分隔符(空格、逗号,Tab 键等)。如:

```
str="我正在学" & _
"习 VB!"
```

注意:使用续行符时,不能把程序中完整的标志符拆开。如下面的做法是错误的:

```
Dim   str   As   St _
ring
```

(4) 几个简单语句

END——结束程序。STOP——暂停执行,一般在调试程序时使用。REM 或'＜注释内容＞——注释语句,以对程序或语句功能或变量作用等做说明,主要是为了增强程序的可读性。程序执行时,注释内容被忽略。其中,Rem 语句为行注释,即同一程序行的 Rem 前不能有其他语句;撇号"'"注释可以作为行注释使用,与 Rem 一样,但更多的是作为行末注释使用,即它可跟在一个可执行语句的后面,该行撇号"'"后的内容全部被认为是注释内容。

5. 本书约定

为便于描述,本书的语法格式描述约定如下:

＜ ＞尖括号表示其内容为必有的语法成分;

[ ]中括号表示其内容可缺省;

| 竖号表示或者,即两者任选其一。

3.5.2 赋值语句

格式:＜变量名＞=＜表达式＞

功能:先计算赋值号(=)右边表达式的值,再将其值赋给左边的变量或对象的属性。

赋值语句是最常用的语句,在 VB 中,经常用到以下三种赋值语句:

1. 给变量赋值

在赋值语句中,将常量赋给一个变量是最简单的形式,也可以将一个表达式的值赋给一个变量,也可以通过该语句在变量之间传递值。如:

```
Dim x As Integer
Dim y,z As String
x=34 * Sqr(4)
x=x+1
y="欢迎使用 VB"
z=y
```

但需要注意的是:

① 赋值语句中的"="不同于数学中的等于号,它是赋值号。

② 赋值号的左侧只能是一个变量,而不能是常数或表达式。例如,10=x 是错误的。

③ 赋值号左侧的变量和右侧的常数或表达式的类型必须保持兼容,即类型一致或能够自

动转换,否则将会出现错误。例如:

```
Dim x As Integer
x="ABC"                        '类型不一致,错误赋值
```

【例 3.1】 利用中间变量将变量 A、B 的值交换。

分析:要交换两个变量的值,可以利用中间变量作为暂存单元来进行。选择中间变量 T,先将 A 的值暂存到 T 中,再将变量 B 的值送入变量 A,最后将 T 的值送入变量 B。代码如下:

```
Private Sub Form1_Click()
Dim A As Integer,B As Integer,T As Integer
  A=10
  B=20
  T=A:A=B:B=T              '交换变量 A 和 B 的值
End Sub
```

2. 给对象的属性赋值

在 VB 程序中,可用赋值语句为对象的属性设置值,它的一般格式为:

对象名.属性=属性值

例如,为窗体 Form1 的 Caption 属性设置值:Form1.Caption="VB 学习系统"。

3. 给对象赋值

在 VB 程序中,用赋值语句可以把一个对象的引用赋值给另外一个同类型的对象变量,它的一般格式为:

Set 对象名=对象的引用

通常情况下,"对象的引用"就是另外一个对象名。

3.5.3　输入对话框

在 Visual Basic 中,输入对话框用于在程序的运行过程中接收用户由键盘输入的数据,输入对话框由 InputBox 函数产生。InputBox 函数的语法格式为:

InputBox("提示信息"[,"标题"][,"默认值"][,x 坐标,y 坐标])

函数作用:显示一个输入对话框,并可利用该对话框在程序运行过程中接收用户由键盘输入的数据。

例如,下述代码将显示如图 3-5 所示的输入提示对话框。

x=InputBox("请输入成绩:"+Chr(13)+"(A,B,C)","成绩输入框","B")

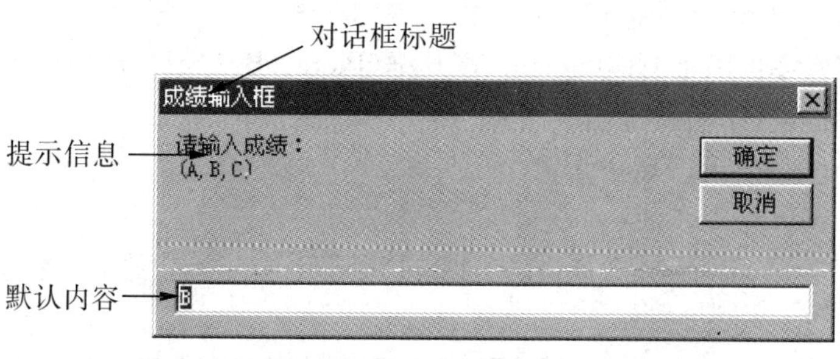

图 3-5　输入对话框

上述语句中的函数 Chr(13)返回 ASCII 值为 13 的“回车”键，这里起到换行的作用。

① 函数参数说明。

提示信息：是一个字符串，用来表示在输入对话框中显示的文本内容，该参数项不可省略。

标题：为输入对话框的标题，如图 3-5 中的“成绩输入框”。该参数项可省略，省略该项后输入对话框的标题显示为应用程序名称。要注意的是，如果该参数项后面还有其他参数，则省略该项后其位置上的逗号应保留。

默认值：为输入对话框的默认输入内容，在输入对话框刚产生时，该项值自动显示在对话框中的文本框内。该参数项也可省略，省略该项表示默认值为空。

x 坐标和 y 坐标：用来指定输入对话框在屏幕上的显示位置，坐标值是相对于屏幕左上角的值。该项可以省略，省略该项输入对话框默认显示在屏幕中央。

注意：如果省略了某个可选参数，并且该参数项后还有其他参数，则必须在省略的参数项位置处添加逗号分界符。

② 为了保存输入的数据，一般将该函数应用在一个变量赋值语句中，使用格式为：

变量＝ InputBox("提示信息"[,"标题"][,"默认值"][,x 坐标,y 坐标])

执行该语句后，系统首先显示一个输入对话框并等待用户输入数据，在对话框中包含“确定”和“取消”两个按钮，用户输入数据并单击“确定”按钮(或直接按 Enter 键)后，函数将返回用户输入的数据并将该数据赋给指定的变量；如果用户单击“取消”按钮，则函数返回一个 0 长度的字符串。

③ InputBox 函数的返回值为字符型。如果要产生数值型数据的输入，应使用 Val 转换函数对 InputBox 函数的返回值进行类型转换。例如，如果要输入一个学生的成绩，可以使用以下语句：

intGrage＝Val(InputBox("请输入一个学生的成绩：","输入成绩"))

④ 每执行一次 InputBox 函数只能输入一个值，如果需要输入多个值须多次调用 InputBox 函数。

注意：赋值语句是静态地给变量赋值，常用于程序代码中，可为各种数据类型；InputBox 函数是动态地给变量赋值，常用于程序运行时输入，它只能返回字符型数据。

3.5.4 Print 方法

Print 方法可以在窗体上显示文本字符串或表达式的值，并可在其他图形对象或打印机上输出信息。其格式为：

[<对象名称>.]Print [表达式列表][,|;]

说明：① 对象名称可以是窗体(Form)、图片框(PictureBox)或打印机(Printer)。如果省略对象名称，则在当前窗体上直接输出。例如：

Picture1. Print "Visual Basic 天地"

Print "Visual Basic"

前者把字符串“Visual Basic 天地”在图片框 Picture1 上显示出来，后者则把字符串直接输出到当前窗体。

② 表达式列表是一个或多个表达式，可以是数值表达式或字符串。对于数值表达式，将输出表达式的值，字符串照原样输出。如果省略表达式列表，则输出一个空行，相当于换行。输出数据

时,数值数据的前面有一个符号位,后面有一个空格,而字符串前后都没有空格。

例如：　　　　　　　　　输出结果：

Print 2　　　　　　　　　2

Print

Print"Hello!"　　　　　　Hello!

③ 当输出多个表达式时,各表达式之间用分隔符(逗号、分号或空格)隔开。如果使用逗号分隔符,则按标准输出(分区输出)格式显示,此时,以 14 个字符宽度为单位将输出行分为若干区段,逗号后面的表达式在下一个区段输出。如果使用分号或空格作为分隔符,则按紧凑格式输出,即各输出项之间无间隔地连续输出。

例如：　　　　　　　　　输出结果：

Print 2, 3, "Hello!"　　　　2　　　3　　　　Hello!

Print 2; 3; "Hello"; "OK"　　23HelloOK

【例 3.2】 使用 Print 方法在窗体中直接输出字符串或数据表达式的值。

新建一个窗体,在窗体的单击事件中编写如下代码：

```
Private Sub Form1_Click()
  a = 10
  b = 3.5
  Print a,2 * b,
  Print a * b
  Print "HELLO!"
  Print "a=";10
  Print "欢迎使用" & "Visual Basic"
End Sub
```

运行程序,其结果如图 3-6 所示。

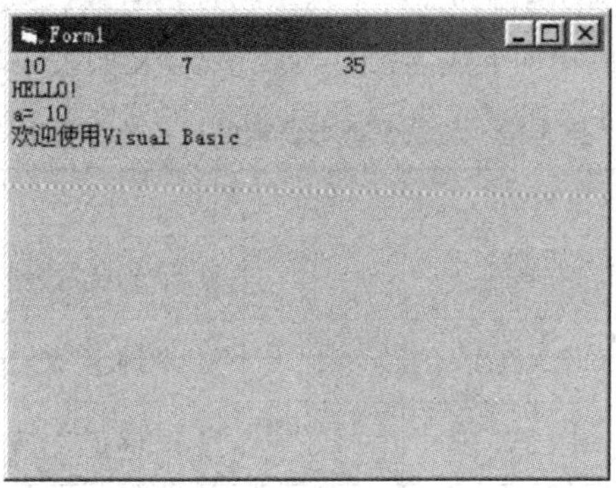

图 3-6　Print 使用示例

3.5.5　输出消息对话框

在 Windows 应用程序中,经常使用输出消息对话框(简称消息框)显示一些警告信息、提示信息、确认信息等。例如,在 Windows 系统中删除文件时,系统显示的"确认文件删除"对话框

即为一种消息框。在 VB 中,可以使用 MsgBox 函数产生消息框,语法格式为:

变量=MsgBox("输出信息" [,按钮类型][,"标题"])

函数作用:显示一个消息框,用于输出信息,并要求用户对输出的信息进行确认等操作。函数返回值为一整型数据。

例如,在立即窗口中输入 x=MsgBox("请输入数据!",3+48+0,"消息框"),则显示结果如图 3-7 所示。

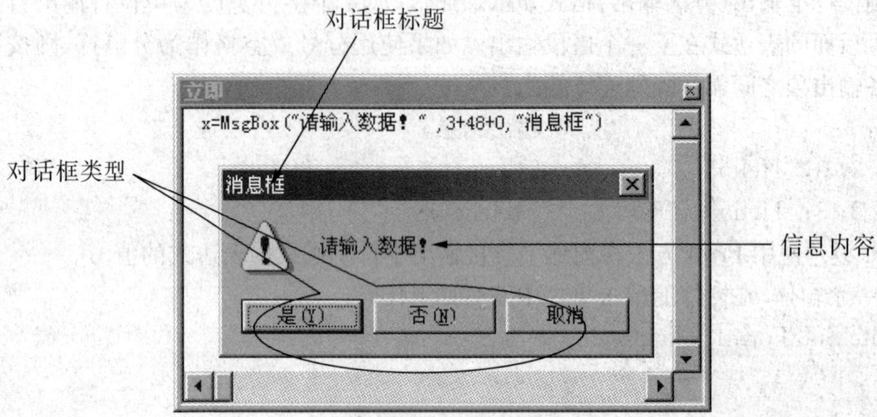

图 3-7　输出消息对话框

函数说明:

① 函数参数说明。

输出信息:为字符串表达式,作为显示在对话框中的消息,如图 3-7 中的输出信息"请输入数据!"。该参数项不可省略。如果输出信息包含多个行,则可在各行之间用回车符Chr(13)、换行符 Chr(10)或回车换行符的组合 Chr(13) & Chr(10)进行分隔。

按钮类型:该参数项为一数值表达式,指定消息框中所显示的按钮的数目及形式、使用的图标样式、缺省按钮以及消息框的强制回应等。该参数项可省略,如果省略,则该参数项的缺省值为 0。该参数项由四组设置值相加形成,各组设置值及含义如表 3-12 所示。

表 3-12　按钮类型参数项的设置值及含义

类型	内部常数	数值	描述
按钮类型与数目	vbOKOnly	0	显示"确定"按钮
	VbOKCancel	1	显示"确定"及"取消"按钮
	VbAbortRetryIgnore	2	显示"终止"、"重试"及"忽略"按钮
	VbYesNoCancel	3	显示"是"、"否"及"取消"按钮
	VbYesNo	4	显示"是"及"否"按钮
	VbRetryCancel	5	显示"重试"及"取消"按钮

续表

类型	内部常数	数值	描　述
图标样式	VbCritical	16	显示错误信息图标
	VbQuestion	32	显示询问信息图标
	VbExclamation	48	显示警告信息图标
	VbInformation	64	显示普通信息图标
缺省按钮	vbDefaultButton1	0	第一个按钮是缺省按钮
	vbDefaultButton2	256	第二个按钮是缺省按钮
	vbDefaultButton3	512	第三个按钮是缺省按钮
	vbDefaultButton4	768	第四个按钮是缺省按钮
消息框的强制返回方式	vbApplicationModal	0	应用程序强制返回;应用程序一直被挂起,直到用户对消息框做出响应才继续工作
	vbSystemModal	4096	系统强制返回;全部应用程序都被挂起,直到用户对消息框做出响应才继续工作

消息框的按钮类型取值既可由四组设置值的数值相加形成,也可由四组设置值的内部常数相加形成。例如,产生图 3-7 所示消息框的 Visual Basic 语句也可写成以下形式:

x=MsgBox("请输入数据!", VbYesNoCancel + VbExclamation + vbDefaultButton1, "消息框")

标题:指定在消息框标题栏中显示的字符串表达式。该参数项可省略,如果省略该项,则将应用程序名显示在消息对话框的标题栏中。

② MsgBox 函数的返回值。该值为整数,表示的是用户在消息框中选择了哪一个按钮,在进行程序设计时经常根据该返回值决定程序的流程。MsgBox 函数的返回值与消息框中常见的按钮对应关系如表 3-13 所示。

表 3-13　MsgBox 函数的返回值及含义

返回值	内部常数	说明
1	vbOk	用户在消息框中单击了“确定”按钮
2	vbCancel	用户在消息框中单击了“取消”按钮
3	vbAbort	用户在消息框中单击了“终止”按钮
4	vbRetry	用户在消息框中单击了“重试”按钮
5	vbIgnore	用户在消息框中单击了“忽略”按钮
6	vbYes	用户在消息框中单击了“是”按钮
7	vbNo	用户在消息框中单击了“否”按钮

另外,MsgBox 函数也可以写成语句的形式,格式为:

MsgBox ＜信息内容＞[,＜对话框类型＞[,＜对话框标题＞]]

MsgBox 语句没有返回值,常用于较简单的信息提示,如图 3-8 所示。

图 3-8　MsgBox "OK!"语句运行结果

第4章　窗体设计

本章主要任务

1. 掌握窗体的常用属性、方法和事件的使用。
2. 了解多重窗体的使用。
3. 了解多文档应用程序的建立。

4.1　窗体的属性

窗体是应用程序的设计场所，对应于应用程序的运行结果。它可以包括多个控件。窗体就像一个可调整大小的绘图板，在绘图板上可以画出组成应用程序的各个构件，程序员根据程序界面的要求，可绘制多种对象，形成美观的用户界面。每个应用程序至少有一个窗体，它是其他对象不可缺少的载体。每当用户建立一个新的工程文件时，VB都会自动给出缺省名为Form1的窗体。

4.1.1　窗体的常见属性

窗体生成后其属性(Attribute)都是默认值，激活“属性”窗口的方法有以下4种：

① 单击工具栏上的属性按钮，弹出属性窗口。

② 用鼠标右键单击窗体，从弹出的菜单中选择“属性窗口”菜单项。

③ 使用“视图”菜单中的“属性窗口”菜单项。

④ 按F4键来激活“属性”窗口。

激活后的窗口如图4-1所示。下面介绍窗体的一些常用属性并设置其初值。这些属性中有少部分只适用于窗体，大部分既适用于窗体也适用于其他对象。

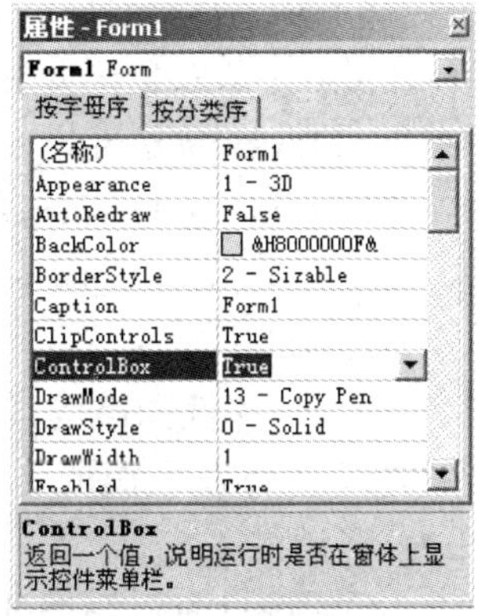

图4-1　属性窗口

1. 名称属性

在编写代码时为窗体指定一个名字，此属性在运行时是只读的。一个窗体的缺省名是窗体Form加上一个整数，如图4-1所示的窗体名为 Form1。每个对象都有名称属性,以便在程序中引用该对象。

2. BackColor 属性和 ForeColor 属性

BackColor 属性设置对象的背景色,ForeColor 属性设置对象的前景色。当选择了颜色后,窗体的颜色会马上发生变化。

用户也可在代码中设置窗体前景色和背景色,语法格式如下:

[Object.]BackColor[=Color]

[Object.]ForeColor[=Color]

其中 Object 为窗体的名称,当前窗体 Object 可省略;Color 为颜色值,颜色值的表示方法见 10.2.2 节内容。

如 Form1.BackColor=vbRed 语句运行后,背景色会设置成红色。

3. Caption 属性

此属性确定窗体标题栏显示的文本。用 Caption 属性把标题改为需要的名字可通过属性窗口设置,也可通过程序代码设置。通过程序代码设置其语法如下:

[Object.]Caption[=String]

4. Left、Top 和 Height、Width 位置属性

Left 属性设置窗体内部最左端与它的容器最左边之间的距离;Top 属性设置窗体内部最上端与它的容器最上端之间的距离。其语法分别如下:

[Object.]Left[=x]

[Object.]Top[=y]

Height 和 Width 这两个属性设置窗体的高度和宽度。其语法分别如下:

[Object.]Width[=Number]

[Object.]Height[=Number]

对于窗体来说,该属性值以点(Twips=0.005 磅)为单位,其最大值依系统而定。

5. ControlBox、MaxButton、MinButton 属性

该组属性用于设置窗体是否有控制菜单及最大化、最小化按钮,缺省值全部为 True。若将 ControlBox 属性设置为 False,则将取消窗体的控制菜单和所有的控制按钮。若将 MaxButton 属性设置为 False,则窗体的最大化按钮将失效;若将 MinButton 属性设置为 False,则窗体的最小化按钮将失效。

6. Enabled 属性

这个属性的类型是 Boolean。它设置一个对象是否对用户事件响应。True 表示响应(默认值),False 表示对象将失效(灰色),对用户的操作完全不予响应。

7. Moveable 属性

Moveable 也是一个 Boolean 类型的属性。该属性设置程序运行时能否用鼠标拖动一个窗体,当设为 False 时窗体不能被拖动,只能调整大小。

8. Visible 属性

Visible 属性同样是 Boolean 类型的属性。该属性设置窗体是被显示还是被隐藏。当设为 False 时,窗体及上面的对象都将被隐藏。用户也可以在程序代码中控制窗体的隐现,其语法为:

[Object.]Visible[=True|False]

注意:只有当程序运行时该属性才起作用。也就是说,在设计阶段,即使把窗体或控件的

Visible 属性设置为 False，窗体或控件也仍然可见，程序运行后才消失。

9. Font 属性

该属性用来设置窗体上字体的样式、大小、字形。设置该属性时，用鼠标单击其右边的 ▾ 按钮，将弹出“字体对话框”。

10. Icon 属性

该属性设置窗体左上角的小图标，只适用于窗体。在程序代码中其语法为：

[Object.]Icon=LoadPicture(IconPath)

LoadPicture 函数的用法见 10.3.2 节内容。

在设计时，在“属性”窗口中通过单击 Icon 右边的按钮，激活“加载图标”对话框，从 VB 自带的图库中选择图标。可选择的文件类型有图标文件(.ICO)、光标文件(.CUR)。

11. Picture 属性

该属性设置在窗体中显示的一个图片。在程序中的语法如下：

[Object.]Picture =LoadPicture(PicturePath)

也可以单击 Picture 属性右边的按钮，弹出“加载图片”对话框，用户可以选择其中的图片，可选图片格式有.TIF、.JPG、.GIF、.ICO、.CUR 等。

12. StartupPosition 属性

决定窗体首次出现时在屏幕上的位置。它有以下四个属性值供用户选择：

0—手动，窗体的初始位置由 Left 和 Top 值决定。

1—所有者中心，使窗体出现在使用环境的中心位置。

2—屏幕中心，使窗体出现在屏幕的中心位置。

3—窗口缺省，为默认值，使窗体以 Windows 默认的方式出现在屏幕上，一般是左上角。

13. WindowState 属性

该属性设置一个窗体运行时的尺寸状态，有三个属性值供用户选择：

0—Normal，默认值，此时窗体尺寸由 Height 和 Width 等属性决定。

1—Minimized，使窗体最小化成任务栏图标。

2—Maximized，使窗体以全屏方式显示。

在程序中的语法如下：

[Object.]WindowState[=Value]

14. KeyPreview 属性

该属性有 True 和 False 两个值。如果 KeyPreview 属性值为 True，则窗体可以捕获键盘事件并响应；如果 Key Preview 属性值为 False，则窗体不可以捕获键盘事件。

15. MDIChild 属性

设置本窗体是否作为多文档(MDI)窗体的子窗体，在一个 MDI 窗体内部显示。在运行时是只读的。该属性有 True 和 False 两个值，默认为 False。

4.2 窗体的事件

4.2.1 事件的种类

根据事件(Event)产生的来源,可分为用户事件和系统事件。

1. 用户事件

用户事件是由用户动作产生的事件,它又分为鼠标事件和键盘事件。鼠标事件是用户在应用程序中使用鼠标操作而产生的,如单击(Click)、双击(DblClick)、拖动(DropOver)等;键盘事件是用户在应用程序中使用键盘操作而产生的,如按键(KeyPress)、释放键(KeyUp)操作等。

2. 系统事件

系统事件是由系统自动触发的,无需用户操作,如定时事件(Timer)和窗体加载(Load)事件等。

事件驱动就是当没有事件产生时,程序处于等待状态,当事件被触发时,程序才运行,执行相应的事件过程。

4.2.2 窗体的常用事件

窗体能执行方法并响应绝大多数事件,这些事件中的大多数也是其他控件的常用事件。

1. Load、UnLoad 事件

Load 事件是在窗体被装载时发生。可通过 Load 语句或引用未装载的窗体属性或控件时触发。该事件常用于窗体启动时的初始化处理。窗体事件过程框架的语法格式如下:

```
Private Sub Form1_<事件名>([<虚参表>])
  …
End Sub
```

这里窗体 Load 事件的语法格式为:

```
Private Sub Form1_Load()
End Sub
```

Unload 事件是当窗体关闭(删除)时发生。当使用 Unload 语句或单击窗体关闭按钮来关闭窗体时,此事件被触发。语法格式如下:

```
Private Sub Form1_Unload(Cancel As Integer)
End Sub
```

其中,Cancel 是一个整数,用来确定窗体是否删除。如果 Cancel 为 0,则窗体被删除;否则表示取消当前窗体的关闭操作。

2. Resize 事件

当窗体初次显示或当窗体大小改变时,该事件发生。常用于当窗体调整大小时,为保持窗体上控件或图形的大小及相对位置成比例,而对窗体上的控件进行移动或调整大小。

3. Click、DblClick 事件

当用户在窗体上用鼠标单击时，触发 Click 事件。当用户在窗体上用鼠标双击时，触发 DblClick 事件。

4. MouseDown、MouseUp、MouseMove 事件

当按下鼠标按钮时发生 MouseDown 事件，释放时发生 MouseUp 事件，移动时发生 MouseMove 事件。

MouseDown 事件的语法格式如下：

Private Sub Form1_MouseDown(Button As Integer, Shift As Integer, x As Single, y As Single)

End Sub

Button 参数：返回一个整数，用来标志该事件的产生是通过按下哪个鼠标按钮触发的，左按钮为 1，右按钮为 2，中间按钮为 4。

Shift 参数：返回一个整数，该整数相应于 Shift(1)、Ctrl(2)和 Alt(4)键的状态。标志这些键中的一些、全部或者一个也没有被按下。如 Ctrl 键被按下，则 Shift 的值为 2；Ctrl 和 Alt 键被按下，Shift 的值为 6；一个也没有被按下，Shift 的值为 0。

x、y 参数：返回鼠标指针当前的位置。

5. Activate 和 Deactivate 事件

当一个对象成为活动窗口时发生 Activate 事件，当一个对象由活动窗口成为不活动窗口时发生 Deactivate 事件。

6. GotFocus 和 LostFocus 事件

在对象获得焦点(光标)时产生 GotFocus 事件，在对象失去焦点时产生 LostFocus 事件。

用户可通过诸如 Tab 切换、单击对象之类的动作，或在代码中用 SetFocus 方法触发 GotFocus 及 LostFocus 事件。

4.3　窗体的常用方法

对象的方法(Method)是对象本身所内含的一些特殊函数或过程。对象的事件是系统提供的，事件过程要由用户自己编写。而方法只要调用即可，调用方法能够影响属性值。其调用格式为：

对象名称.方法名称 [实参]

1. Print 方法

在对象上输出表达式。语法格式如下：

[object.]print [表达式]

如果省略对象名称 object，则在当前窗体上直接输出。

2. Show 方法

用以显示窗体。如果调用方法时指定的窗体没有装载，VB 将自动装载该窗体。语法格式如下：

[Object.]Show [style]

参数 style 是可选的一个整数,它用以决定窗体是有模式还是无模式。如果 style 为 1,则窗体显示为有模式的。此时随后的代码暂停执行,直到该窗体被隐藏或卸载时才能执行。此外,对应用程序中该模式窗体之外的其他对象不能进行操作,必须隐藏或卸载该模式窗体之后方可操作。如果 style 为 0,或省略 style,则窗体显示为无模式的。此时,随后的代码被紧接着执行。

3. Hide 方法

用以隐藏窗体,但不能使其卸载。如果调用 Hide 方法时窗体还没有加载,那么 Hide 方法将加载该窗体但不显示它。语法格式如下:

[Object.]Hide

4. Refresh 方法

用于强制全部重绘(刷新)一个窗体及其控件。语法格式如下:

[Object.]Refresh

5. Cls 方法

用于清除窗体(Form)或图片框(PictureBox)中 Print 方法或图形方法运行时所生成的文本或图形,清除后的区域以背景色填充。语法格式如下:

[Object.]Cls

4.4 多重窗体

4.4.1 建立多重窗体应用程序

多重窗体是指一个应用程序中有多个并列的普通窗体,每个窗体都可以有自己的界面和程序代码,完成不同的功能。

1. 添加窗体

选择菜单“工程|添加窗体|新建”,即可添加窗体。

2. 窗体语句

(1) Load 语句。将窗体装入到内存,此时窗体并没有显示出来。语法格式如下:

Load 窗体名称

(2) Unload 语句。从内存中卸载窗体。语法格式如下:

Unload 窗体名称

如果要关闭窗体自己,可用 Me 代替窗体名,即 Unload Me。

4.4.2 多重窗体程序的执行与保存

1. 指定启动窗体

选择菜单“工程|属性”,打开工程属性窗口,在“启动对象”项中指定启动的窗体,如图 4-2 所示。

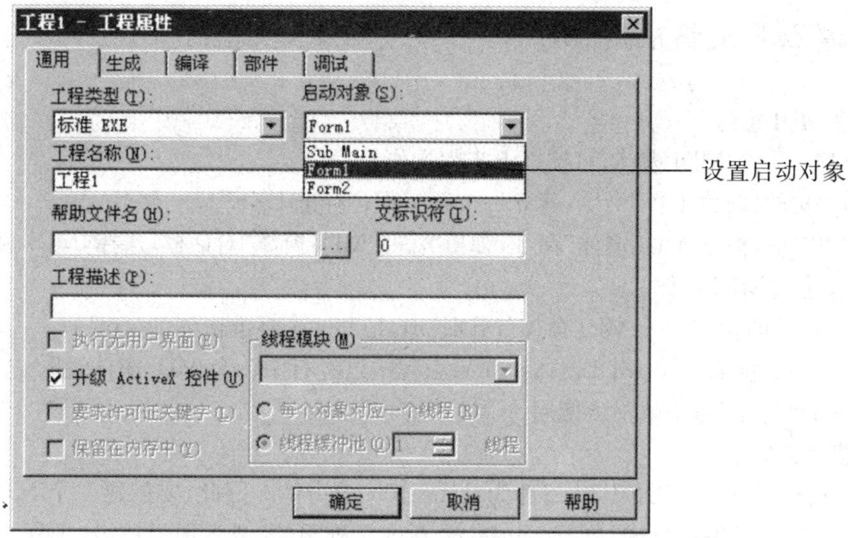

图 4-2　指定启动窗体

2. Sub Main 过程

在一个含有多个窗体或多个工程的应用程序中，有时需要在显示多个窗体之前对一些条件进行初始化，这就需要在启动程序时执行一个特定的过程，称为启动过程，并命名为 Sub Main。

Sub Main 过程位于标准模块中。一个工程可以含有多个标准模块，但 Sub Main 过程只有一个。如果把 Sub Main 指定为启动过程，则可以在运行程序时自动执行。

3. 多窗体程序的存取

一个工程中有多个窗体，应分别取不同文件名保存在磁盘上，VBP 工程文件中记录了该工程的所有窗体文件名。若要打开一个包含多窗体的应用程序，只需要打开相应的工程文件即可。

4.5　多文档界面

Visual Basic 应用程序有两种不同的类型，即单文档界面(SDI，Single Document Interface)和多文档界面(MDI，Multiple Document Interface)。在单文档界面应用程序中，用户只能打开一个文档，想打开另一个文档时，必须先关闭已经打开的文档。在多文档界面应用程序中，则允许同时显示多个文档，每个文档都显示在自己的窗口中。

实际上，一个多文档界面的应用程序可以包含三类窗体：MDI 父窗体(简称 MDI 窗体，即主窗体)、MDI 子窗体(简称子窗体)及普通窗体(或称标准窗体)。普通窗体与 MDI 窗体没有直接的从属关系，可以从 MDI 窗体中将普通窗体移动出去。多文档界面能给用户提供更多的信息和更方便的操作。

MDI 与多重窗体不是一个概念。多重窗体程序中的各个窗体是彼此独立的，而 MDI 虽然也可以含有多个窗体，但它有一个父窗体，其他窗体(子窗体)都在父窗体内。

4.5.1　建立多文档应用程序

1. 创建 MDI 窗体

用户要建立一个 MDI 窗体，可按以下步骤操作：

① 单击“文件|新建工程”命令，建立一个新工程（“标准 EXE”）。

② 单击“工程|添加 MDI 窗体”命令，弹出“添加 MDI 窗体”对话框，选择“MDI 窗体”，单击“打开”按钮，建立 MDI 窗体。

这样，工程中即含有一个 MDI 窗体（MDIForm1）和一个标准窗体（Form1）。

每个工程中只能有一个 MDI 窗体。如果工程中已经有了一个 MDI 窗体，那么“工程”菜单上的“添加 MDI 窗体”命令就不可使用。

2. 创建子窗体

MDI 子窗体是一个 MDIChild 属性为 True 的标准窗体。因此，要创建一个 MDI 子窗体，应先通过单击“工程|添加窗体”命令，创建一个新的标准窗体，或者通过单击“工程|添加文件”命令，打开一个存在的标准窗体，然后把它的 MDIChild 属性设为 True。

4.6　程序应用举例

【例 4.1】　创建一个窗体设计示例程序。

① 启动 VB，新建一个工程。

② 对于产生的窗体我们采用默认的名称 Form1。设计窗体的背景色，可选择属性的 BackColor（背景色）选项，单击右边的下拉按钮▾，从出现的颜色选择对话框中选取某一颜色。按同样方法设置 ForeColor（前景色）属性。这里均采用系统默认值。

③ 选择“工程”菜单中的“添加窗体”命令，在同一个工程文件中再建立起一个新的窗体。采用默认的名称 Form2。

④ 双击 Form1 进入代码编写窗口，编写程序代码如下：

```
Private Sub Form1_Load()
  Form1. Caption = "第一号窗体"                    '设置窗口标题
End Sub
Private Sub Form1_Click()
  Form1. hide
  Form2. show
End Sub
```

⑤ 双击 Form2 进入代码窗口，编写如下代码：

```
Private Sub Form1_Load()
  Form2. Caption = "第二号窗体"                    '设置窗口标题
  Form2. Picture = LoadPicture("e:\greentree. bmp")  '加载窗体图片
End Sub
```

```
Private Sub Form1_Click()
  End
End Sub
```

⑥ 设置默认的 Form1 作为启动窗体。

⑦ 单击工具栏上的运行按钮 ，出现一号窗体，单击一号窗体，一号窗体隐藏，出现二号窗体，运行结果如图 4-3 所示。

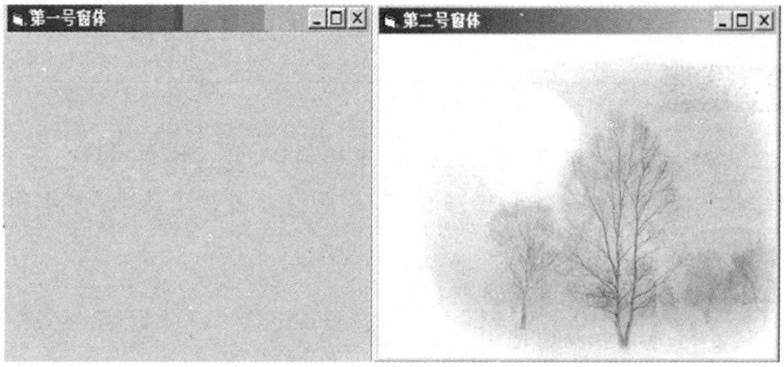

图 4-3　运行结果

第5章 常用控件

本章主要任务

1. 掌握命令按钮、标签、文本框、单选按钮、复选按钮、框架、滚动条、列表框、组合框、图片框、图像框、时钟等标准控件的常用属性、方法和事件的使用。

2. 掌握鼠标和键盘事件的使用。

3. 了解ActiveX控件的使用方法。

控件是VB中建立图形用户界面的基本要素，VB中的控件用来获取用户的输入信息以及输出信息。在窗体上绘制的常用控件放置在VB工具箱中，每个控件都有一组属性、方法和事件，为使用VB进行程序设计提供了丰富的控件及编程方法。

5.1 命令按钮、标签与文本框

5.1.1 命令按钮CommandButton

Visual Basic中提供了命令按钮，即CommnandButton控件来创建应用程序按钮。常常用它来接受用户的操作信息，激发某些事件，实现一个命令的启动、中断和结束操作。在Visual Basic操作界面中，CommandButton(命令按钮)控件的图标如图5-1所示。

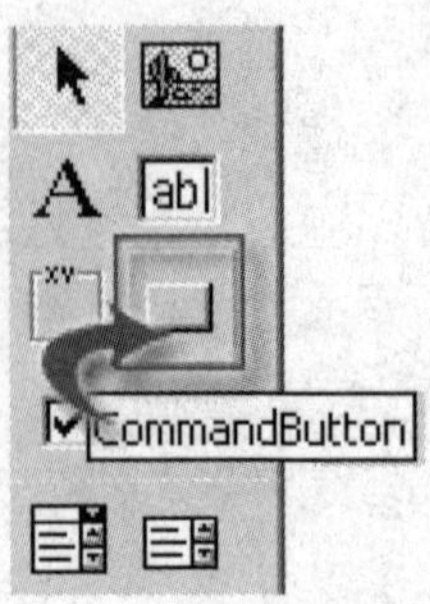

图5-1 CommandButton控件

1. 命令按钮的常用属性

命令按钮控件(CommandButton)的常用属性如表5-1所示。

表5-1 CommandButton控件的常用属性

属性	说 明
Appearance	返回或设置一个对象在运行时是否用立体效果绘制。取值为:0-平面;1-3D(立体)
BackColor	返回或设置命令按钮的背景颜色,可从弹出的调色板中选择
Cancel	返回或设置该命令按钮是否为窗体默认的取消按钮(指出命令按钮是否为窗体的取消按钮)。取值为True表示不管窗体上的哪个控件有焦点,按下Esc键后,就相当于单击该默认按钮;False则无此效果
Caption	返回或设置该命令按钮的标题
Default	返回或设置该命令按钮是否为窗体默认的按钮。取值为True表示用户按下Enter键,就相当于单击该默认按钮;False则无此效果
DownPicture	返回或设置按钮被按下状态时显示的图片,Style属性值必须为1
Enabled	返回或设置该命令按钮是否对事件产生响应。取值为True表示可用;False表示不可用,在执行程序时,该对象用灰色显示,并且不响应任何事件
Height	返回或设置命令按钮的高度
Index	返回或设置该命令按钮在对象数组中的编号
Left	返回或设置CommandButton控件距容器左边框的距离
MaskColor	Style=1时,获得或设置按钮的图片要屏蔽(它是透明的)的颜色。可从弹出的调色板中选择
MouseIcon	MousePointer=99时,设定一个自定义的鼠标图标
MousePointer	返回或设置一个值。该值指示在运动时当鼠标移动到对象上时显示的指针类型
Picture	返回或设置CommandButton控件显示的图片
Style	返回或设置CommandButton控件的外观形式。取值为:0-Standard(标准,标准风格);1-Graphical(图形,带有自定义图片),此时Picture、DisabledPicture和DownPicture属性起作用
TabIndex	返回或设置此对象在父窗体中的编号(父窗体中对象响应Tab键的顺序)
TabStop	设置是否可以用Tab键选取此对象。取值为True表示可以;False表示不可以
Top	返回或设置CommandButton控件距容器顶部边框的距离
UseMaskColor	Style=1时,获得或设置一个值,决定是否将MaskColor属性中赋值的颜色用于屏蔽(用于创建透明区)。取值为True或False
Visible	返回或设置程序运行时CommandButton控件的可见性。取值为True表示该对象可见;False表示该对象不可见
Width	返回或设置CommandButton控件的宽度

有关命令按钮的主要属性说明如下:

(1) Caption(标题)属性

跟其他控件的 Caption 属性一样，是用来显示控件标题的属性，它最多包含 255 个字符。作为按钮控件，用户可以给按钮控件的 Caption 指定快捷方式，方法是在按钮 Caption 属性中欲作为快捷键的字母前加上一个 & 符号，程序运行时，该字母的下面会自带一条下划线，同时按下 Alt 键和带有下划线的字母，功效相当于用鼠标点击该按钮。Caption 属性如图 5-2 所示。

(2) Cancel(取消)属性

当一个按钮的 Cancel 属性设置为 True 时，按 Esc 键与单击此命令按钮的作用相同，因此，这个命令按钮被称为取消按钮。在一个窗体中，只允许一个命令按钮的 Cancel 属性为 True，如图 5-3 所示。

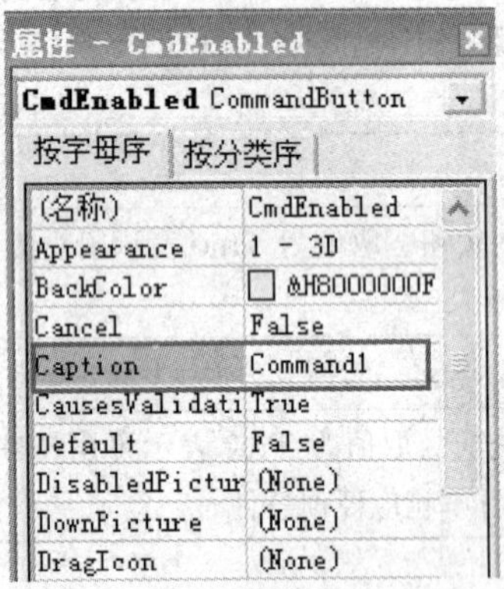

图 5-2 Caption 属性

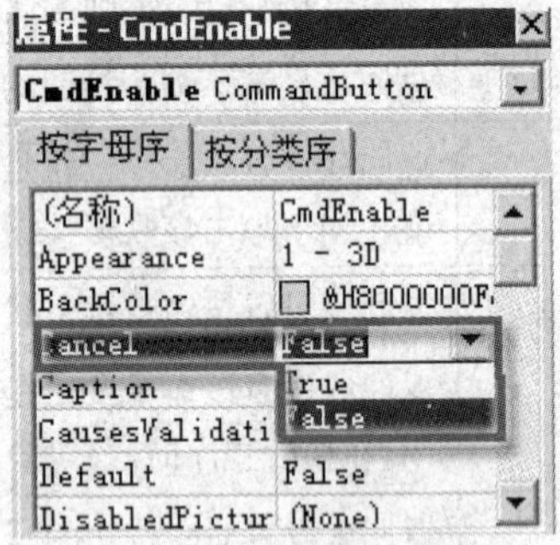

图 5-3 Cancel 属性

(3) Default(默认)属性

当一个按钮的 Default 属性设置为 True 时，按回车键与单击此命令按钮的作用相同，因此，这个命令按钮被称为默认按钮。与 Cancel 的设置一样，在一个窗体中，只允许一个命令按钮的 Default 属性设置为 True，如图 5-4 所示。

(4) Enabled(可用)属性

该属性决定了控件是否可用。当值为 False 时，按钮在程序运行时呈灰色，不能响应用户的鼠标动作；只有当值为 True 时，按钮才能使用。该属性可以在设置界面时予以指定，如图 5-5 所示。也可以在程序中修改，代码如下：

按钮控件名称. Enabled = True/False

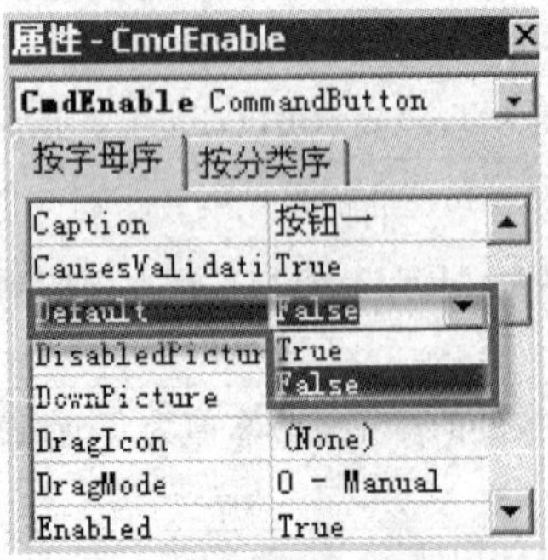

图 5-4 Default 属性

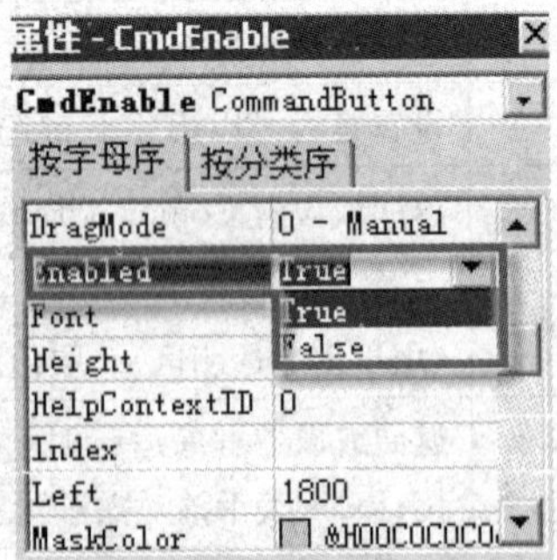

图 5-5 Enabled(可用)属性

【例 5.1】 Enabled(可用)属性应用示例。

窗体设计：首先在窗体上添加一个 CommandButton 控件，在其属性窗口中将 Name 属性设置为 CmdEnable；将 Enabled 设置为 True；将 Caption 设置为“按钮一”。然后，在窗体上再添加一个 CommandButton 控件，在其属性窗口中将 Name 属性设置为 CmdFalse；将 Enabled 设置为 False；将 Caption 设置为“按钮二”。

运行程序，按钮一(CmdEnable)初始状态为可用，按钮二(CmdFalse)初始状态为不可用。点击按钮一，按钮二变为可用，按钮一变为不可用；点击按钮二，按钮一变为可用，按钮二变为不可用。如图 5-6 所示。

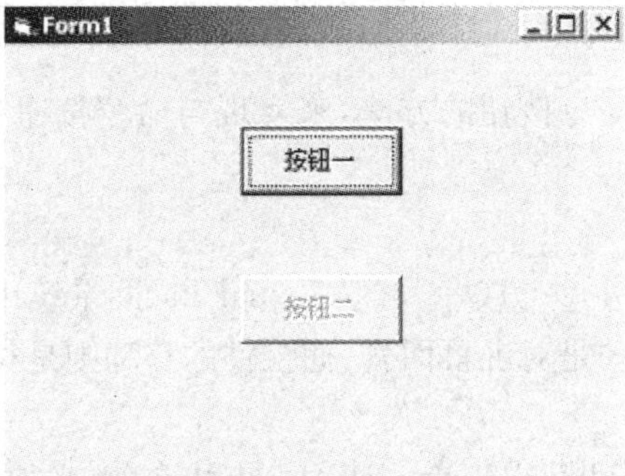

图 5-6　例 5.1 程序界面

程序代码如下：

```
Private Sub CmdEnable_Click()
  CmdFalse.Enabled = True
  CmdEnable.Enabled = False
End Sub
Private Sub CmdFalse_Click()
  CmdFalse.Enabled = False
  CmdEnable.Enabled = True
End Sub
```

(5) Style(类型)与 Picture(图片)属性

如果想让应用程序的操作界面更美观一点，例如在某个按钮上添加一幅小图片，那么就需要用到控件的 Style 与 Picture 属性。

按钮控件共有两种 Style，一种是标准型(Standard)，VB 中用 VbButtonStandard 或 0 表示；另外一种是图形型(Graphical)，VB 中用 VbButtonGraphical 或 1 表示。Style 属性如图 5-7 所示。

图 5-7　Style 属性

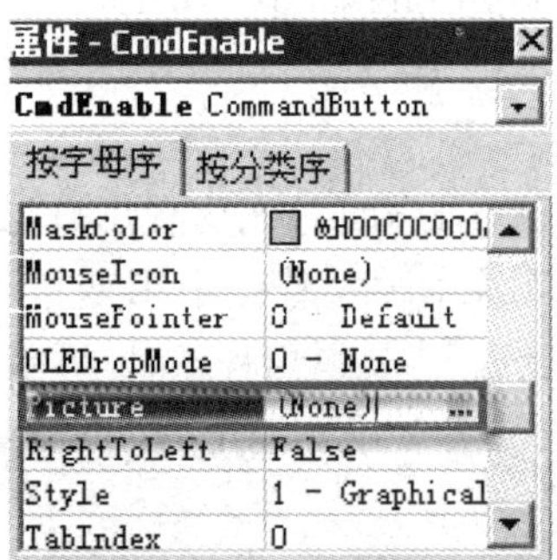

图 5-8　Picture 属性

只有当按钮的 Style 设置为 Graphical 类型时，按钮的 Picture 属性才起作用。Picture 属性如图 5-8 所示。本属性能在指定的按钮上添加图片，也可以在程序中进行指定，代码如下：

```
CmdPicture.Picture = "D:\image\01.jpg"
```

2. 命令按钮的事件

命令按钮能响应绝大多数的事件，如 Click（单击）、MouseMove（鼠标移动）、DragDrop（拖放）、KeyDown（键盘按下）、KeyUp（键盘松开）、KeyPress（按键）、MouseDown（鼠标按下）、MouseUp（鼠标松开）等，但最常用的是 Click 事件。

3. 命令按钮的常用方法

在程序代码中，通过调用命令按钮的方法，来实现与命令按钮相关的功能。与命令按钮相关的常用方法主要有以下两种：

（1）Move 方法

该方法的使用与窗体的 Move 方法一样。Visual Basic 系统中的所有可视控件都有该方法，与窗体不同的是窗体的移动是对屏幕而言，而控件的移动则是相对其“容器”对象而言。

（2）SetFocus 方法

该方法设置指定的命令按钮获得焦点。使用该方法之前，必须要保证命令按钮当前处于可见和可用状态，即其 Visible 和 Enabled 属性均应该设置为 True。

【例 5.2】 命令按钮属性综合示例。

在窗体中设置两个按钮和一个文本框，其相关属性值设置如表 5-2 所示。

表 5-2 属性设置

控件	Caption	Default	Cancel	Text	TabIndex
Command1	确定	True	False		1
Command2	退出	False	True		2
Text1					3

程序代码如下：

```
Dim I AS Integer
Private Sub Command1_Click( )
  I=I+1
  Text1.Text="命令按钮被按下" & I & "次!"
End Sub
Private Sub Command2_Click( )
  End
End Sub
```

程序运行后，Text1 首先具有焦点，此时，无论是单击 Command1 还是按回车键都能触发 Command1_Click 事件，事件中用变量 I 记录事件触发的次数，并显示在 Text1 中，同时使 Text1 具有焦点。当要退出程序时，可单击 Command2 或直接按 Esc 键都将触发 Command2_Click 事件，执行 End 语句退出程序。运行结果如图 5-9 所示。

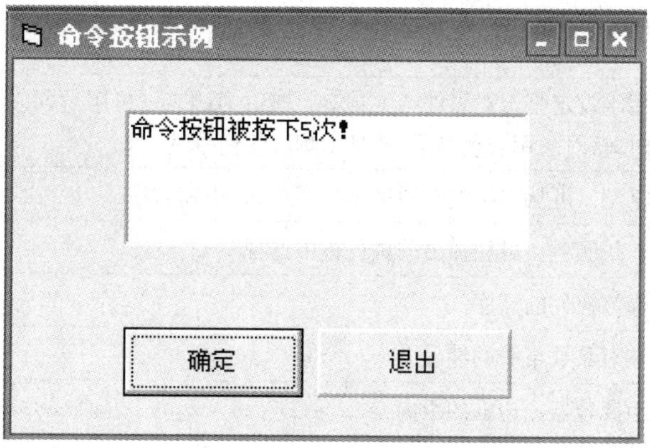

图 5-9　例 5.2 运行界面

5.1.2　标签控件 Label

Label(标签控件)是图形控件,如图 5-10 所示,主要作用是显示文字信息,如大家比较熟悉的程序安装界面:在某个软件安装过程中,常常会显示一些帮助信息或与产品相关的介绍信息,而这些大多是用标签控件实现的。

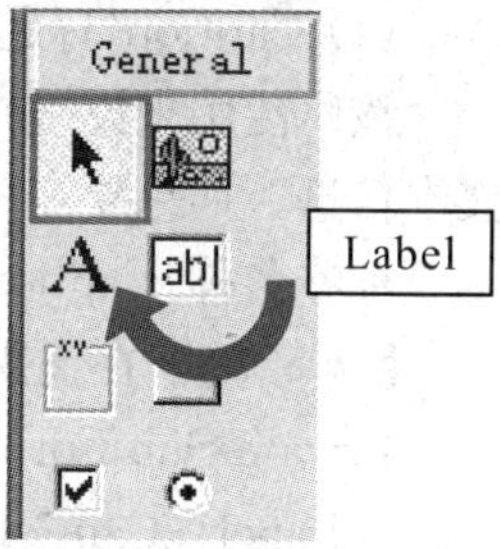

图 5-10　Label 控件

与以后我们要学到的文本框控件(TextBox)不同的是,标签控件显示的文字不能直接进行修改,要修改的话只能在设计阶段进行;文本框既可以用来显示文本,还能够在文本框中输入文本。

1. 标签控件的主要属性

标签控件(Label)的常用属性如表 5-3 所示。

表 5-3　Label 控件的常用属性

属性	说　明
Alignment	设置 Caption 属性文本的对齐方式。取值为:0(左对齐);1(右对齐);2(中间对齐)
Appearance	是否用立体效果绘制。取值为:0-平面;1-3D(立体)
AutoSize	控件对象的大小是否随标题内容的大小自动调整。取值为:True(是);False(否)
BackColor	设置背景颜色。可从弹出的调色板中选择
BackStyle	设置背景样式。取值为:0-Transparent(透明);1-Opaque(不透明)
BorderStyle	设置边界样式。取值为:0-None(无边界线);1-FixedSingle(固定单线框)
Caption	标签控件的标题
DataField	获得或设置一个值,将控件绑定到当前记录的一个字段
DataFormat	返回 DataFormat 对象,用于该部件的可绑定性(打开属性页,选择格式类型)
DataMember	获得或设置一个值,为数据连接描述数据成员
DataSource	设置一个数值,指出数据控件通过它将当前控件绑定到数据库

续表

属性	说　明
Enabled	用于设定是否对事件产生响应。取值为：True(可用)；False(不可用)，在执行程序时，该对象用灰色显示，并且不响应任何事件
Font	字型。可从弹出的对话框选择字体、大小和风格
ForeColor	前景颜色。可从弹出的调色板中选择
Height	标签控件的高度
Index	在对象数组中的编号
Left	距离容器左边框的距离
Top	距容器顶部边界的距离
Visible	设置此对象的可见性，取值为：True(该对象可见)；False(该对象不可见)
Width	设置该对象的宽度
WordWrap	获得或设置一个值，决定控件是否扩大以显示标题文字。取值为 True 或 False

(1) Caption(标题)属性

该属性用来设置在标签上显示的文本信息，可以在创建界面时设置，也可以在程序中改变文本信息。如果要在程序中修改标题属性，代码书写规则如下：

标签名称.Caption ="欲显示的文本"

【例 5.3】 在代码中设定 Label 的 Caption 属性。

```
Private Sub Form1_Click()
  Label1.Caption = "欢迎使用 VB6.0"
End Sub
```

程序运行后结果后，Label1 中显示"欢迎使用 VB6.0"，如图 5-11 所示。

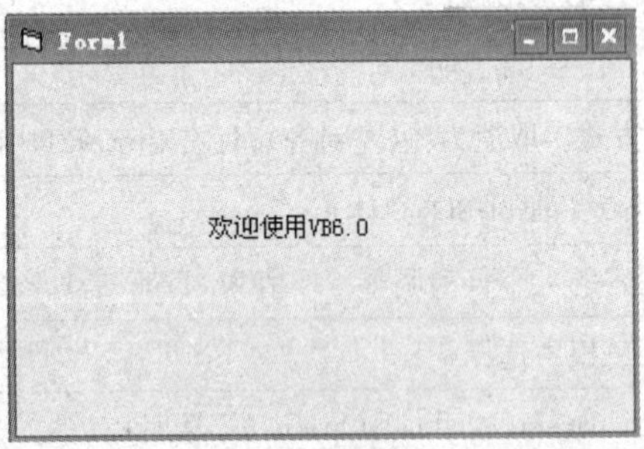

图 5-11　例 5.3 运行结果

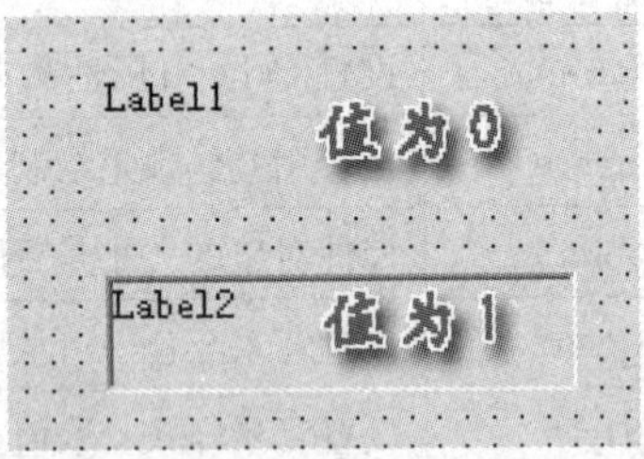

图 5-12　BorderStyle 属性示例

(2) BorderStyle(边框)属性

该属性用来设置标签的边框类型，有两种值可选：0 代表标签无边框；1 代表标签有边框，并且具有三维效果，如图 5-12 中显示的两个标签。

BorderStyle 属性既可以在设计界面时指定，如图 5-13 所示，也可以在程序中改变(但这种应用不多见)，程序代码书写规则如下：

标签名. BorderStyle = 0|1

图 5-13　BorderStyle 属性设置界面

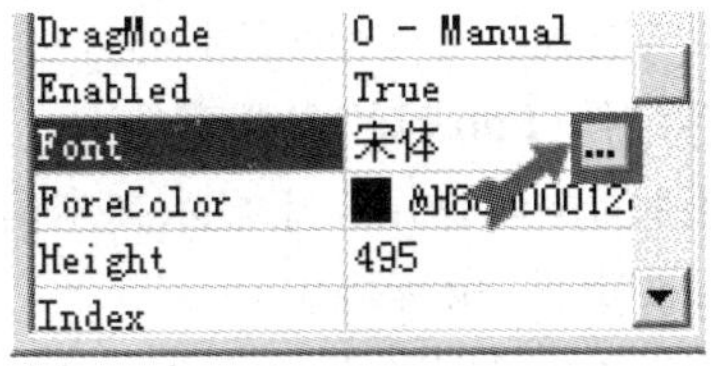

图 5-14　Font 属性

(3) Font(字体)属性

本属性用来设置标签显示的字体,既可以在创建界面时设定,也可以在程序中改变。在创建界面时设定,如图 5-14 所示。除了可以选择字体外,还可以设置显示文字是否为粗体、斜体、有无下划线等。

在程序中改变 Font 属性,程序代码书写规则如下:

标签名. FontName = "字体类型"

该语句是用来改变字体的,其中,字体类型可以是中文,如宋体、隶书;也可以是英文名,如 Arial、Times New Roman,等等,不过这些字体名称必须是电脑上有的。

标签名. FontSize = X

该语句是用来改变字体大小的,其中,X 是阿拉伯数字,代表字体是几号字。如 LblShow. FontSize = 11。

粗体(FontBold)、斜体(FontItalic)、下划线(FontUnderline)、删除线(FontStrikethru)属性的设置值是用代表真/假的逻辑判断值 True/False 进行相应设置,书写规则如下:

LblShow. FontBold = True|False

LblShow. FontItalic = True|False

(4) Alignment(对齐)属性

该属性用来设置标签上显示的文本的对齐方式,分别是:0 代表左对齐;1 代表右对齐;2 代表居中显示。可以在界面设置时设定,如图 5-15 所示,也可以在程序中改变,代码如下:

标签名. Alignment — 0|1|2

图 5-15　Alignment 属性

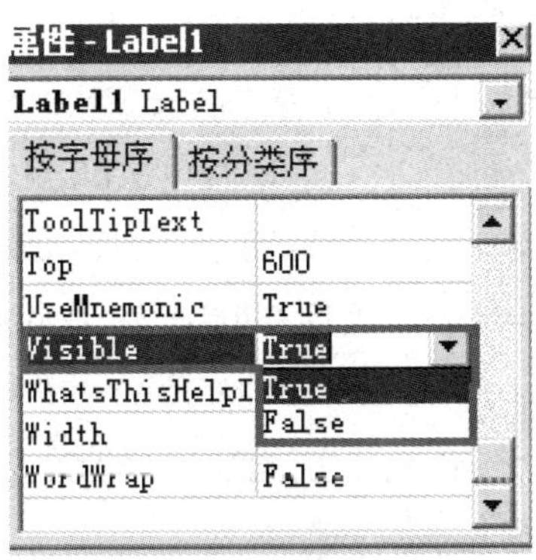

图 5-16　Visible 属性

(5) Visible(可见)属性

该属性在大多数控件中都有，它能设定控件是否可见。当值为 True 时控件可见；当值为 False 时控件隐藏。控件的可见属性既可以在界面设置时设定，如图 5-16 所示，也可以在程序中改变，代码如下：

标签名.Visible = True|False

2. 标签控件(Label)的主要事件

标签控件的主要作用在于显示文本信息，但也支持为数不多的事件。

(1) Click 事件(鼠标单击)

用鼠标点击标签时触发的事件，如单击鼠标改变标签的字体属性：

```
Private Sub LblShow_Click()
   LblShow.FontName = "隶书"
End Sub
```

(2) DbClick 事件(鼠标双击)

鼠标双击引发的事件，如双击鼠标改变标签的可见性：

```
Private Sub LblShow_DbClick()
   LblShow.Visible = False
End Sub
```

5.1.3 文本框 TextBox

TextBox 控件主要用来显示文本或输入文本，如 Windows 登录时的口令窗口，记事本的整个编辑区域。双击工具箱中的文本框控件或者单击文本控件，然后用鼠标在 VB 的工作区域拖拉，就可以创建文本框了。在 Visual Basic 操作界面中，TextBox(文本框)控件所代表的图标如图 5-17 所示。

图 5-17 TextBox 控件

文本框控件的默认名称为 TextX(X 为 1,2,3,…)，一般命名规则为 TxtX(X 为用户自定义的名字，如 TxtShow、TxtFont、TxtColor，等等)。

1. 文本框控件的主要属性

文本框控件的主要属性如表 5-4 所示。

表 5-4 文本框(TextBox)控件的主要属性

属性	说明
Alignment	设置 Caption 属性文本的对齐方式。取值为：0(左对齐)；1(右对齐)；2(中间对齐)
Appearance	是否用立体效果绘制。取值为：0(平面)；1(立体)
BackColor	背景颜色。可从弹出的调色板选择。
BorderStyle	设置边界样式。取值为：0-None(无边界线)；1-FixedSingle(固定单线框)
Enabled	用于设定是否对事件产生响应。取值为：True(可用)；False(不可用)，在执行程序时，该对象用灰色显示，并且不响应任何事件

续表

属性	说　明
Font	字型。可从弹出的对话框选择字体、大小和风格
ForeColor	前景颜色。可从弹出的调色板选择
Height	文本框控件的高度
IMEMode	获得或设置输入方法编辑器的当前操作模式。取值为：0-No Operation；1-ON；2-OFF；3-DISABLE；4-DBCS HIRAGANA；5-DBCS KATAKANA；6-SBCS KATAKANA；7-DBCS ALPHABET；8-SBCS ALPHABET；9-DBCS HANGUL；10-SBCS HANGUL
Index	在对象数组中的编号
Left	距离容器左边框的距离
Locked	设置文本框的内容是否可以编辑。取值为：True，锁住文本框的 Text 属性内容，只能显示，不能通过键盘做任何更改，成为只读文本，此时在文本框中可以使用“复制”命令，不能使用“剪切”和“粘贴”命令，但是通过程序代码仍可以改变文本框的内容；False，能通过键盘修改文本框的 Text 属性内容
MaxLength	获得或设置 Text 属性中所能输入的最大字符数。如果输入的字符数超过 MaxLength 设定的数目时，系统将不接受超出部分，并且发出警告声
MultiLine	设置文本框对象是否可以输入多行文字。取值为：True，当文本超过控件边界时，自动换行；False，当文本超过控件边界时，不自动换行。需要注意的是：若该属性为 False 时，文本框控件对象的 Alignment 属性无效
PasswordChar	该属性将文本的内容全部显示为所设置的字符。常用于设置密码，如 PasswordChar 设定为 *，那么无论用户输入什么字符，都只显示 *
ScrollBars	设置边框滚动条模式。取值为：0（无滚动条）；1（水平滚动条）；2（垂直滚动条）；3（水平和垂直滚动条）
SelLength	返回或设置选定文本的长度（字符数）。该属性没有列在属性窗口中，但在程序中可以使用这一属性
SelStart	返回或设置选定文本的起始位置，如果没有文本被选中，则指出插入点的位置。该属性没有列在属性窗口中，但在程序中可以使用这一属性
SelText	返回或设置选定文本，如果没有字符串被选中，则为空字符串。该属性没有列在属性窗口中，但在程序中可以使用这一属性
TabIndex	获得或设置此对象在父窗体中的编号（父窗体中对象响应 Tab 键的顺序）
Text	显示的文本内容
Top	距容器顶部边界的距离
Visible	设置此对象的可见性。取值为：True（该对象可见）；False（该对象不可见）
Width	文本框控件宽度

（1）Text（文本）属性

该控件最重要的属性，用来显示文本框中的文本内容。可以在界面设置时指定，如图 5-18 所示，也可以在程序中动态修改，程序代码书写规则如下：

文本框控件名. Text = "欲显示的文本内容"

如要在一个名为 TxtFont 的文本框控件中显示隶书字样，那么可输入以下代码：

TxtFont. Text = "隶书"

图 5-18　Text(文本)属性

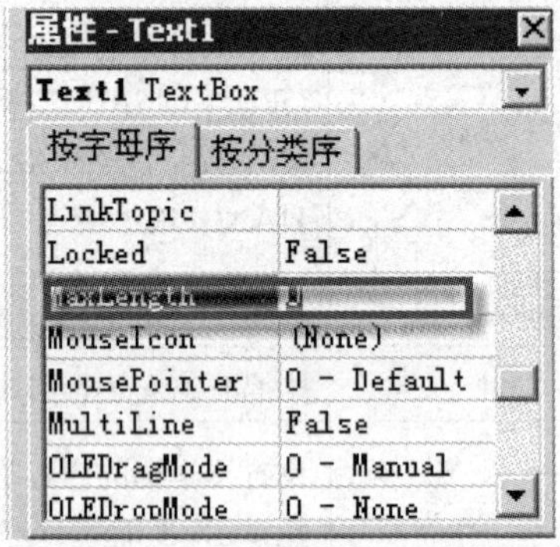

图 5-19　MaxLength(最大长度)属性

(2) SelText(选中文本)属性

该属性返回或设置当前所选文本的字符串，如果没有选中的字符，那么返回值为空字符串，即""。请注意，本属性的结果是个返回值，或为空，或为选中的文本。

一般来说，选中文本属性跟文件复制、剪切等剪贴板(在 VB 中，剪贴板用 Clipboard 表示)操作有关，如要将文本框选中的文本拷贝到剪贴板上，则可输入以下代码：

Clipboard. SetText 文本框名称. SelText　　　　/注意，本行没有表示赋值的等号

要将剪贴板上的文本粘贴到文本框内：

文本框名称. SelText = Clipboard. GetText　　　/注意，本行有表示赋值的等号

(3) SelStart 与 SelLength 属性

SelStart，选中文本的起始位置，返回的是选中文本的第一个字符的位置。SelLength，选中文本的长度，返回的是选中文本的字符个数。

(4) MaxLength(最大长度)属性

该属性限制了文本框中可以输入字符个数的最大限度，默认为 0，表示在文本框所能容纳的字符数之内没有限制。文本框所能容纳的字符个数是 64 K，如果超过这个范围，则应用其他控件来代替文本框控件。

文本框控件 MaxLength 属性既可以在界面设置过程中予以指定，如图 5-19 所示，也可以在设计时予以改变，代码如下：

文本框控件名. Maxlength=X(X 为阿拉伯数字，如 10、20、57)。

(5) MultiLine(多行)属性

该属性决定了文本框是否可以显示或输入多行文本，当值为 True 时，文本框可以容纳多行文本；当值为 False 时，文本框则只能容纳单行文本。

本属性只能在界面设置时指定，程序运行时不能加以改变。如图 5-20 所示。

图 5-20 MultiLine(多行)属性

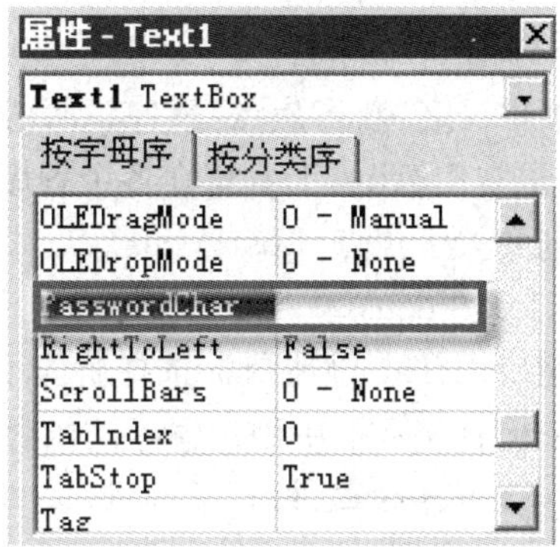

图 5-21 PasswordChar(密码)属性

(6) PasswordChar(密码)属性

该属性主要用于口令功能。例如,希望在密码框中显示星号,则可在"属性"窗口中将 PasswordChar 属性指定为 * 。这时,无论用户输入什么字符,文本框中都显示为星号。如图 5-21 所示。

在 VB 中,PasswordChar 属性的默认符号是星号,当然也可以设定为其他符号。但注意,如果文本框控件的 MultiLine(多行)属性为 True,那么文本框控件的 PasswordChar 属性将不起作用。

(7) ScrollBars(滚动条)属性

该属性可以设置文本框是否有滚动条。当值为 0 时,文本框无滚动条;值为 1 时,有横向滚动条;值为 2 时,有纵向滚动条;值为 3 时,文本框同时拥有横向、纵向滚动条。如图 5-22 所示。

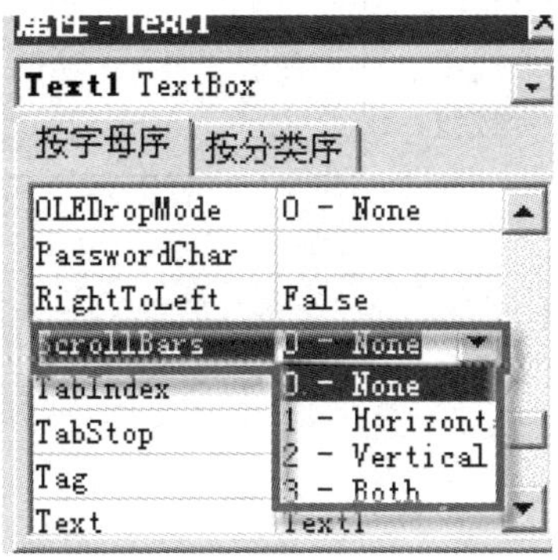

图 5-22 ScrollBars(滚动条)属性

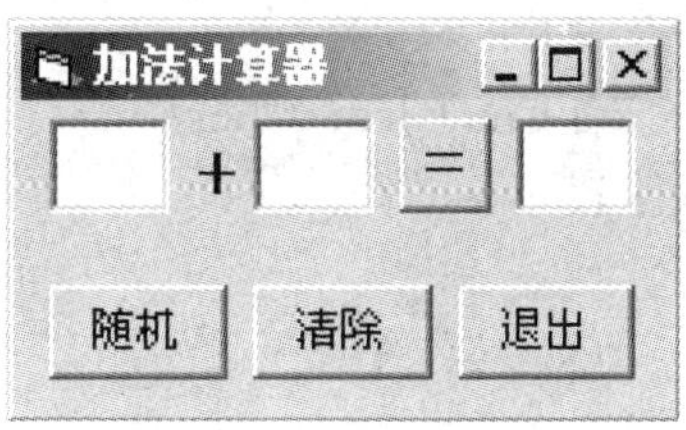

图 5-23 例 5.4 运行界面

(8) Locked(锁定)属性

该属性用于设定文本框内容是否可编辑。当值为 False 时,文本框中的内容可以编辑;当值为 True 时,文本框中的内容不能编辑,只能查看或进行滚动操作。

2. 文本框控件的事件

除了 Click、DblClick 这些常用的事件外,与文本框相关的主要事件是 Change、GotFocus、LostFocus 事件。

(1) Change 事件

当用户向文本框中输入新内容,或当程序把文本框控件的 Text 属性设置为新值时,触发

Change 事件。

(2) GotFocus 事件

该事件又名"获得焦点"事件。所谓获得焦点,其实就是指处于活动状态。在电脑日常操作中,我们常常用 Alt+Tab 键在各个程序中切换,处于活动中的程序获得了焦点,不处于活动中的程序则失去了焦点(LostFocus)。

(3) LostFocus 事件

当用户用 Tab 键或鼠标选择窗体上的其他对象而离开文本框时,触发该事件。通常可用该事件来检查文本框中用户输入的内容。

(4) KeyPress 事件

当进行文本输入时,每一次键盘输入,都将使文本框接受一个 ASCII 码字符,从而引发 KeyPress 事件。因此,通过该事件来对某些特殊键(如 Enter 键和 Esc 键等)进行处理是十分有效的。

【例 5.4】 标签、文本框综合示例。

程序设计要求:程序运行时,由用户从键盘上输入两个 100 以内的整数或随机产生两个 100 以内的整数,然后按下"="按钮求这两个数的和,并将结果显示出来。界面如图 5-23 所示。窗体设计及属性如表 5-5 所示。

表 5-5 属性设置

对象	属性	属性值	对象	属性	属性值
文本框 1	(名称) Text	Text1	命令按钮 1	(名称) Caption	CmdEq =
文本框 2	(名称) Text	Text2	命令按钮 2	(名称) Caption	CmdRnd 随机
文本框 3	(名称) Text	Text3	命令按钮 3	(名称) Caption	CmdClear 清除
标签框	(名称) Caption	Label1 +	命令按钮 4	(名称) Caption	CmdExit 退出

程序代码如下:

```
Private Sub CmdClear_Click()
  Text1.Text = ""
  Text2.Text = ""
  Text3.Text = ""
End Sub
Private Sub CmdEq_Click()
  i = Val(Text1.Text)
  j = Val(Text2.Text)
  Text3.Text = Str(i + j)
End Sub
Private Sub CmdExit_Click()
  End
End Sub
Private Sub CmdRnd_Click()
```

```
    Randomize
    n = Int(Rnd * 100)
    m = Int(Rnd * 100)
    Text1.Text = Str(n)
    Text2.Text = Str(m)
    Text3.Text = ""
End Sub
```

5.2 单选按钮、复选框及框架控件

5.2.1 单选按钮控件 OptionButton 和复选框控件 CheckBox

在 Visual Basic 中，单选按钮与复选框控件主要作为选项提供给用户选择。不同的是，在一组选择按钮中，单选控件只能选择一个，其他单选控件自动变为未被选中状态；而在一组复选框中，可以选定任意数量的按钮。在 VB 操作界面中，单选按钮控件与复选框控件的图标如图 5-24 所示。

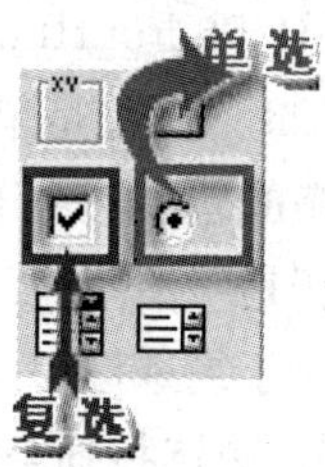

图 5-24 单选控件与复选控件

在实际应用中，经常采用创建单选按钮控件数组或复选框控件数组的形式来实现。控件数组是由一组相同类型的控件组成，它们具有相同的名称(Name)，但其索引值(Index)属性不同并以此来识别各个控件。

1. 单选按钮控件与复选框控件的主要属性

单选按钮控件与复选框控件的主要属性如表 5-6 所示。

表 5-6 单选按钮控件(OptionButton)与复选框控件(CheckBox)的主要属性

属性	说 明
Alignment	设置标题文本的对齐方式。取值为：0(左对齐)；1(右对齐)
Appearance	是否用立体效果绘制。取值为：0(平面)；1(立体)
BackColor	设置背景颜色。可从弹出的调色板选择
Caption	复选框控件的标题。此标题也支持快捷键
Enabled	用于设定是否对事件产生响应。取值为：True(可用)；False(不可用)，在执行程序时，该对象用灰色显示，并且不响应任何事件
Font	字型。可从弹出的对话框中选择字体、大小和风格
ForeColor	前景颜色。可从弹出的调色板选择
Height	复选框控件的高度

续表

属性	说　明
Index	在对象数组中的编号
Left	距离容器左边框的距离
Picture	Style=1 时，设置此对象上的图片
Top	距容器顶部边界的距离
Value	设置复选框处在什么状态。复选框控件有三种状态：0-Unchecked（未选定）；1-Checked（选定）；2-Graved（灰色）
Visible	设置此对象的可见性。取值为：True（该对象可见）；False（该对象不可见）
Width	设置该对象的宽度

单选按钮控件默认名称为 OptionX（X 为阿拉伯数字 1、2、3），起名规则为 OptX（X 为用户自定义名字，如 OptRed、OptArial）；复选框控件默认名称为 CheckX（X 为 1、2、3），起名规则为 ChkX（X 为用户自定义名字，如 ChkName、ChkRed）。

以前讲到的大多数属性都适用于单选按钮与复选框控件，包括 Caption、Enabled、Font（FontBold、FontItalic、FontName，等等）、Name、Height，等等，此处不再赘述。

Value 属性是单选按钮与复选框控件最主要的属性，但单选按钮与复选框控件的 Value 值有些轻微的差别。对于单选按钮来说，Value 值可设置为 True 或者 False。当设置为 True 时，该单选按钮是"打开"的，按钮中心有一个圆点；当设置为 False 时，则该按钮为"关闭"的，按钮是一个圆圈。对于复选按钮而言，Value 属性可以设置为 0、1 或者 2。

2. 单选按钮与复选框的事件

这两种控件最主要的事件是 Click 事件，当选中时，Value 值变为 True 或者 1，控件也自动变为选中状态。

5.2.2　框架控件 Frame

框架（Frame）是一个容器控件，用于将屏幕上的对象分组。在窗体上创建框架及其内部控件时，必须先建立框架，然后再在其中建立各种控件。

1. 主要属性

(1) Caption 属性

由 Caption 属性值设定框架左上方的标题名称。

(2) Enabled 属性

该属性设置为 False 时，程序运行时该框架在窗体中的标题正文为灰色，表示框架内的所有对象均被屏蔽，不允许用户对其进行操作。默认为 True。

(3) Visible 属性

若框架的 Visible 属性为 False，则在程序执行期间，框架及其内部所有控件全部被隐藏起来，用户看不见。默认为 True。

2. 框架事件

框架可以响应 Click 和 DblClick 事件。但一般不需要编写有关框架的事件过程。

【例 5.5】 单选按钮和复选框、框架示例程序。

窗体设计:在窗体上分别添加一个文本框、三个框架控件 Frame1～ Frame3;在 Frame1 中添加由四个单项按钮构成的单选按钮控件数组 Option1(0)～ Option1(3),在第二个框架 Frame2 中添加由四个复选框构成的选项按钮控件数组 Check1(0)～ Check1(3),在 Frame3 中添加由四个单选按钮构成的单选按钮控件数组 Option2(0)～ Option2(3),各个控件的属性设计如表 5-7 所示。运行界面如图 5-25 所示。

表 5-7　框架、选项按钮及复选框示例程序各个控件的属性设置

对象名称	属性	属性值	对象名称	属性	属性值
Option1(0)	Caption	宋体	Frame1	Caption	字体
Option1(1)	Caption	黑体	Frame2	Caption	字型
Option1(2)	Caption	幼圆	Frame3	Caption	字号
Option1(3)	Caption	隶书	Option2(0)	Caption	12
Check1(0)	Caption	加粗	Option2(1)	Caption	14
Check1 (1)	Caption	倾斜	Option2(2)	Caption	16
Check1 (2)	Caption	下划线	Option2(3)	Caption	18
Check1 (3)	Caption	删除线			
From1	Caption	框架、选项按钮及复选框示例程序			

程序代码:

```
Private Sub Form1_Load()
  Text1. Text = "学习 Visual Basic 程序设计"
End Sub
Private Sub Option1_Click(Index As Integer)
  Select Case Index
    Case 0
      Text1. FontName = "宋体"
    Case 1
      Text1. FontName = "黑体"
    Case 2
      Text1. FontName = "幼圆"
    Case 3
      Text1. FontName = "隶书"
  End Select
End Sub
Private Sub Check1_Click(Index As Integer)
  Select Case Index
    Case 0
```

```
            If Check1(0).Value = 1 Then
                Text1.FontBold = True
            Else
                Text1.FontBold = False
            End If
        Case 1
            If Check1(1).Value = 1 Then
                Text1.FontItalic = True
            Else
                Text1.FontItalic = False
            End If
        Case 2
            If Check1(2).Value = 1 Then
                Text1.FontUnderline = True
            Else
                Text1.FontUnderline = False
            End If
        Case 3
            If Check1(3).Value = 1 Then
                Text1.FontStrikethru = True
            Else
                Text1.FontStrikethru = False
            End If
    End Select
End Sub
Private Sub Option2_Click(Index As Integer)
    Select Case Index
        Case 0
            Text1.FontSize = 12
        Case 1
            Text1.FontSize = 14
        Case 2
            Text1.FontSize = 16
        Case 3
            Text1.FontSize = 18
    End Select
End Sub
```

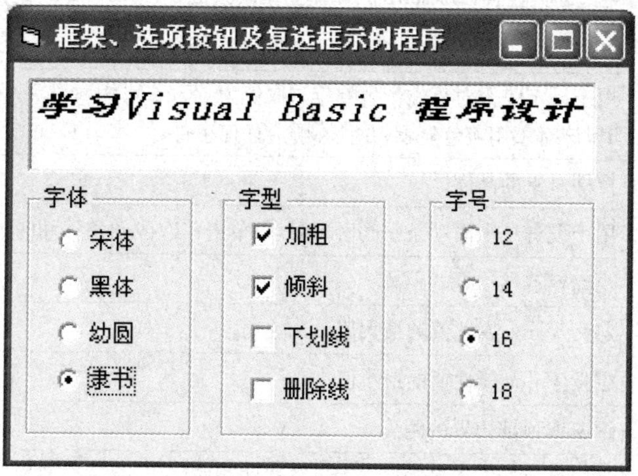

图 5-25 例 5.5 界面

5.3 滚动条控件

滚动条控件常常用来附在某个窗口上帮助观察数据或确定位置,也可以用来作为数据输入的工具。在日常操作中,我们常常遇到这样的情况:在某些程序中一些具体的数值我们并不清楚,如 Photoshop 调色板上的自定义色彩,这时,可以通过滚动条,尝试找到自己需要的具体数值。

在 Visual Basic 中,滚动条分为横向(HscrollBar)与竖向(VscrollBar)两种,命名规则为: HsbX 或 VsbX ,如 HsbShow、VsbShow,等等。它们在工具箱上的图标如图 5-26 所示。

图 5-26 滚动条控件

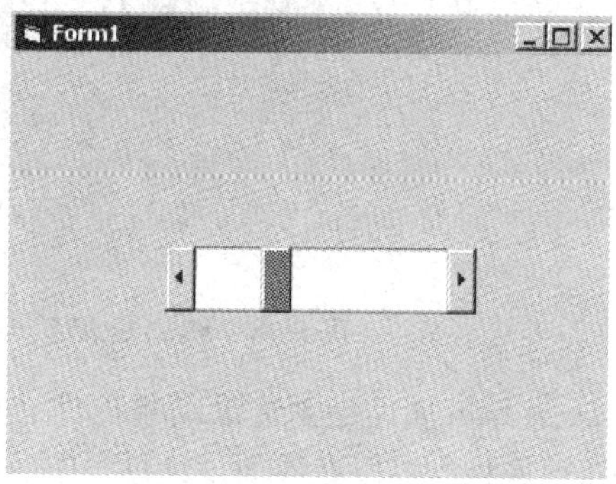

图 5-27 滚动条控件示例

选中滚动条按钮,把鼠标指针放到界面设计区,然后拖动,画出符合自己要求的滚动条,或者直接双击该按钮,自动在界面设计区生成默认大小的滚动条,如图 5-27 所示。

1. 滚动条控件的属性

滚动条控件的主要属性如表 5-8 所示。

表 5-8 水平滚动条控件(HScrollBar)和垂直滚动条控件(VScrollBar)的常用属性

属性	说 明
Enabled	用于设定是否对事件产生响应。取值为:True(可用);False(不可用),在执行程序时,该对象用灰色显示,并且不响应任何事件
Height	控件对象的高度
LargeChange	用于设置单击滚动条中间区域时,每单击一次滚动条移动的数量
Left	距离容器左边框的距离
Max	定义 Value 属性值的最大值
Min	定义 Value 属性值的最小值
Top	距窗体顶部边界的距离
Value	该属性值对应于滚动框在滚动条中的相应位置,是一个整数
Visible	设置此对象的可见性。取值为:True(该对象可见);False(该对象不可见)
Width	设置该对象的宽度

(1) Max(最大值)与 Min(最小值)属性

滚动块处于最右边(横向滚动条)或最下边(竖向滚动条)时返回的值就是最大值;滚动块处于最左边或最上边,返回的值就是最小值,如图 5-28 所示。

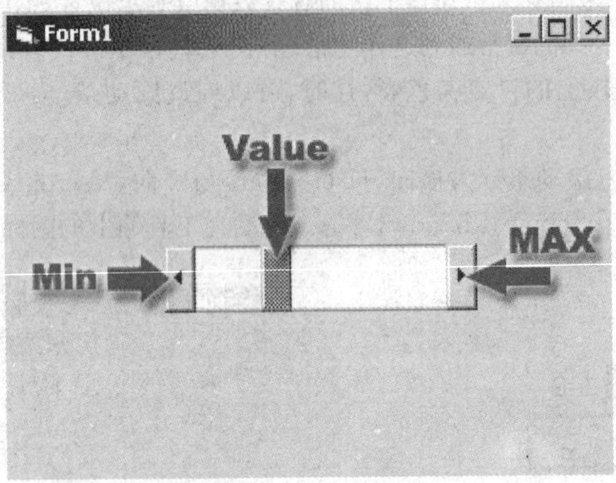

图 5-28 Max(最大值)与 Min(最小值)、Value(数值)属性

Max 与 Min 属性是创建滚动条控件必须设定的属性,默认状态下,Max 值为 32767,Min 值为 0。该属性既可以在界面设计过程中予以设定,也可以在程序运行中予以改变,如:

HsbShow. Min = 3

HsbShow. Max = 30

(2) Value(数值)属性

Value 属性返回或设置滚动滑块在当前滚动条中的位置,如图 5-28 所示。Value 值既可以在设计时指定,也可以在程序运行中改变,如:

HsbShow. Value = 24

(3) SmallChange(小改变)属性

当用户单击滚动条左右两边的箭头时，滚动条控件 Value 值的改变量就是 SmallChange，如图 5-29 所示。

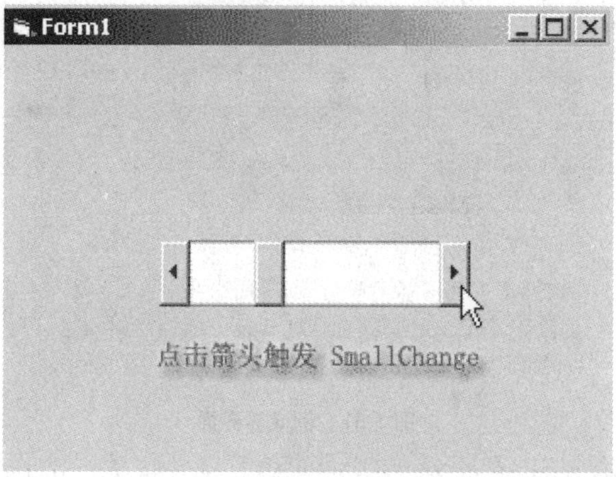

图 5-29　SmallChange(小改变)属性

(4) LargeChange(大改变)属性

单击滚动条中滚动框前面或后面空白部位时，引发 Value 值按 LargeChange 设定的数值进行改变，如图 5-30 所示。

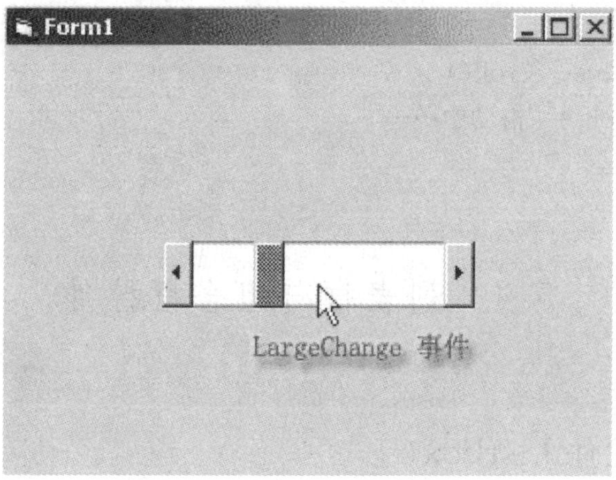

图 5-30　LargeChange(大改变)属性

2. 滚动条控件的事件

与滚动条控件相关的事件主要是 Scroll 与 Change，当在滚动条内拖动滚动框时会触发 Scroll 事件(但要注意，单击滚动箭头或滚动条时不发生 Scroll 事件)，滚动框发生位置改变后则会触发 Change 事件。Scroll 事件用来跟踪滚动条中的动态变化，Change 事件则用来得到滚动条最后的值。

【例 5.6】　滚动条示例程序。

有如图 5-31 所示界面，当滚动条(HsbShow)的滚动块发生位移时，下面的显示标签(LblShow)自动显示滚动条当前的值；在拖动滚动框的过程中，显示标签(LblShow)则会显示

“拖动中……”字样。

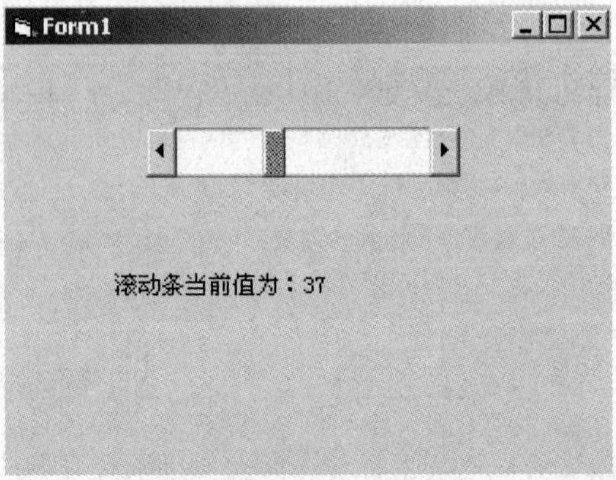

图 5-31 例 5.6 界面

① 创建界面。其中，HsbShow 的 Min 为 0，Max 为 100，SmallChange 为 5，LargeChange 为 10。

② 输入事件代码。双击滚动条（HsbShow），进入代码编写窗口，在代码窗口中输入如下代码，分别设定 Change 事件与 Scroll 事件。

```
Private Sub HsbShow_Change()
  LblShow.Caption = "滚动条当前值为:" & HsbShow.Value
End Sub
Private Sub HsbShow_Scroll()
  LblShow.Caption = "拖动中……"
End Sub
```

5.4 列表框与组合框控件

5.4.1 列表框控件 ListBox

列表框控件（ListBox）的作用是以列表的形式显示一系列数据，并接收用户在其中选择一个或多个列表项。在 Visual Basic 操作界面中，列表框控件的图标如图 5-32 所示。

图 5-32 列表框控件

列表框控件的默认名称为 ListX（X 为阿拉伯数字 1，2，3，…），规则的命名方式为 LstX（X 为用户自定义的名字，如 LstName、LstUser，等等）。

1. 列表框控件的主要属性

除了一些常见的诸如 Font、Height、Left、Width、Enabled、Name 等属性外，列表框还有一些特殊的属性。

列表框控件(ListBox)的主要属性如表5-9所示。

表5-9 列表框控件(ListBox)的主要属性

属性	说 明
Columns	设定列表框中列的数目。列表框中的项目可以单列垂直显示,也可以水平单行或多列列表显示。取值为:0(垂直单列列表);1(水平单行列表);2(水平多列列表)
List	项目列表(获得或设置控件的列表部分中包含的项)
ListCount	返回列表框中项目的数目。该属性是一个只读属性,不能在属性窗口中设置,只能在程序运行时访问它
ListIndex	该属性是一个只读属性,不能在属性窗口中设置,一般在程序运行中设置或返回控件中当前选中项目的索引
MultiSelect	是否允许多项选择。取值为:1(不允许多项选择);2(简单多项选择,即用鼠标单击或用空格键光标键操作);3(扩充多项选择,即用 Shift 键和 Ctrl 键配合操作)
Selected	在程序运行中使用代码来选定列表中的项目
Sorted	是否以字母顺序排列项目。取值为 True 或 False
Text	该属性总是对应用户在程序运行时所选定的列表项目。Text 是一个只读属性,不能在属性窗口中设置,也不能在程序中设置。它只用于获取当前选定的项目值

(1) List(列表)属性

该属性是列表框最重要的属性之一,其作用是罗列或设置表项中的内容。可以在界面设置时直接输入内容,如图5-33所示。

图5-33 List(列表)属性

在程序运行时,列表框中所有的选项,都可以通过 List(下标值)的形式表示。比如列表框中的第一项,用 List(0)表示,列表框中的第二项,用 List(1)表示,列表框中的第十项,用 List(9)表示,依此类推。注意:列表框中的第一项是 List(0),而不是 List(1)。

(2) ListCount 属性

该属性返回列表框表项数量的数值,只能在程序运行时起作用。比如,一个有着四种选项的列表框,那么 ListCount 就为4;一个列表框有五个选项,那么 ListCount 就为5。

返回一个列表框的表项数量值并将其赋值给某个变量,代码如下:

数值型变量 = 列表框名称. ListCount

(3) ListIndex(索引)属性

该属性用来返回或设置控件中当前选择项目的索引号,只能在程序运行时使用。第一个选项的索引号是0,第二个选项的索引号是1,第三个选项的索引号是2,依此类推,ListCount 始终比最大的 ListIndex 值大1。当列表框没有选择项目时,ListIndex 值为-1。

在程序中设置 ListIndex 后,被选中的项目呈反相显示,如图5-34所示。

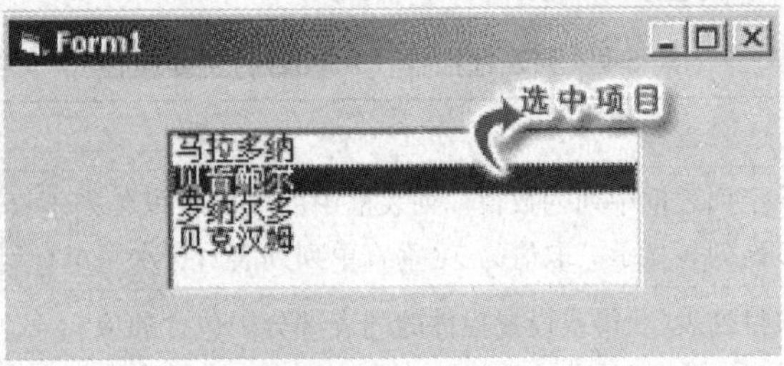

图 5-34 ListIndex(索引)属性

在列表框控件的所有属性中,该属性是非常重要的,因为一个列表,事先你并不知道用户将要选择哪一条项目,这时,只有根据 ListIndex 返回的数值,才能让程序针对用户的选择做出适当的反应。返回 ListIndex 的代码如下:

X% =列表框名称. ListIndex

(4) Columns(列)属性

该属性用来确定列表框的列数,当值为 0 时,所有项目呈单列显示;当值为 1 或者大于 1 时,项目呈多列显示。Columns 属性只能在界面设置时指定。如图 5-35 所示。

图 5-35 Columns(列)属性

图 5-36 MultiSelect(多重选择)属性

默认状态时,如果项目的总高度大于列表框的高度,那么列表框右边会自动增加一个垂直滚动条,用来上下滚动列表框。

(5) MultiSelect(多重选择)属性

该属性决定了选项框中的内容是否可以进行多重选择,只能在界面设置时指定,程序运行时不能予以修改。如图 5-36 所示。

MultiSelect 共有三个值:0 表示不允许多项选择,如果选择了一项就不能选择其他项;1 表示允许多重选择,但功能不如 2,可以用鼠标或空格选择;2 是功能最强大的多重选择,可以结合 Shift 键或 Ctrl 键完成多个表项的多重选择,方法是单击所要选择的范围的第一项,然后按住 Shift 键,再单击选择范围的最后一项。

(6) Style(类型)属性

该属性决定了列表框的外观,只能在界面设置时确定,共有两个值:1-Standard,为标准型;2-CheckBox,为复选框型。分别如图 5-37、图 5-38 所示。

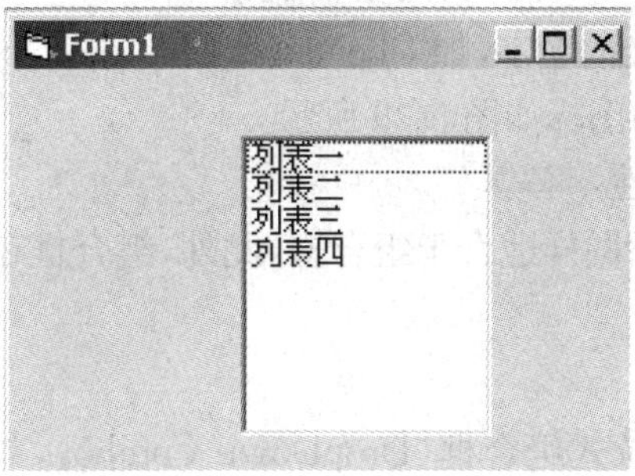

图 5-37 Style(类型)标准型

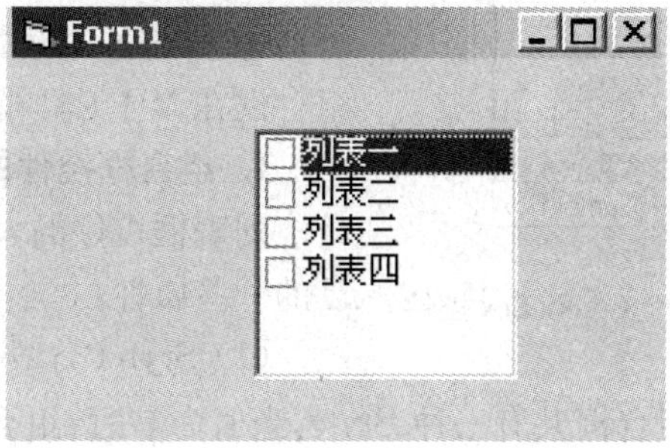

图 5-38 Style(类型)复选框型

(7) Selected(选中)属性

该属性返回或设置在列表框控件中某项目是否为选中的状态。选中时,值为 True;未被选中,值为 False。代码书写规则如下:

列表框名称. Selected(索引值) = True|False

注意:索引号其实是项目的下标值,如果是第 3 项,那么索引值是 2,如果是第 10 项,那么索引值是 9,依此类推。

(8) SelCount(选中项目数量)属性

只有当 MultiSelect 属性值为 1 或 2 时,该属性才起作用,用来读取列表框中所选项目的数目,通常与 Selected 一起使用,以处理控件中的所选项目。

2. 列表框控件的主要事件

列表框控件主要接收 Click 与 DblClick 事件。

3. 列表框控件的方法

(1) AddItem

该方法可以为列表框增加项目,代码书写规则如下:

列表框名称. AddItem 欲增项目[,索引值]

其中,索引值是可选项,是指欲增项目放到原列表框中的第几项,如放在第 3 项,那么索引值是 2,放在第 5 项,索引值则是 4。

(2) Clear

该方法可以清除列表框中所有的内容,代码如下:

列表框名称. Clear

(3) RemoveItem

该方法可以删除列表框中指定的项目,代码如下:

列表框名称. RemoveItem 索引值

其中,索引值是必需的,表示欲删除哪一个项目。

5.4.2 组合框控件 ComboBox

组合框控件(ComboBox)将文本框控件(TextBox)与列表框控件(ListBox)的特性结合为一体,具有文本框控件与列表框控件两者的特性。它可以如同列表框一样,让用户选择所需项目,又可以如文本框一样通过输入文本来选择表项。

图 5-39 ComboBox 控件

组合框默认的名称是 ComboX(X 为阿拉伯数字 1,2,3,…),命名规则为 CboX(X 为用户自定义的名字,如 CboName、CboColor,等等)。组合框在 VB 工具箱面板中的图标如图 5-39 所示。

1. 组合框控件的主要属性

列表框控件的大部分属性同样适合于组合框,此外,组合框还有自己的一些属性:

(1) Style(类型)属性

组合框共有三种 Style:当值为 0 时,组合框是下拉式组合框(DropDown Combo),与下拉式列表框相似,但不同的是,下拉式组合框可以通过输入文本的方法在表项中进行选择,可识别 Dropdown、Click、Change 事件,如图 5-40 所示。

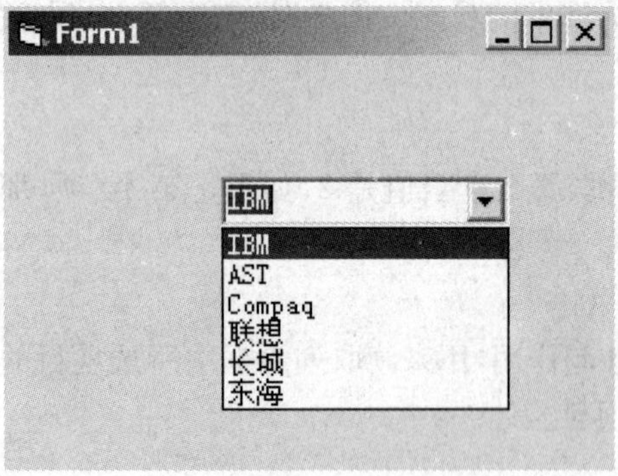

图 5-40 下拉式组合框

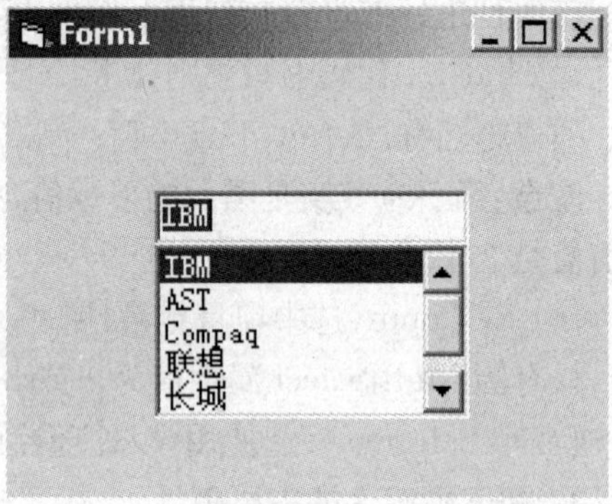

图 5-41 简单组合框

当值为 1 时,组合框称为简单组合框(Simple Combo),由可以输入文本的编辑区与一个标准列表框组成,可识别 Change、DblClick 事件,如图 5-41 所示。

当值为 2 时,组合框称为下拉式列表框(Dropdown ListBox),它的右边有个箭头,可供"拉下"或"收起"操作,它不能识别 DblClick 及 Change 事件,但可识别 Dropdown、Click 事件,如图 5-42 所示。

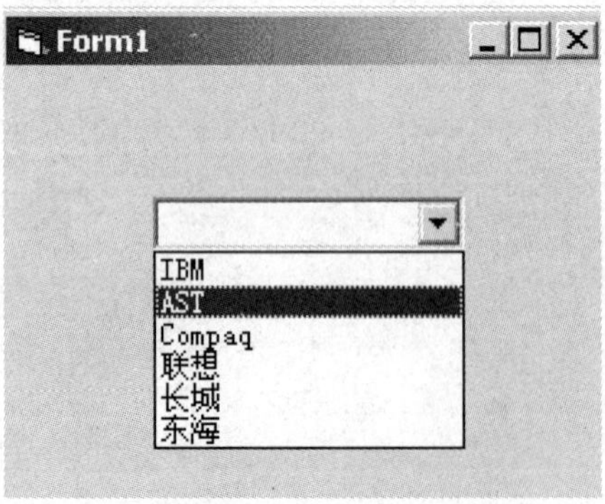

图 5-42 下拉式列表框

图 5-43 Text(文本)属性

综上所述,如果你想让用户能够输入项目,则应将组合框的 Style 设置成 0 或 1,如果只想让用户对已有项目进行选择,则应将组合框的 Style 设置成 2。

(2) Text(文本)属性

该属性值返回用户选择的文本或直接在编辑区域输入的文本，可以在界面设置时直接输入，如图5-43所示。

2. 组合框的事件

根据组合框的类型，它们所响应的事件是不同的。如当组合框的Style属性为1时，能接收DblClick事件，而其他两种组合框能够接收Click与Dropdown事件；当Style属性为0或1时，文本框可以接收Change事件。

3. 组合框的方法

跟列表框一样，组合框也适用AddItem、Clear、RemoveItem方法。

【例5.7】 列表框、组合框举例。

在窗口中新建如图5-44所示的程序界面，其中有两个列表框，左列表框(LstLeft)罗列了一

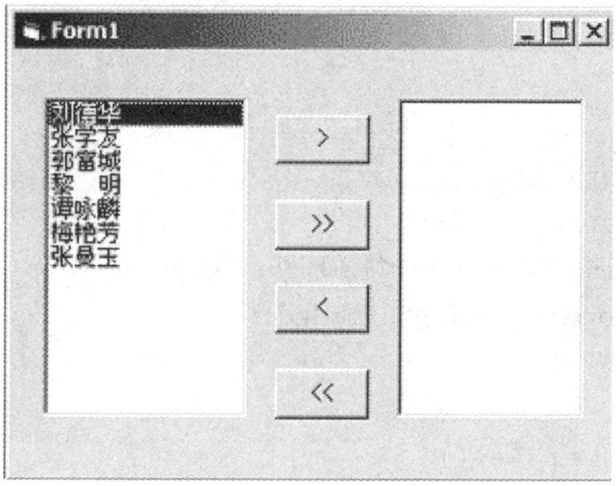

图5-44 例5.7界面

些歌手名字，右列表框(LstRight)初始状态为空；点击向右按钮(CmdRight)，可以将左列表框中的指定选项移动到右列表框；点击全部向右按钮(CmdAllRight)，可以将左列表框中所有的内容搬到右列表框中；点击向左按钮(CmdLeft)，可以将右列表框中选定的表项移动到左列表框中；点击全部向左按钮(CmdAllLeft)，可以将右列表框中的所有内容移动到左列表框中。列表框的Style都为0，即标准类型。程序代码如下：

```
Private Sub Form1_Load()
  LstLeft.AddItem "刘德华"
  LstLeft.AddItem "张学友"
  LstLeft.AddItem "郭富城"
  LstLeft.AddItem "黎  明"
  LstLeft.AddItem "谭咏麟"
  LstLeft.AddItem "梅艳芳"
  LstLeft.AddItem "张曼玉"
End Sub
Private Sub CmdRight_Click()
  If LstLeft.SelCount > 0 Then
    LstRight.AddItem LstLeft.List(LstLeft.ListIndex)
```

```
        LstLeft.RemoveItem LstLeft.ListIndex
    End If
End Sub
Private Sub CmdAllRight_Click()
    LstRight.Clear
    LstRight.AddItem "刘德华"
    LstRight.AddItem "张学友"
    LstRight.AddItem "郭富城"
    LstRight.AddItem "黎　明"
    LstRight.AddItem "谭咏麟"
    LstRight.AddItem "梅艳芳"
    LstRight.AddItem "张曼玉"
    LstLeft.Clear
End Sub
Private Sub CmdLeft_Click()
    If LstRight.SelCount > 0 Then
        LstLeft.AddItem LstRight.List(LstRight.ListIndex)
        LstRight.RemoveItem LstRight.ListIndex
    End If
End Sub
Private Sub CmdAllLeft_Click()
    LstLeft.Clear
    LstLeft.AddItem "刘德华"
    LstLeft.AddItem "张学友"
    LstLeft.AddItem "郭富城"
    LstLeft.AddItem "黎　明"
    LstLeft.AddItem "谭咏麟"
    LstLeft.AddItem "梅艳芳"
    LstLeft.AddItem "张曼玉"
    LstRight.Clear
End Sub
```

5.5 图片框控件与图像框控件

Visual Basic 为编程人员提供了强大的绘图功能支持，在本节，我们将学会基本的绘图方法。在 VB 中，主要通过两种办法进行图像绘制：一种是利用 ActiveX 控件，如用图形框显示图片；另外一种是通过使用 VB 语言本身的函数和方法，在屏幕上绘制点、线和图形来实现。

5.5.1　图形框控件 PictureBox

图形框控件(PictureBox)可以用来显示位图、JPGE、GIF、图标等格式的图片，在工具箱面板中，图形框控件的图标如图 5-45 所示。

图 5-45　图形框控件

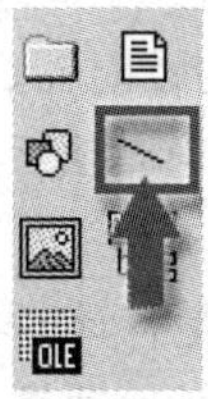

图 5-46　图像框控件

1. 主要属性

(1) Name 属性

命名规则为 PicX(X 为用户自定义的名字，如 PicMove、PicShow，等等)。

(2) Picture(图片)属性

该属性用来返回或设置控件中要显示的图片，可以通过属性窗口进行设置，也可以在程序运行过程中载入图片，常常使用 LoadPicture 函数，其语法规则为：

对象. Picture = LoadPicture("图形文件的路径与名字")

如：PicMove. Picture = LoadPicture("c:\Picts\pen. bmp")。

(3) AutoSize(自动显示)属性

该属性决定了图形框控件是否自动改变大小以显示图片的全部内容。当值为 True 时，图形框可以自动改变大小以显示全部内容；当值为 False 时，则不具备图像的自我调节功能。

2. 图形框控件的主要事件

图形框控件可以接收 Click(单击)事件与 DblClick(双击)事件，还可以在图片框中使用 Cls(清屏)、Print 方法。在实际使用过程中，它多是作为一种图形容器出现，所以常常是跟其他控件搭配使用，如点击一个按钮，图形框自动载入图片，等等。

5.5.2　图像框控件 Image

1. 主要属性

跟图形框一样，图像框控件也具有诸如 Name、Picture 等属性，以及 LoadPicture 等方法，但在图像自适应问题上有所不同。PictureBox 用 AutoSize 属性控制图形的尺寸自动适应，而 Image控件则用 Stretch 属性对图片进行大小调整。图像框控件的图标如图 5-46 所示。

2. 图像框与图形框控件的区别

(1) 图形框是“容器”控件，可以作为父控件，而图像框不能作为父控件，其他控件不能作为图像框的子控件。图形框作为一个“容器”，可以把其他控件放在其内作为它的“子控件”，当图形发生位移时，其内的子控件也会跟着一起移动。

(2) 图形框可以通过 Print 方法显示与接收文本，而图像框不能。

(3) 图像框比图形框占用内存少，显示速度更快一些。因此，在图形框与图像框都能满足设计需要时,应该优先考虑使用图像框。

5.6 时钟控件

时钟(Timer),又称为计时器、定时器。一个时钟(Timer)控件能有规律地以一定的时间间隔激发计时器事件(Timer)而执行相应的程序代码。因此,时钟可用于有规律地定时执行指定的工作。

所谓时间间隔,指的是各计时器事件之间的时间,它以毫秒(千分之一秒)为单位。在大多数个人计算机中,计时器每秒钟最多可产生18个事件,即两个事件之间的间隔最小为56/1000秒。也就是说,时间间隔的准确度不会超过1/18秒。

在程序运行阶段,时钟控件不可见。一个窗体可以使用多个时钟控件,它们各自的时间间隔相互独立。

1. 时钟控件的主要属性

时钟控件(TimAer)的主要属性如表5-10所示。

表5-10 时钟控件(Timer)的主要属性

属性	说 明
Enabled	用于设定是否对事件产生响应。取值为:True(可用);False(不可用),在执行程序时,该对象用灰色显示,并且不响应任何事件
Index	在对象数组中的编号
Interval	获得或设置两次调用Timer控件的Timer事件间隔的毫秒数
Left	距离容器左边框的距离
Top	距容器顶部边界的距离

(1) Interval属性

该属性用来设置计时器事件之间的间隔,以毫秒(0.001 s)为单位,其取值范围为1~65535毫秒。若该属性设置为0或负数,则时钟不起作用。

(2) Enabled属性

该属性决定时钟控件是否随时间的推移,在到达时间间隔时响应Timer事件。当Enabled属性为True且0<Interval≤65535时,激活时钟开始计时;当Enabled属性为False时,时钟处于休眠状态,不计时。

2. 时钟控件的事件

时钟控件只能响应Timer事件。以Interval属性指定的时间间隔触发该事件,需要定时执行的操作放在该事件过程中。

【例5.8】 时钟控件示例:设计滚动字幕,使标签中的内容从左自右移动。

窗体设计:新建一个工程,在窗体上添加一个时钟控件Timer1,一个标签控件Label1。窗体设计如图5-47所示。本程序通过不断激发的Timer事件,改变标签的Left属性,从而改变标签的标置。

程序代码如下：

```
Private Sub Form1_Load()
   Timer1.Enabled = True
   Timer1.Interval = 100
   Label1.Caption = "VB是一门操作性很强的课程!"
   Form1.Caption = "时钟控件示例程序"
End Sub
Private Sub Timer1_Timer()
      Label1.Left = Label1.Left + 100
   If Label1.Left > Form1.Width Then
      Label1.Left = -Label1.Width
   End If
End Sub
```

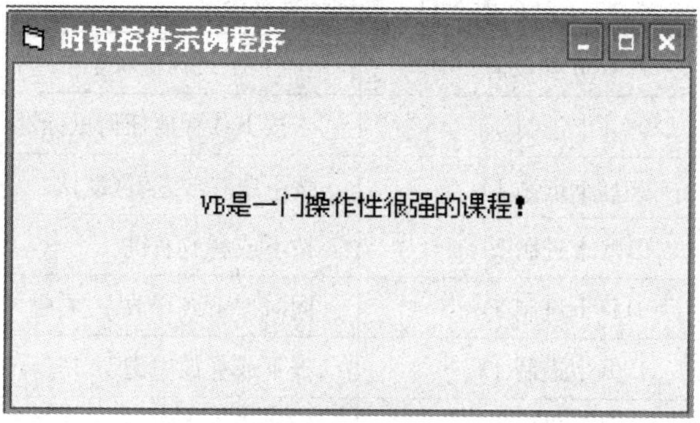

图 5-47 例 5.8 运行界面

5.7 鼠标事件与键盘事件

鼠标事件过程可用来处理与鼠标光标的移动和位置有关的操作，而键盘事件过程可以处理当按下或释放键盘上某个键时所执行的操作。

5.7.1 鼠标事件

鼠标事件除了单击(Click)和双击(DblClick)外，重要的鼠标事件还有三个：MouseDown 事件，在按下任意一个鼠标按钮时被触发；MouseUp 事件，在释放任意一个鼠标按钮时被触发；MouseMove 事件，在移动鼠标时被触发。工具箱中的大多数控件都能响应这 3 个事件。语句格式如下：

```
Private Sub Object_Click()
Private Sub Object_DblClick()
```

Private Sub Object _ MouseDown ([index As Integer,] Button As Integer, Shift As Integer, X As Single, Y As Single)

Private Sub Object _MouseUp([index As Integer,] Button As Integer, Shift As Integer, X As Single, Y As Single)

Private Sub Object _MouseMove ([index As Integer,] Button As Integer, Shift As Integer, X As Single, Y As Single)

说明:① Object 是事件对象,可以是窗体、复选框、命令按钮、单选按钮、框架、文本框、目录框、文件框、图片框、图像框、标签、列表框等。

② index 用于控件数组,用来唯一标志一个在控件数组中的控件(如果没有控件数组则不出现该参数)。

③ Button 参数用来标志鼠标哪个键被按下或释放,该参数是一个 16 位的二进制整数,在设置鼠标按钮状态时实际上只使用了低 3 位。用 3 个二进制位可以表示鼠标按钮的不同状态,如表 5-11 所示。

表 5-11 鼠标按钮状态

Button 参数值	鼠标键状态
000(十进制 0)	未按下或释放任何鼠标键
001(十进制 1)	按下或释放左键(默认)
010(十进制 2)	按下或释放右键
011(十进制 3)	同时按下或释放左、右键
100(十进制 4)	按下或释放中键
101(十进制 5)	同时按下或释放左、中键
110(十进制 6)	同时按下或释放中、右键
111(十进制 7)	同时按下或释放 3 个键

对于 MouseDown 和 MouseUp 事件来说,只能用鼠标的按钮参数判断是否按下或释放某一个按钮,不能检查两个按钮是否被同时按下或释放。因此 Button 参数的取值只有 3 种,Button 取值与鼠标按钮状态的对应关系如表 5-12 所示。

表 5-12 Button 参数取值

二进制数	十进制数	内部常数	鼠标按钮状态
001	1	vbLeftButton	按下或释放鼠标左键
010	2	vbRightButton	按下或释放鼠标右键
100	4	vbMiddleButton	按下或释放鼠标中键

④ Shift 参数包含了 Shift、Ctrl 和 Alt 键的状态信息。该参数是一个 16 位的二进制整数,并用其低 3 位表示 Shift。Shift 取值与转换键状态的对应关系如表 5-13 所示。

表 5-13　Shift 参数的设置值

Shift 值	转换键状态
000(十进制 0)	未按转换键
001(十进制 1)	按下 Shift 键
010(十进制 2)	按下 Ctrl 键
011(十进制 3)	同时按下 Shift 和 Ctrl 键
100(十进制 4)	按下 Alt 键
101(十进制 5)	同时按下 Alt 和 Shift 键
110(十进制 6)	同时按下 Alt 和 Ctrl 键
111(十进制 7)	同时按下 Shift、Ctrl 和 Alt 键

⑤ X、Y 这两个值对应于当前鼠标的位置，采用的坐标系是用 ScaleMode 属性指定的坐标系。这里的 X、Y 不需要给出具体的数值，它随鼠标光标在窗体上的移动而变化。

【例 5.9】　鼠标事件示例。

当鼠标被移动时出现“你移动了鼠标！请单击！”，当鼠标左键被按下时出现“谢谢！请放手！”，当松开鼠标左键时出现“努力学习编程！”，运行界面如图 5-48 所示。

程序代码如下：

```
Private Sub Form1_MouseMove(Button As Integer, Shift As Integer, X As Single, Y As Single)
    Label1 = "你移动了鼠标！请单击!"
End Sub
Private Sub Form1_MouseDown(Button As Integer, Shift As Integer, X As Single, Y As Single)
    Label2 = "谢谢！请放手!"
End Sub
Private Sub Form1_MouseUp(Button As Integer, Shift As Integer, X As Single, Y As Single)
    Label3 = "努力学习编程!"
End Sub
```

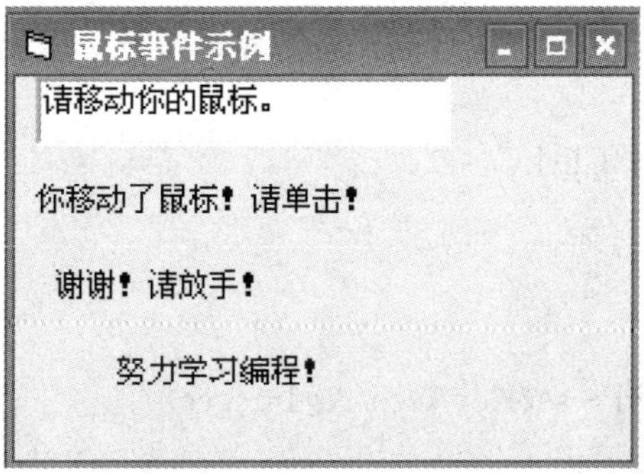

图 5-48　例 5.9 运行界面

5.7.2 键盘事件

Visual Basic 中的对象识别键盘事件，包括 KeyPress、KeyUp 和 KeyDown 事件。用户按下并且释放一个能产生 ASCII 码的按键时就会触发 KeyPress 事件，用户按下一个键时触发 KeyDown 事件，释放引发 KeyUp 事件。

1. KeyPress 事件

当用户按下并且释放一个能产生 ASCII 码的按键时就会触发 KeyPress 事件。KeyPress 事件的语法格式为：

Private Sub Object_KeyPress([index As Integer,] KeyAscii As Integer)

说明：① Object 表示一个对象，即接收按键的对象。

② index 用于控件数组，用来唯一标志在控件数组中的一个控件（如果没有控件数组则不出现该参数）。

③ KeyAscii 为与按键相对应的 ASCII 码值。

2. KeyDown 和 KeyUp 事件

KeyPress 事件只识别标准 ASCII 码字符。如要检测其他功能键、编辑键和定位键，则需要利用 KeyDown 和 KeyUp 事件。当控制焦点在某个对象上，用户按下键盘上的任一键，便会引发该对象的 KeyDown 事件，释放按键便触发 KeyUp 事件。KeyDown 和 KeyUp 事件的基本语法格式为：

Private Sub Object_KeyDown([index As Integer,] KeyCode As Integer, Shift As Integer)

Private Sub Object_KeyUp([index As Integer,] KeyCode As Integer, Shift As Integer)

说明：① Object 表示一个对象，即接收按键的对象。

② index 用于控件数组，用来唯一标志一个在控件数组中的控件（如果没有控件数组则不出现该参数）。

③ KeyCode 参数值是用户所操作的那个键的扫描代码，它告诉事件过程用户所操作的物理键。对于有上档字符和下档字符的键，其 KeyCode 是相同的，为下档字符的 ASCII 码。

④ Shift 参数是一个整数，与鼠标事件过程中的 Shift 参数意义相同。

在默认情况下，当用户对当前具有控制焦点的控件进行键盘操作时，控件的 KeyPress、KeyUp 和 KeyDown 事件被触发，但是窗体的 KeyPress、KeyUp 和 KeyDown 事件不会发生。为了启用这三个事件，必须将窗体的 KeyPreview 属性设为 True，而默认值为 False。

【例 5.10】 检查键盘输入的 ASCII 码。运行界面如图 5-49 所示。

程序代码如下：

```
Private Sub Command1_Click()
    Text1.Text = ""
    Picture1.Cls
End Sub
Private Sub Text1_KeyPress(KeyAscii As Integer)
    Static i!
    If i Mod 4 = 0 Then Picture1.Print
```

```
    Picture1. Print KeyAscii;
    i = i + 1
End Sub
```

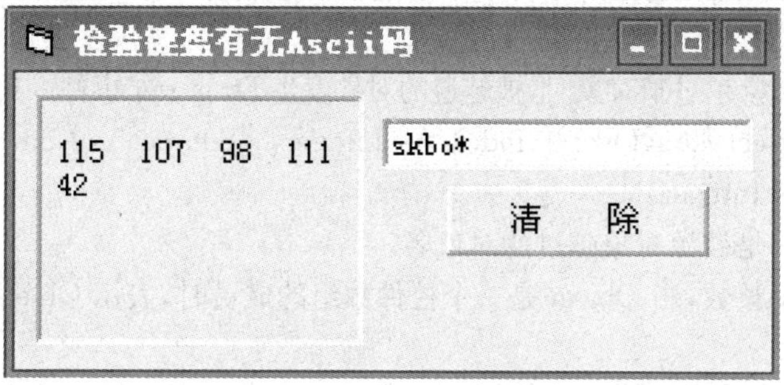

图 5-49　例 5.10 运行界面

5.7.3　拖放

Visual Basic 提供了拖放功能，使用户在程序运行时也具有拖放的能力。所谓拖放，就是使用鼠标把一个对象拖到另一个对象上，或拖到另一个位置上。

1. DragMode 属性

返回或设置一个值，确定在拖放操作中所用的是手动还是自动拖动方式。格式如下：

对象名. DragMode=[number]

说明：① 对象名是任意可以拖放的对象，除菜单、计时器和通用对话框。

② number 是整数值，其值的含义如表 5-14 所示。

表 5-11　number 取值的含义

值	内部常数	含义
0	vbManual	手动方式(默认值)，需要源对象的 Drag 方法拖放
1	vbAutomatic	自动方式，不必用 Drag 方法拖放

2. DragIcon 属性

该属性设置含有一个图片或图标的文件名，在拖动时作为控件的图标。设置 DragIcon 属性的方法有两种：在设计阶段，用 DragIcon 属性装入图片或图标；在执行阶段，通过程序代码设置 DragIcon 属性，格式为：

对象名. DragIcon = LoadPicture("路径\图片名. ico")

3. DragDrop 事件

若用自动方式拖放对象，当释放鼠标按钮时，在目标对象上引发 DragDrop 事件；若用手动方式拖放源对象，当释放鼠标时，可在被拖放对象的 MouseUp 事件中，用 Drag 方法引发目标对象的 DragDrop 事件。其事件过程的格式为：

Private Sub Object_DragDrop([index As Integer,]Source As Control, X As Single, Y As Single)

说明：① Object 是目标对象名。

② index 是一个整数，当 Object 为控件数组时，指示成员控件的下标。

③ Source 是正被拖动的控件名。

④ X、Y 表示完成拖动过程松开鼠标时，鼠标指针在目标对象中的坐标。

4. DragOver 事件

当被拖放的源对象越过某对象时，被越过的对象发生 DragOver 事件。其事件过程格式为：

Private Sub Object_DragOver([index As Integer，]Source As Control，X As Single，Y As Single，State As Integer)

说明：① Object 是被源对象越过的对象名。

② index 是一个整数，当 Object 是一个控件数组的成员时，表示 Object 在控件数组中的下标，否则无此参数。

③ Source 是被拖动的控件名。

④ X，Y 是当前鼠标指针在窗体或控件中的坐标。

⑤ State 参数是一个整数，表示源对象和目标对象之间相对位置的变化，其值的含义如表 5-15 所示。

表 5-15 State 参数取值的含义

值	内部常数	含义
0	vbEnter	进入(源控件正进入目标对象的范围)
1	vbLeave	离去(源控件正离开目标对象的范围)
2	vbOver	跨越(源控件在目标对象范围内从一个位置移到另一个位置)

5. Drag 方法

和拖放操作相关的方法是 Drag 方法。当一个控件的 DrageMode 属性为 0 时，可以用此方法控制拖动过程的启动和终止。其语法格式如下：

对象名. Drag [action]

说明：action 参数为一整数值，表示 Drag 方法的具体动作，其值的含义如表 5-16 所示。

表 5-16 action 取值的含义

值	内部常数	含义
0	vaCancel	取消拖动操作
1	vbBeginDrag	启动对象的拖动操作(默认值)
2	vbEndDrag	结束拖动操作

6. 自动拖放和手工拖放

拖放操作分为自动方式和手工方式，这由源对象的 DragMode 属性值决定。自动拖放需将控件的 DragMode 属性设为 1，即可实现控件的自动拖放功能。

例如，实现窗体上图片框控件(Picture1)的自动拖放，当拖放操作结束时，会把图片框中央移动到鼠标的当前位置。

```
Private Sub Form1_Load()
  Picture1. DragIcon=Picture1. Picture
```

```
    Picture1.DragMode = 1              '设置为自动模式
End Sub
```

运行该程序,即可自由地拖动图片框。但是,当松开鼠标按钮时,被拖动的控件又回到原来的位置。这是因为 VB 不知道把控件放到什么位置。如果需要设定其位置,可利用以下语句实现:

```
Private Sub Form1_DragDrop(Source As Control, X As Single, Y As Single)
    Source.Move X, Y
End Sub
```

说明:① 由于拖放操作一直在窗体上进行,所以拖放操作完成后触发窗体的 DragDrop 事件。

② Source 代表拖动操作的源对象,因此在这里引用 Source 的 Move 方法就相当于引用了 Picture1 的 Move 方法。

③ 控件的左上角放在鼠标位置。如果在 DragDrop 事件中执行下面的代码,则将控件的中央放在鼠标位置:

```
Source.Move (X-Source.Width / 2), (Y-Source.Height / 2)
```

手动拖放只需将 DragMode 属性设置为默认的"0-Manual",就可以由用户自行决定何时拖动,何时停止。

【例 5.11】　鼠标拖拽示例。

程序功能:实现窗体上图片框控件(Picture1)的手动拖放,并且当拖放操作结束时,把图片框中央移动到鼠标的当前位置。运行界面如图 5-50 所示。

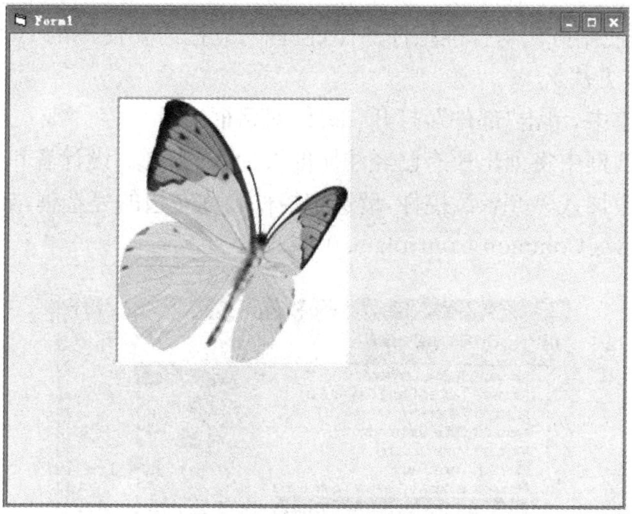

图 5-50　例 5.11 运行界面

程序代码如下:

```
Private Sub Picture1_MouseDown(Button As Integer, Shift As Integer, X As Single, Y As Single)
    Picture1.Drag 1
End Sub
Private Sub Picture1_MouseUp(Button As Integer, Shift As Integer, X As Single, Y As Single)
```

```
    Picture1. Drag 2
End Sub
Private Sub Form1_DragDrop(Source As Control, X As Single, Y As Single)
    Source. Move (X - Source. Width / 2), (Y - Source. Height / 2)
End Sub
```

5.8 ActiveX 控件

Visual Basic 包括三种类型控件,分别是标准控件、ActiveX 控件和可插入的对象。ActiveX 是 Microsoft 的术语,它是一组包括控件、DLL 和 ActiveX 文档的组件,通常以动态连接库的形式存在,因此必须在一个叫容器的可独立执行的软件中运行,如 Visual Basic、Internet Explorer 等。

ActiveX 控件是 Visual Basic 工具箱的扩充部分。在程序中加入 ActiveX 控件后,它将成为开发和运行环境的一部分,并为应用程序提供新的功能。

5.8.1 加载 ActiveX 控件

ActiveX 控件的使用方法与标准控件一样,但首先应把需要使用的 ActiveX 控件添加到工具箱中。以下为操作方法:

① 在“工程”菜单中,单击“部件”,打开“部件”对话框。

② 在“部件”对话框中将列出所有已经注册的可加入的对象、设计者和 ActiveX 控件。

③ 要在工具框中加入 ActiveX 控件,请选定控件名称左边的复选框,如图 5-51 所示选定的是“Microsoft Windows Common Controls 6.0”选项。

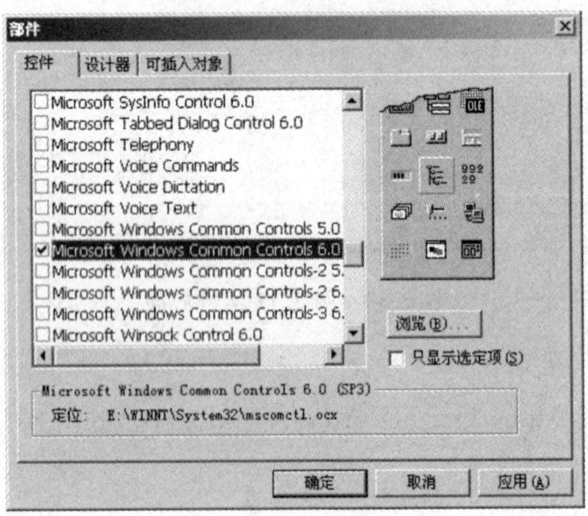

图 5-51 VB 6.0 部件对话框

④ 单击“确定”按钮关闭“部件”对话框,所有选定的 ActiveX 控件出现在工具箱中。

5.8.2 ImageList 控件

ImageList 控件是一个向其他控件提供图像的资料中心，它包含了一组 ListImage 对象，即一组图像的集合，该集合中的每个对象都可以通过其索引或关键字被其他控件引用，但控件本身并不能单独使用。ImageList 控件可以和任何具有 Picture 属性的控件一起使用，如 PictBox、ListView、ToolBar 等控件。

1. 设置 ImageList 控件的属性

ImageList 控件的主要属性有 ImageHeight 属性和 ImageWidth 属性，这两个属性返回或设置 ImageList 控件中 ListImage 对象的高度和宽度。可以在添加第一个 ListImage 对象之前预先设置 ImageHeight 和 ImageWidth 属性。如果没有预先设置，则第一个添加到集合中的 ListImage 对象保持原图大小，其后添加的所有 ListImage 对象被强制与第一个 ListImage 对象大小相同。

【例 5.12】 为 ImageList 控件添加图像。

把 ActiveX 部件“Microsoft Windows Common Controls 6.0”添加到工具箱中，并把 ImageList 控件放置到窗体上。由于 ImageList 控件在运行时不可见，所以不必考虑它在窗体上的位置。

① 用鼠标右键单击 ImageList 控件，选择弹出式菜单中的“属性”选项，打开的 ImageList 控件的“属性页”对话框如图 5-52 所示。

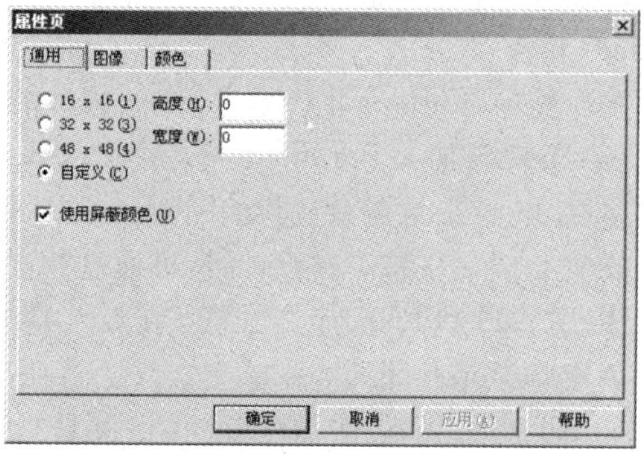

图 5-52 ImageList 控件的属性页

② 选择“图像”标签，单击“插入图片”按钮，出现如图 5-53 所示的“选定图片”对话框，选择要插入的图片文件，如“BOOK01A.ICO”，向 ImageList 控件添加图像，索引值自动为 1。

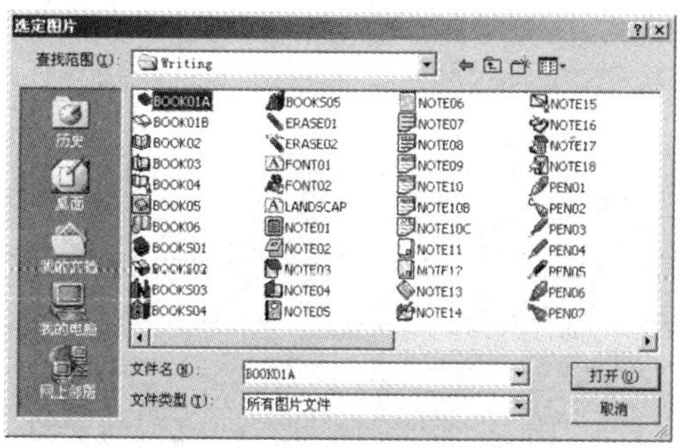

图 5-53 “选定图片”对话框

③ 重复步骤②继续插入 5 个图片，每添加一个图片，索引值自动增加 1，操作结果如图 5-54 所示。

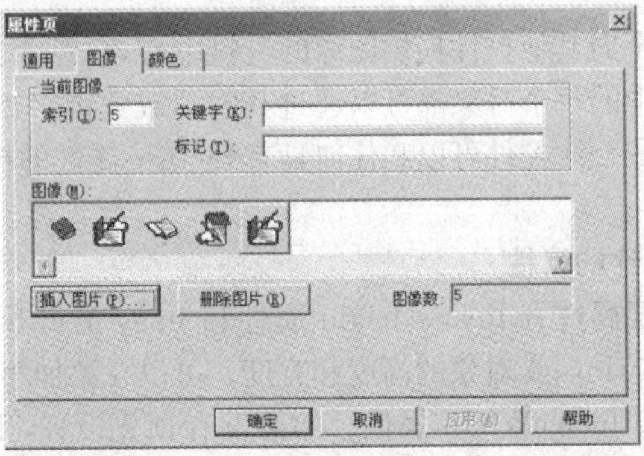

图 5-54 ImageList 控件的“图像”标签

5.8.3 Toolbar 控件

一般应用程序主界面中都有工具栏。工具栏含有一些按钮，这些按钮与应用程序菜单中各项的按钮对应，为用户访问应用程序的最常用功能和命令提供了图形界面。在 Visual Basic 6.0 中，可以用 ToolBar 控件来实现这一功能。

1. Button 对象与 Buttons 集合

一个 Button 对象代表单个按钮，Buttons 集合是 Toolbar 控件的 Button 对象的一个集合。要创建工具栏，必须先将 Button 对象加入 Buttons 集合，每个 Button 对象可以拥有可选的文本，或者(或同时)拥有相关联的 ImageList 控件提供的图像。可以用 Caption 属性为每个 Button 对象设置文本，用 Image 属性设置图像。在设计时，可通过“Toolbar 属性页”对话框加入 Button 对象。在运行时，可以用 Add 和 Remove 方法将按钮加入 Buttons 集合或从中删除。

【例 5.13】 在设计时创建 Button 按钮。

① 用鼠标右键单击 Toolbar 控件，并单击“属性”显示出“属性页”对话框。

② 在“通用”标签上，点击“图像列表”下拉列表框，选中 ImageList1，从而将工具栏与图像列表框控件相关联。如图 5-55 所示。

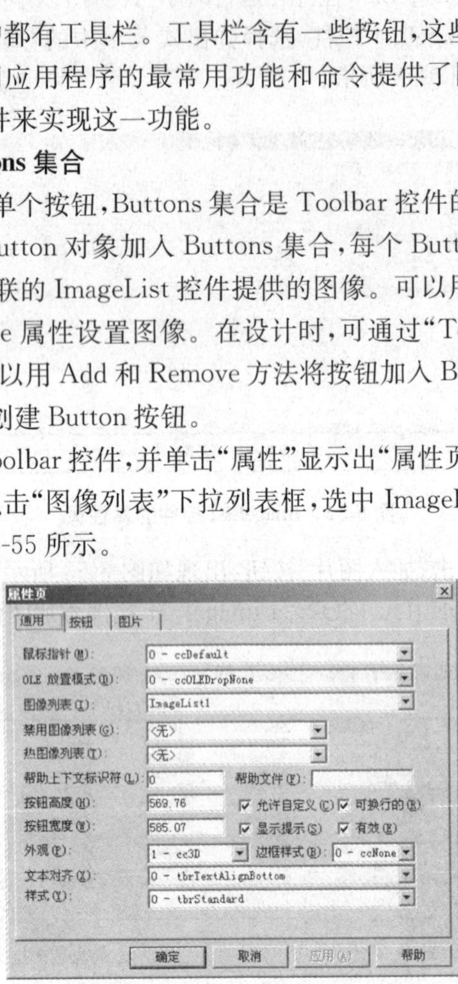

图 5-55 ImageList 控件“通用”标签

③ 选择“按钮”标签，单击“插入按钮”加入新的 Button 对象。

④ 设置适当的属性，例如 Key、Caption、Image 或 ToolTipText 等。

⑤ 单击“样式”框，并选中一种样式，设置 Button 对象的 Style 属性。具体设计结果如图5-56所示。

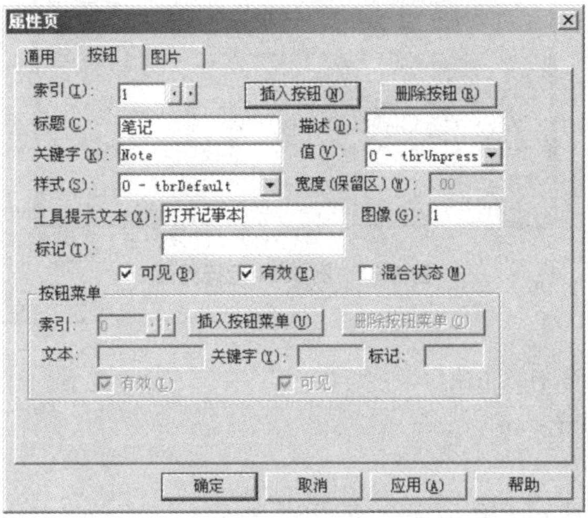

图 5-56　ImageList 控件的“按钮”标签

5.8.4　ProgressBar 控件

Progress Bar 控件位于 Microsoft Windows Common Controls 6.0 部件中，其添加到工具箱后的图标为 。ProgressBar 控件常用于监视一个较长操作完成的进度，它通过从左到右一系列实心小方块填充矩形条的形式来表示操作处理的过程。ProgressBar 控件常用的属性有：

1. Min、Max 属性

这两个属性用于设置应用程序完成整个操作的持续时间，其性质与滚动条中的 Min、Max 相同。

2. Value 属性

该属性指明应用程序在完成该操作过程时的进度，其性质与滚动条中的 Value 相同。

3. Height、Width 属性

决定填充控件的方块的数量和大小。方块数量越多，就越能精确地描述操作进度，减少 ProgressBar 控件的 Height 属性（或者增加其 Width 属性）可增加显示方块的数量。

4. Align 属性

该属性可以把 ProgressBar 控件自动定位在窗体的顶部或底部。

【例 5.14】　设计一个进度条，用来指示程序结束的时间进度。

在窗体上添加一个 ProgressBar，一个 CommandButton，一个 Timer。Form1 的 Caption 属性为“ProgressBar 示例”，CommandButton 的 Caption 为“按下 5 秒后将自动退出”。运行界面如图 5-57 所示。

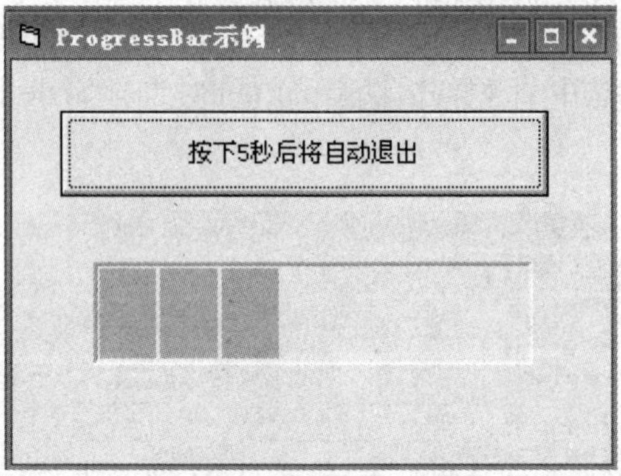

图 5-57　例 5.14 运行界面

程序代码如下：

```
Private Sub Command1_Click()
  ProgressBar1.Min = 0
  ProgressBar1.Max = 5
  ProgressBar1.Value = 0
  Timer1.Interval = 500
  Timer1.Enabled = True
End Sub
Private Sub Timer1_Timer()
  If ProgressBar1.Value >= 5 Then End
  ProgressBar1.Value = ProgressBar1.Value + 1
End Sub
```

5.8.5　Slider 控件

Slider 控件位于 Microsoft Windows Common Controls 6.0 部件中，其添加到工具箱后的图标为  。Slider 控件包含滑块和可选择性刻度标记，与滚动条控件相似，可以通过拖动滑块、单击滑块两侧或者使用键盘移动滑块。Slider 控件适用于选择离散数值或某个范围内的一组连续数值的场合。

Slider 控件除了具有与滚动条控件用法相类似的基本属性外(如 Min、Max、SmallChange、LargeChange 和 Value 属性)，还具备以下属性：

1. TextPosition 属性

该属性设定当鼠标单击滑块时的提示和当前刻度值是显示在 Slider 控件的上方(值为 0)还是在下方(值为 1)。

2. TickFrequency 属性

该属性设定 Slider 控件上的刻度单位。

3. TickStyle 属性

该属性设定 Slider 控件的显示样式。

Slider 控件的常用事件为 Scroll 和 Change，其触发条件与滚动条控件相同。

【例 5.15】 利用 Slider 控件改变文本框中字体的大小。运行界面如图 5-58 所示。

程序代码如下：

```
Private Sub Slider1_scroll()
   Text1.FontSize = Slider1.Value
End Sub
```

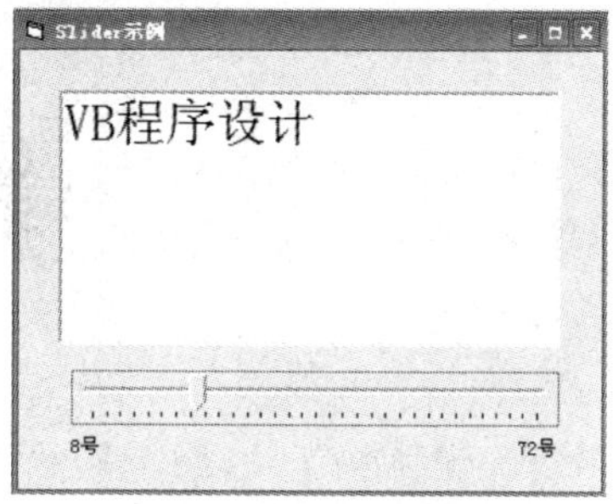

图 5-58　例 5.15 运行界面

第6章 数 组

本章主要任务

1. 理解数组的维数和下标的上、下界的概念；掌握常规数组的声明方法；熟练地使用循环语句对数组进行操作；了解动态数组与控件数组的使用方法。

2. 能够熟练应用数组及与数组有关的常用算法。

前面章节中我们已经学习过变量的概念。变量是指在程序执行过程中其值可以改变的存储单元。在程序处理数据时，对于输入的数据、参加运算的数据、运行结果等临时数据，通常将它们暂存在计算机的内存中。存储这些简单类型的数据的变量称为简单变量，每个变量都有一个自己的名字，系统给它们分配存储单元，通过变量名来实现数据的存取。

然而在实际应用中，往往会遇到一些比较复杂的问题，用简单变量进行处理时就会很麻烦。比如某个班级有40位同学，如果要记录这40位同学的名字，用简单变量来处理的话，我们就需要定义40个字符串类型的变量来存放这些名字，很明显这是一种很笨的方法。如果数据量更大一些，就根本没有办法使用简单变量来进行存储了。

在上述问题中，数据太多，而简单变量个数有限，难以表达，即使能表达，变量之间也太松散，不能体现出变量之间的联系。为了解决这个问题，Visual Basic引入了数组这一概念。

6.1 数组的概念

有限个具有相同变量名相同类型的下标变量的有序排列称为数组。该变量名就是数组名，每个下标变量称为数组元素。

例如A(1 To 50)，表示一个包含50个数组元素的名为A的数组。

对于数组的定义，必须明确以下几点内容：

① 数组的命名与简单变量的命名规则相同。

② 数组内的每一个成员称为数组元素。

③ 数组元素的个数是有限的。

④ 数组元素名由数组名、下标和圆括号共同组成。

⑤ 数组的类型也就是数组元素的类型。在Visual Basic中，可以声明任意基本类型的数组，但是一个数组中所有元素的类型必须保持一致，只有当数据类型为Variant类型时，各个元

素的数据类型才可以不同。

6.1.1 数组的维数

由数组中下标的个数决定，一个下标表示一维数组，两个下标表示二维数组，两个以上下标构成的数组称为多维数组，Visual Basic 中最多可以有 60 维数组。其中一维数组相当于数学中的数列，二维数组相当于数学中的矩阵。

6.1.2 数组的下标

标志数组中不同元素位置的编号称为下标。可以用数组名和下标唯一识别数组中每一个元素。关于下标的规定如下：

① 下标在程序中的用法和简单变量的用法一样。

② 下标必须写在小括号内。

③ 下标可以是常数、数值变量、算术表达式甚至又是一个数组元素。下标中如果含有变量，使用前该变量应该提前赋值。例如当 i=6 时，A(i)表示 A(6)，A(i+2)表示 A(8)。

④ 下标的值应为整数，否则程序将对下标自动取整。如 A(6.2)就相当于 A(6)，A(6.6)就相当于 A(7)。

⑤ 下标不能超过数组声明时的上、下界。下标的取值范围是：<下界> To <上界>，系统默认下界取 0，此时计算各维大小需要加 1。

6.1.3 数组的声明

Visual Basic 的数组必须先声明后使用。对数组进行声明时应该包含数组名、维数、大小、类型以及作用域。声明语句格式如下：

Public|Private|Dim 数组名 (<维数>)[As <类型>]

定义说明：① 数组名的命名规则和变量名的命名规则相同。

② 数组必须先定义后使用。

③ 可以同时声明多个不同维数的数组，但不能重名。

④ 根据数组的数据类型分为整型、长整型、单精度、双精度、货币型、字节型、字符串型、布尔型、日期型、对象型和可变型数组。

⑤ 数组的大小=第一维大小×第二维大小×…×第 n 维大小。

6.1.4 数组和简单变量的比较

输入的简单变量越多，程序就越长，程序本身占用的空间就越大。在一个程序中使用的简单变量个数有限，如果对于大量的数据，简单变量就无法表示了。简单变量在内存中的存储位置是松散不连续的，而数组在内存中占用一段连续的存储空间。从程序结构上来说，简单变量不适合用循环的办法来解决。

总之，简单变量适合于处理一个或几个变量的情况，每个简单变量只能存储一个数据，各简单变量在内存中没有固定联系。而数组变量反映的是大批数据之间的顺序和联系，体现的是数据间更复杂的结构，因此数组更适合用于处理大批量的数据。

6.2 静态数组和动态数组

6.2.1 静态数组

静态数组是指数组元素个数在其生命周期内是固定不变的。我们通常所说的数组就是指静态数组。根据数组维数的不同，通常分为一维数组和多维数组。

1. 一维数组

只有一个下标变量的数组称为一维数组。其声明格式如下：

Dim|Private|Public 数组名([＜下界＞To] ＜上界＞)[As ＜数据类型＞]

或者

Dim|Private|Public 数组名 [＜数据类型符＞] ([＜下界＞To] ＜上界＞)

说明：① 建立公用数组时，在模块声明段用 Public 语句声明。建立模块级和局部级数组时，在模块声明段用 Private 或 Dim 语句声明。

② ＜下界＞和＜上界＞必须是常量，不能是变量。看下面这段代码：

```
Private Sub Command1_Click()
    Dim I As Integer
    I=20
    Dim A(I) As Integer
End Sub
```

这段代码中，＜上界＞使用了变量，运行时会出错，提示要求“常数表达式”。

③ 下标的取值范围为－32768～32767，若省略下界，其默认值为 0。

2. 二维数组

二维数组是指有两个下标的数组元素组成的数组。二维数组的声明格式如下：

Dim 数组名([＜下界＞ To] ＜上界＞,[＜下界＞ To] ＜上界＞) [As ＜数据类型＞]

说明：① 其中的参数与一维数组完全相同。

② 二维数组在内存中是“按行存放”，即先存放第一行中的所有元素，接着存放第二行中的所有元素，直至存放完最后一列的所有元素。例如二维数组 A(2,2)，它的存储顺序是 A(0,0)，A(0,1)，A(0,2)，A(1,0)，A(1,1)，A(1,2)，A(2,0)，A(2,1)，A(2,2)。

3. 多维数组

多维数组是指有三个或三个以上下标的数组元素组成的数组。三维数组的声明格式如下：

Dim 数组名([＜下界＞To] ＜上界＞,[＜下界＞To] ＜上界＞,…) [As ＜数据类型＞]

说明：① 下标的个数决定数组的维数，Visual Basic 最多可支持 60 维。

② 每一维的大小等于上界减去下界加 1；数组的大小等于每一维大小的乘积。

例如 Dim A(2,1 To 3,4)As Integer 定义了一个三维整型数组 A，第一维下标范围0～2，第二维下标范围 1～3,第三维下标范围 0～4,整个数组的大小为 3×3×5=45 个元素。

注意:在增加数组的维数时,数组所需要的存储空间会大幅增加,所以在使用多维数组时需谨慎。

6.2.2　动态数组

在很多情况下我们并不能事先知道需要定义多大的数组。如果开始时数组定义得过大,这样会造成大量存储空间的浪费。如果定义的数组过小,则可能在使用过程中满足不了要求。动态数组能够在运行时改变数组的大小,这样可以在短时间内使用一个大数组,然后在不用这个数组时,将内存空间释放。

1. 动态数组的概念

动态数组就是在程序运行期间可以根据需要多次重新定义大小的数组。用数组定义语句定义一个不指明大小的数组,Visual Basic 即将视其为动态数组。动态数组最大的特点就是在程序执行时才分配存储空间,而定长数组是在程序编译时分配存储空间。

2. 动态数组的创建

动态数组的创建过程一般按以下过程执行:

① 使用 Dim、Private 或 Public 语句声明一个空数组。声明格式为:

Dim|Private|Public 数组名() As 数据类型

例如:

Dim MyArray() As Integer

② 用 ReDim 语句给动态数组分配实际的元素个数。声明格式为:

ReDim [Preserve]数组名(下标 1[,下标 2…])

例如:

ReDim MyArray(10)

说明:① ReDim 语句是一个可执行语句,只能出现在过程中,并可多次使用。

② 定长数组的下标是常量,而用 ReDim 语句声明的动态数组的下标可以是常量,也可以是有确定值的变量。

③ ReDim 语句可以改变数组的大小,也可改变数组的维数,但不能改变数组的类型。

④ 在使用 ReDim 语句改变数组大小的同时会使原数组数据丢失,如果想保留原数组中的数据,可以在 ReDim 语句的后面加 Preserve 关键字来保留原来的数据,此时只能改变最后一维的大小,前面几维大小不能改变。看下面的例子:

```
Dim MyArray() As Integer              '声明动态数组
ReDim MyArray(5,10,15)                '重新定义数组
ReDim Preserve MyArray(5,10,20)       '再次重新定义后只能改变第三维的大小
```

6.3 数组的基本操作

6.3.1 数组元素的引用

一个数组定义好之后,使用该数组中元素的过程称为数组元素的引用。引用数组元素时,数组元素下标表达式的值必须在数组定义时的维界范围之内,否则将会产生“数组越界”的错误。在高级语言中,一般只能逐个引用数组元素,而不能一次引用整个数组。数组引用的形式如下:

数组名(下标 1,下标 2,……)

例如:

```
Dim Array1(14) As Integer              '声明数组 Array1
Dim Array2(20) As Integer              '声明数组 Array2
Dim I As Integer
Array1(6)= Array2(5)+ Array1(1)        '取数组元素并进行运算
Array1(I)= Array2(I)+1                 '下标使用变量
Array1(I+1)= Array2(I+1)               '下标使用表达式
```

说明:① 引用数组元素时,数组名、类型和维数必须与定义时保持一致。

② 如果建立的是二维或多维数组,在引用时必须给出两个或多个下标。

③ 引用数组元素时,其下标值必须在定义时给定的范围内。例如:

```
Dim MyArray(10) As Integer
……
Print MyArray(11)
……
```

下标值超出了指定的范围,运行时会出现“下标越界”的错误。

6.3.2 数组元素的初始化

数组元素初始化的过程就是为数组元素赋值的过程。可以利用以下两种方式初始化数组:

1. 利用循环结构

数组元素一般通过 For 循环语句及 InputBox 函数输入。

例如:

```
Dimi As Integer
Dim MyArray1(1 To 10) As Integer
'定义一个一维数组 MyArray1,下标从 1 开始
For i=1 To 10
'在循环控制变量 i 的控制下,循环地给数组元素赋值
  MyArray1(i)=InputBox("请输入数据")
```

```
Next i
Dim MyArray2(1 To 5,1 To 10) As Integer      '定义一个二维数组 MyArray2
Dim i,j As Integer
For i=1 To 5
'在循环控制变量 i、j 的控制下,用两层循环给数组 MyArray2 赋值
  For j=1 To 10
    MyArray2(i,j)= InputBox("请输入数据")
  Next j
Next i
```

说明:多维数组元素的输入通过多重循环来实现。由于 Visual Basic 中的数组是按行存储的,因此把控制数组第一维的循环控制变量放在最外层。

2. 使用 Array 函数

Array 函数可以对数组整体进行赋值,赋值后数组大小由赋值的个数决定。例如:

```
Dim A As Variant,B As Variant
A=Array(1,2,3,4,5,6,7)
B=Array("a","b","cd","ef")
```

通过上述函数赋值后,数组 A 被赋予了 7 个元素,数组 B 被赋予了 4 个元素。在具体使用 Array 函数时需要注意,该函数只适用于一维数组,不能对二维或多维数组进行初始化;数组变量不能是具体的数据类型,只能是 Variant 变体类型。

6.3.3 数组元素的输出

数组元素的输出可用 Print 语句来实现。假设有如下数组:

1	2	3	4
5	6	7	8
9	10	11	12
13	14	15	16

可以先定义一个二维数组来存放数据:

```
Option Base 1                       ' 该语句放在窗体层中,定义下标从 1 开始
Dim A(4,4) As Integer
For i=1 To 4
  For j=1 To 4
    A(i,j)=InputBox("请输入数据!")
  Next j
Next i
```

为了使数组中的数据仍按 4 行 4 列输出,可以编写如下程序:

```
For i=1 To 4
  For j=1 To 4
    Print A(i,j);"  ";
  Next j
```

```
  Print
Next i
```

6.3.4 数组元素的复制

① 单个数组元素可以像简单变量那样从一个数组复制到另一个数组。例如：

```
Dim A(6,6),B(9,9)
……
B(2,2)=A(4,4)
```

② 二维数组中某个元素也可以复制给另一个二维数组或一维数组的某个元素。例如：

```
Dim A(10),B(5,5)
……
A(4)=B(1,2)
B(2,2)=A(6)
```

③ 如果要复制整个数组则必须使用 For 循环。例如：

```
Dim A(10),B(10)
For i=1 To 10
  A(i)=InputBox("请输入数据!")
Next i
For j=1 To 10
  B(j)=A(i)
Next j
```

也可以直接将一个数组作为整体一次性赋给另外一个数组，看下面的例子：

```
Dim A(10),B()
For i=1 To 10
  A(i)=InputBox("请输入数据!")
Next i
B=A
```

在对数组元素进行复制的时候有以下几点需要注意：

① 赋值运算符两侧的数组数据类型必须保持一致。

② 如果赋值运算符左侧是一动态数组，则赋值时系统自动将动态数组的大小设置成右侧数组相同的大小。

③ 如果赋值运算符左侧是一静态数组，则赋值出错。

6.3.5 For Each … Next 语句

For Each … Next 语句和 For … Next 语句相似，二者都可以进行循环次数固定的一组循环操作。但 For Each … Next 语句专门用于数组的操作。其语法格式为：

```
For Each 成员 In 数组名
  循环体
```

```
  [Exit　For]
  ……
Next [成员]
```

在这里，循环执行的次数由数组元素个数决定，也就是说数组中有多少个元素，循环就自动执行多少次。例如：

```
Dim MyArray(1 To 6) As Integer
For Each m In MyArray
  Print m;
Next m
```

在这段程序中，定义了一个包含 6 个元素的数组 MyArray，循环执行 6 次，每次输出一个数组元素。在这里 m 其实相当于循环控制变量，但是不需要为其提供初值和终值，而是根据数组元素的个数决定其循环的次数。

【例 6.1】　定义一个 20 个元素的数组，通过 Rnd 函数为每个数组元素赋一个 1～100 之间的整数，然后输出值大于 50 的元素，求出这些元素的和。如果遇到值大于 90 的元素则退出循环。

```
Dim MyArray(1 To 20)
Private Sub Form1_Click()
  For i=1 To 20
    MyArray(i)=int(Rnd * 100)
  Next i
  For Each i In MyArray
    If i>50 Then
      Print i
      sum=sum+i
    End If
    If i>90 Then
    Exit For
  Next i
  Print sum
End Sub
```

6.4　控件数组

6.4.1　控件数组的概念

控件数组由一组具有共同名称和相同类型的控件组成，数组中的每一个控件共享同样的时间过程。控件数组的名字由控件的 Name 属性指定，而数组中的每个元素的下标则由控件的 Index 属性指定。控件数组第一个元素的下标是 0。使用控件数组可以在一定程度上简化代码。

6.4.2 控件数组的建立

控件数组是针对控件建立的，和普通数组的定义不一样。可以通过以下两种方法来建立。

第一种方法，步骤如下：

① 在窗体上画出作为数组元素的各个控件；

② 单击要包含到数组中的某个控件，将其激活；

③ 在属性窗口中选择“名称”属性，输入控件名称；

④ 对每个要加入数组中的控件重复②、③步，输入与第③步中相同的名称。

第二种方法，步骤如下：

① 在窗体上画出控件将其激活；

② 执行“编辑”菜单中的“复制”命令，将该控件放入剪贴板；

③ 执行“编辑”菜单中的“粘贴”命令，按提示建立控件数组；

④ 执行“编辑”菜单中的“粘贴”命令，建立控件数组的其他元素。

控件数组建立后，只要改变某个控件数组的 Name 属性值，并把 Index 属性值置空，就能把该控件从数组中删除。

【例 6.2】 演示控件数组的创建、卸载事件的触发。

操作过程如下：

① 启动 Visual Basic 6.0，新建工程。

② 在窗体 Form1 上添加 4 个控件，各控件的属性如表 6-1 所示。

表 6-1 窗体各控件的属性

控件类型	Name	Caption	Index
命令按钮	Command1	增加选项按钮	0
命令按钮	Command1	卸载选项按钮	1
选项按钮	Option1	Option(0)	0
图形控件	Shape1		

窗体设计效果如图 6-1 所示。

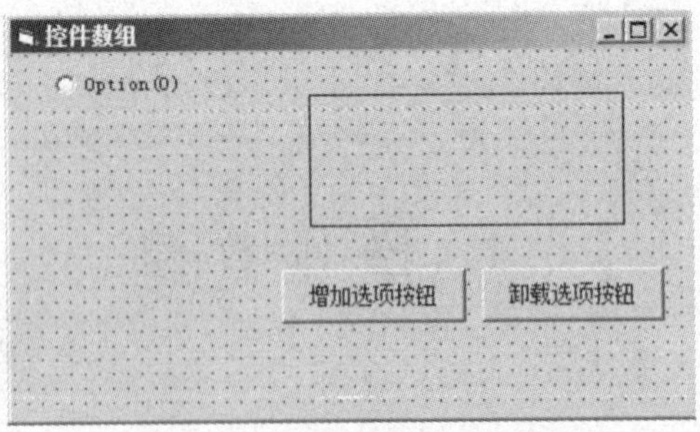

图 6-1 例 6.2 窗体设计界面

③ 在代码窗口中编写如下代码：

```
Option Explicit
Private Sub Command1_Click(Index As Integer)
```

```
    Static intIndex As Integer
    If Index = 0 Then
    '增加选项按钮
      intIndex = intIndex + 1
      If intIndex > 7 Then
        intIndex = 7
        Exit Sub
      End If
      LoadOption1(intIndex)                                      '建立新的控件数组元素
      Option1(intIndex).Top = Option1(intIndex-1).Top + 360      '指定控件位置
      Option1(intIndex).Caption = "Option(" & intIndex & ")"
      '指定选项按钮控件的 Caption 属性
      Option1(intIndex).Visible=True                             '使选项按钮可见
    Else
      '卸载选项按钮
      If intIndex > 0 Then
        Unload Option1(intIndex)
        intIndex = intIndex - 1
      End If
    End If
End Sub
'单击 Option1 控件,设置 Shape1 控件的填充样式
Private Sub Option1_Click(Index As Integer)
  Shape1.FillStyle = Index
End Sub
```

④ 运行程序,连续单击“增加选项按钮”,在窗体上创建新的选项按钮,同时每个选项按钮的 Caption 属性显示了 Index 的值。

⑤ 单击“卸载选项按钮”,则窗体上创建的按钮会在窗体上被卸载。

⑥ 单击各个选项按钮,设置 Shape1 的填充样式,填充样式的值与选项按钮的 Index 的值相同。

程序运行结果如图 6-2 所示。

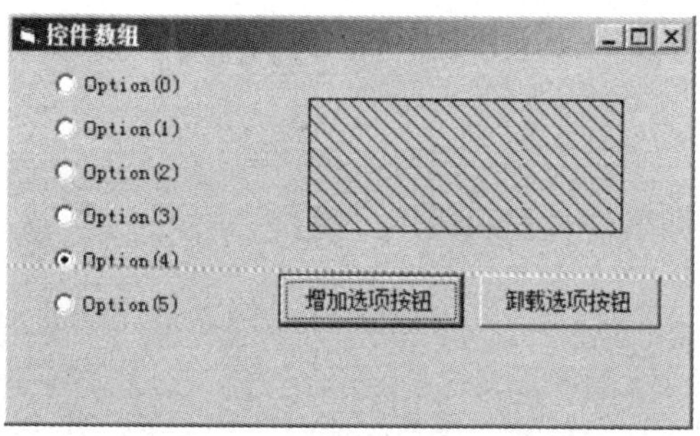

图 6-2 例 6.2 程序运行效果

第7章 过 程

本章主要任务

1. 熟练地掌握过程、函数的概念，能够熟练地定义各种过程、函数。
2. 理解参数传递的过程，了解传值和传址的区别。
3. 理解变量、过程作用域的概念，掌握各种类型变量、过程的作用范围。
4. 理解过程嵌套和递归的原理，能够用递归解决实际问题。

将完整的程序划分成较小的逻辑部件，并且能独立完成明确的任务，这样的部件就称为过程。过程可用于压缩重复的任务或共享任务，是 Visual Basic 程序执行的基本单位。用过程进行编程有以下几个好处：

① 过程可以将程序划分成若干逻辑单元，这样使整个程序的可读性变强，使程序容易调试。

② 一个程序中的过程往往不需修改就可以反复被调用多次，减少了工作量。

③ 在过程中声明的变量都是局部的，不会被外面的过程改变，这样就消除了因用户不慎而引起的逻辑错误。

Visual Basic 中主要使用下列几种过程：

① Sub 过程，无返回值。

② Function 过程，有返回值。

③ Property 过程，返回并指定值，以及设置对象引用。

④ Event 过程，以 Event 保留字开始的事件过程。

一个过程在设计时仍然由程序的三种基本结构(顺序结构、选择结构、循环结构)所组成，但是过程也有自己的特点，体现在主程序与子程序之间的数据输入、输出，即主程序和子程序之间的数据传递。

7.1 Sub 过程的定义及调用

Sub 过程分为两大类，即事件过程和通用过程。

7.1.1 事件过程

当 Visual Basic 中的对象对一个事件的发生做出认定时，便自动用对应于事件的名字调用该事件的过程，这个过程就是事件过程，是附加在窗体和控件上的。

1. 窗体事件的语法格式

Private Sub Form1_事件名(参数列表)
　[局部变量和常数声明]
　<语句块>
End Sub

注意：① 一个窗体的事件过程将 Form、下划线和事件名组合起来。例如，一个窗体在加载时，则调用 Form1_Load 事件，即：

```
Private Sub Form1_Load()
  …
End Sub
```

② 每个窗体事件前都有一个 Private 前缀，表示该事件过程不能在它自己的窗体模块之外被调用。

③ 事件过程有无参数，由 Visual Basic 提供的具体事件本身决定，用户不能随意添加。

2. 控件事件的语法格式

Private Sub 控件名_事件名(参数列表)
　[局部变量和常数声明]
　<语句块>
End Sub

注意：控件名必须与窗体上某个具体的控件相匹配。例如，在窗体 Form1 上有一个命令按钮 Command1，则其对应的控件事件为：

```
Private Sub Command1_Click()
  …
End Sub
```

3. 建立事件过程的方法

① 双击对象进入代码窗口。

② 在如图 7-1 所示的“代码窗口”中，选择需要的对象和事件。

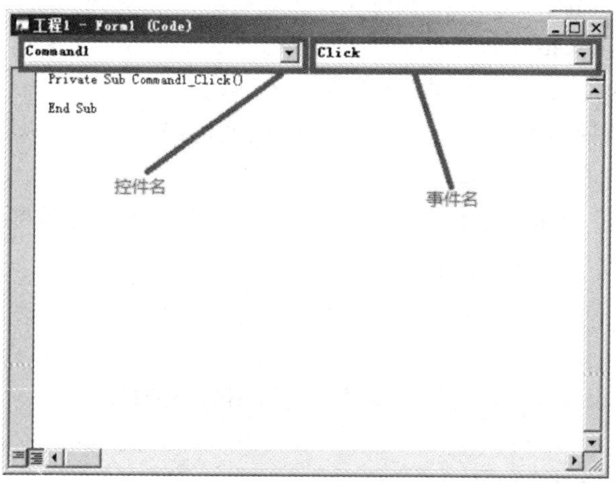

图 7-1　代码窗口

4. 事件过程的特点

Visual Basic 程序和 Windows 下的程序一样都是由事件驱动的。

① 事件过程是 Visual Basic 程序中最基本的过程。

② 事件过程存储在“窗体模块”文件中(扩展名为.frm),默认范围是 Private,即事件过程只在该窗体内有效。

③ Visual Basic 系统自动提供事件过程代码框架,用户只需在框架内添加代码即可。

7.1.2 通用过程

通用过程是必须从另一个过程中显式调用的程序段,不是由某个对象的某种事件激活,所以它不依附于某一对象。将一些公共语句放入通用过程中,这样可以避免重复编写代码,也容易维护应用程序。

通用过程分为公有(Public)过程和私有(Private)过程两种,公有过程可以被应用程序中的任一过程调用,而私有过程只能被同一模块中的过程调用。

1. Sub 过程的定义

在代码窗口中,把插入点放到所有过程之外,直接输入函数来定义。语法格式如下:

```
[Public|Private][Static] Sub 过程名([形参列表])
    <局部变量或常数定义>
    <语句块>
    [Exit Sub]
    <语句块>
End Sub
```

说明:① Private 表示模块级子过程,Public 表示全局级子过程(默认值),Static 表示过程内部定义的变量值在整个程序运行期间保留。

② 子过程不返回值,而是通过参数传递得到结果。

③ 形参列表可以为空,也可以根据需要指定若干个变量(形式参数)。

④ Exit Sub 表示退出过程,一般与选择条件语句结合使用,当指定条件满足时,则退出过程。

⑤ 形参数列表的定义格式如下:

[ByVal|ByRef]变量名[()][As 数据类型][,…]

ByVal 表示参数按值传递,ByRef 表示参数按地址传递。形参可以是简单变量,也可以是数组。有关参数的传递将在 7.3 节介绍。

⑥ Function 过程的定义不能嵌套,但可以在一个过程定义的内部调用另外一个过程。

2. Sub 过程的建立

方法一:

① 打开代码窗口。

② 选择“工具|添加过程”命令,打开如图 7-2 所示的对话框。

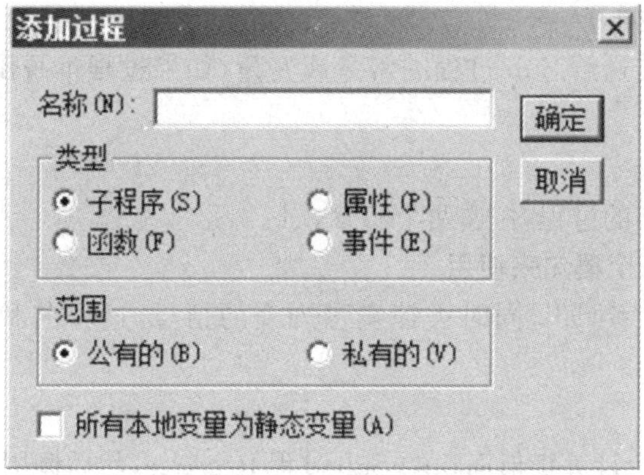

图 7-2　添加过程对话框

③ 在对话框中输入过程名，并选择“类型”选项组中的“子程序”和“范围”。

④ 在新创建的过程中输入内容。

方法二：

① 在代码窗口的对象中选择“通用”，在文本编辑器中输入 Private Sub 过程名，如图 7-3 所示。

② 按回车键，即可输入一个 Sub 过程的样板。

③ 在新创建的过程中输入内容。

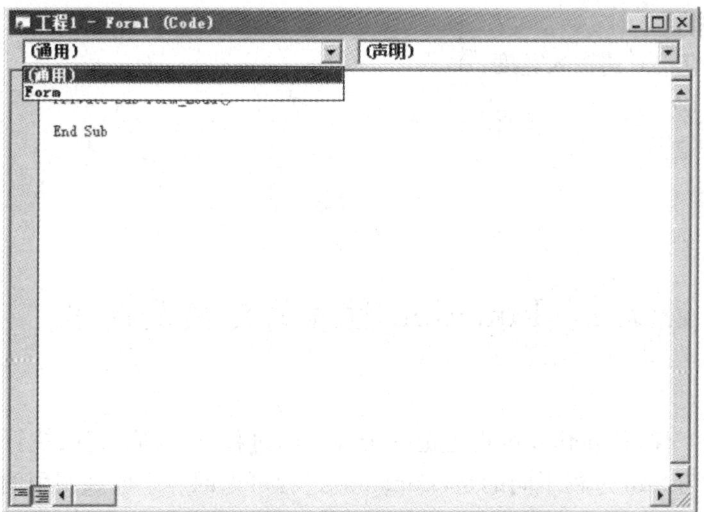

图 7-3　代码窗口

7.1.3　Sub 过程的调用

Sub 过程的调用有两种方式，一种是把过程名放在一个 Call 语句中，另一种是把过程名作为一个语句来使用。

1. 用 Call 语句调用 Sub 过程

格式：

Call 过程名[(实参列表)]

其中,实参列表是传送给 Sub 过程的常量或变量,如果过程本身没有参数,则实参列表可以为空。例如:

Call Test(a,b)

表示调用名为 Test 的过程,传递两个实参 a、b。

2. 把过程名作为一个语句来使用

这时只需省略关键字 Call,同时去掉实参列表的括号,过程名和参数之间需留有空格。例如:

Test a,b

【例 7.1】 编写一个计算矩形面积的 Sub 过程 RecArea,然后调用该过程计算矩形面积。

程序如下:

```
Public Sub RecArea(RLen, RWid)
  Dim Area
  Area = RLen * RWid
  MsgBox "面积是:" & Area
End Sub
Private Sub Form1_Click()
  Dim A, B As Integer
  A = InputBox("请输入长度:")
  A = Val(A)
  B = InputBox("请输入宽度:")
  B = Val(B)
  RecArea A, B
End Sub
```

7.2 Function 过程的定义及调用

与 Sub 过程一样,Function 过程也是一个独立的过程,可读取参数、执行一系列语句并改变其参数的值。与 Sub 过程不同的是,Function 过程可返回一个值到调用的表达式。与变量完全一样,函数过程有数据类型,它决定了返回值的类型。

7.2.1 Function 过程的定义

Function 过程的语法格式为:

```
[Private|Public][Static] Function 函数名(形参列表) [As <数据类型>]
  [<局部变量或常数定义>]
  [<语句块>]
  [函数名=表达式]
```

```
    [Exit Function]
    [<语句块>]
    [函数名=表达式]
End Function
```

说明：① 函数名，有返回值，不能与 Visual Basic 系统内部函数重名，也不能与应用程序中已定义的变量名、过程名、函数名重名。命名规则与通用过程命名规则相同。

② 在函数体内，函数名可以当变量使用，函数的返回值就是通过对函数名的赋值语句来实现的，即函数返回值通过函数名返回。

③ As <数据类型>是指函数返回值的类型，若省略，则函数返回变体数据类型(Variant)。

④ 形参列表与过程的形参列表定义相同。

⑤ Exit Function 表示退出函数，一般与选择条件结合使用，当指定条件满足时，退出函数。

⑥ Function 过程的定义不能嵌套，但可以在一个过程定义的内部调用另外一个过程。

Function 过程的建立与上节 Sub 过程的建立方法相同，只是在使用第一种方法时，在对话框的"类型"栏内应选择"函数"，另外一种方法中只需将 Sub 换成 Function 即可。

【例 7.2】 编写一个求最大公约数的 Function 过程。

程序如下：

```
Function gys(ByVal x As Integer , ByVal y As Integer) As Integer
  Do While y<>0
    rem=x Mod y
    x=y
    y=rem
  Loop
  gys=x
End Fuction
```

上述过程用辗转相除法求最大公约数，它有两个参数，均为按值传递，函数返回值为整型。

7.2.2 Function 过程的调用

Function 过程的调用比较简单，与 Visual Basic 内部函数的调用方法相同，区别在于内部函数是由系统定义的，而 Function 过程由用户自己定义。调用格式如下：

<过程名>([实参列表])

【例 7.3】 编写一个计算 N! 的 Function 过程。程序运行效果如图 7-4 所示。

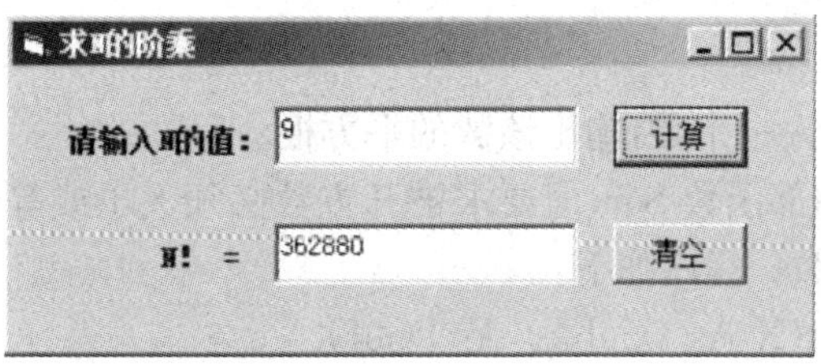

图 7-4 例 7.3 程序运行效果

在窗体中按照图 7-4 添加各控件，具体设置如表 7-1 所示。

表 7-1　例 7.3 对象属性设置

对象名	属性	属性值
Label1	Caption	请输入 N 的值
Label2	Caption	N! =
TextBox1	Text	空
TextBox2	Text	空
CommandButton1	Caption	计算
CommandButton2	Caption	清空

程序代码如下所示：

```
Private Function fact(ByVal n As Integer) As Long
  Dim i As Integer
  fact = 1
  If n = 0 Or n = 1 Then
    Exit Function
  Else
    For i = 1 To n
      fact = fact * i
    Next i
  End If
End Function
Private Sub CommandButton1_Click()
  Dim n As Integer
  Dim m As Long
  n = Val(Text1. Text)
  m = fact(n)
  TextBox2. Text = m
End Sub
Private Sub CommandButton2_Click()
  TextBox1. Text = ""
  TextBox2. Text = ""
End Sub
```

【例 7.4】　从键盘输入一个数，输出该数的平方根。

求平方根时可以用内部函数 Sqr，但要求被开方数必须大于或等于 0。如果被开方数是一负数，则其平方根是一虚数。程序如下：

```
Function SquareRoot(X As Double) As Double
  Select Case Sgn(X)      '判断被开方数的符号
    Case 1
```

```
      SquareRoot=Sqr(X)
      Exit Function
    Case 0
      SquareRoot=0
    Case -1
      SquareRoot=-1
  End Select
End Function
```

在窗体单击事件中调用该过程，代码如下：

```
Private Sub Form1_Click()
  Dim Msg,SqrN
  Dim N As Double
  N=InputBox("请输入被开方数:")
  Msg=N & "的平方根"
  Select Case SquareRoot(N)
    Case 0
      Msg=Msg & "是 0"
    Case -1
      Msg=Msg &"是一个虚数"
    Case Else
      Msg=Msg & "是" & SquareRoot(N)
  End Select
  MsgBox Msg
End Sub
```

运行结果如图 7-5 所示。

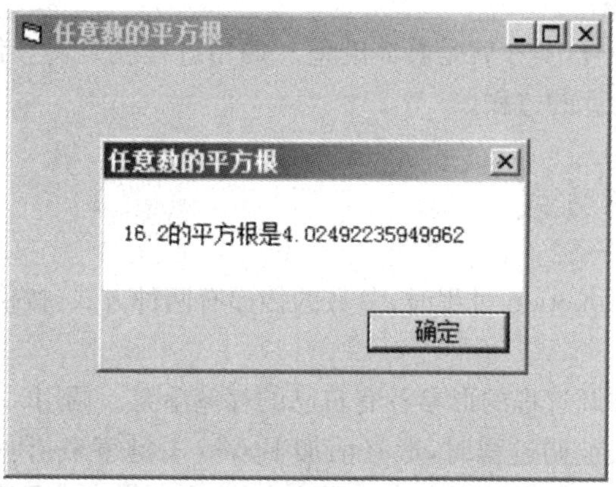

图 7-5　例 7.4 程序运行结果

7.3 参数传递

在调用一个过程时,必须把实际参数传送给过程,完成形参与实参的结合,然后用实际参数执行调用的过程。

7.3.1 形参与实参

1. 形参

形参,即形式参数,是指在定义通用过程时,出现在 Sub 或 Function 语句中变量名后面括号内的参数,其作用是用来接收传递给子过程的数据,形参列表中各个变量之间用逗号分隔。例如:

```
Private Sub MAX(a As Integer,b As Integer)
    …
End Sub
```

其中 a、b 为形参。

2. 实参

实参,即实际参数,是指在调用 Sub 或 Function 过程时,写入子过程名或函数名后括号内的参数,其作用是将它们的数据(数值或地址)传递给 Sub 或 Function 过程与其对应的形参变量。实参可由常量、表达式、有效变量名或数组名组成,实参列表中各参数用逗号分隔。如调用上述 Sub 过程:

```
Call MAX(x,y)
```

其中 x、y 为实参。

3. 形参与实参的关系

形参如同公式中的符号,实参就是具体的值。调用过程就是实参传递给形参的过程,就相当于把值代入公式进行计算的过程。

7.3.2 参数传递的方式

在调用 Sub 过程或 Function 过程时,参数的传递有两种方式:按值传递和按地址传递。

1. 按值传递

主调过程的实参和被调过程的形参各有自己的存储单元。调用时,主调过程的实参值复制给被调过程的形参。定义被调过程时,形参前加 ByVal 关键字来指明是按值传递。按值传递时,传递的只是变量的副本,如果过程中改变了这个值,则所做变动只影响副本而不会影响变量本身。

【例 7.5】 按值传递示例。

在窗体上添加一个命令按钮 cmdSetValue,并添加以下代码:

```
Option Explicit
```

```
Private Sub cmdSetValue_Click()
  Dim intVal As Integer
  intVal = 10
  Print "调用 AddTen 前：Value = " & intVal
  Call AddTen(intVal)
  Print "调用 AddTen 后：Value = " & intVal
End Sub
'按值传递
Sub AddTen(ByVal intTemp As Integer)
  intTemp = intTemp + 10
End Sub
```

运行后将结果输出到窗体，如图 7-6 所示，可见调用前后传递的变量值未发生变化。

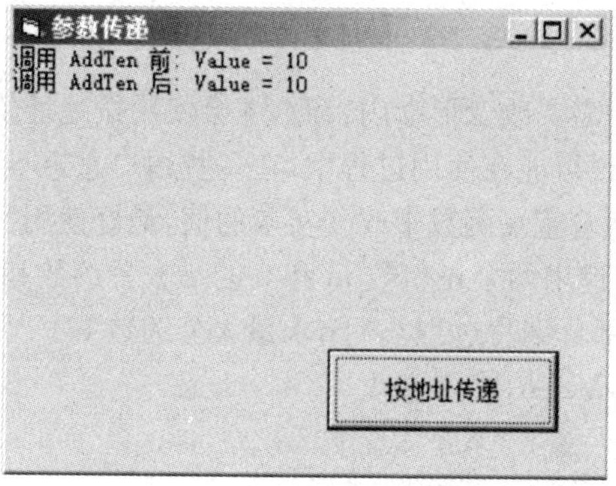

图 7-6 按值传递调用结果

2. 按地址传递

此时，主调过程的实参与被调过程的形参共享同一存储单元，形参与实参是同一个变量。定义被调过程时，各形参前加 ByRef 关键字来指明是按地址传递。按地址传递参数使用过程变量的内存地址去访问实际变量的内容，结果变量传递给过程后，通过过程调用可永久改变变量的值。按地址传递是双向传递。

【例 7.6】 按地址传递示例。

沿用例 7.5 的代码，将 AddTen 过程形参前的 ByVal 关键字改为 ByRef。

```
Option Explicit
Private Sub cmdSetValue_Click()
  Dim intVal As Integer
  intVal = 10
  Print "调用 AddTen 前：Value = " & intVal
  Call AddTen(intVal)
  Print "调用 AddTen 后：Value = " & intVal
End Sub
'按地址传递
Sub AddTen(ByRef intTemp As Integer)
```

```
  intTemp = intTemp + 10
End Sub
```

运行结果如图 7-7 所示,可见调用前后传递的变量值发生了变化。

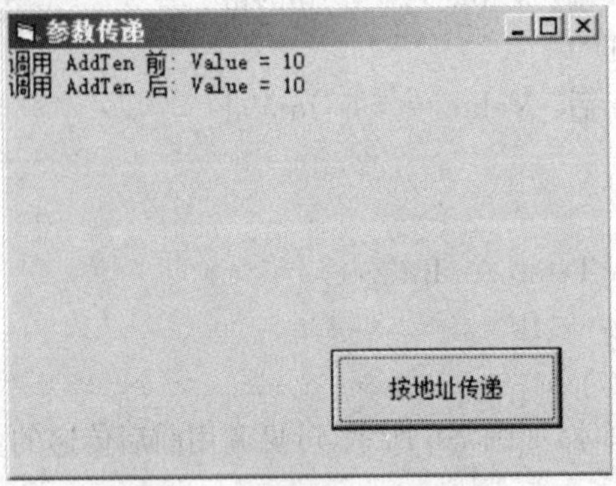

图 7-7 按地址传递调用结果

一般说来只有在过程中需要改变形参内容时,才会使用按地址传递参数的方式。因为这种参数传递方式非常不安全,很可能在使用过程中,在一些用户意想不到的地方改变形参的内容,造成程序错误。如果用户不希望在函数中改变实参的值,最好使用按值传递方式。

【例 7.7】 通过变参传递求两个正整数 m 和 n 的最大公约数和最小公倍数。

在窗体 Form1 的通用部分编写过程 GYS,求最大公约数 h。

```
Sub GYS(ByVal m,ByVal n,h)
  if m<n Then
     t=m:m=n:n=t
  End If
  r=m Mod n
  Do While r<>0
    m=n:n=r:r=m Mod n
  Loop
  h=n
End Sub
```

在窗体 Form1 的通用部分编写过程 GBS,求最小公倍数 h。

```
Sub GBS(ByVal m,ByVal n,h)
  h=m * n/h
End Sub
```

编制窗体 Form1 的 Click 事件过程。

```
Private Sub Form1_Click()
  m=InputBox("m="):n=InputBox("n=")
  GYS m,n,h
  Print "最大公约数是:";h
  GBS m,n,h
  Print "最小公倍数是:";h
```

End Sub

给变量m、n分别赋予21和12，运行结果如图7-8所示。

图7-8 变参求最大公约数与最小公倍数

7.4 变量、过程的作用域

7.4.1 变量的生存期

变量的生存期是指变量能够在内存中保存其值的时间。按生存期的不同，变量可分为动态变量和静态变量。

1. 动态变量

动态变量是指程序运行到变量所在的过程时，才分配存储内存单元，待过程执行结束后，自动释放该内存单元，其值同时消失。再次运行该过程时，所有动态变量将重新初始化。使用Dim关键字在过程中声明的变量是动态变量。

2. 静态变量

静态变量是指用Static关键字在过程内部声明的变量，它在程序运行期间可保留变量的值，即变量所在的存储单元会始终保留，当再次使用该变量时，可以继续使用，直到程序结束后才释放内存单元。定义形式如下：

Static ＜变量名＞ [As ＜数据类型＞]

Static Function ＜函数名＞([＜参数列表＞]) [As ＜数据类型＞]

Static Sub＜过程名＞([＜参数列表＞])

在函数名、过程名前加Static，则表示该函数、过程内的局部变量都是静态变量。

【例7.8】 用户在登录系统时，登录窗口记录用户输入密码的次数，当输入密码超过3次时，提醒用户。

代码如下：

```
Private Sub Command1_Click()
  Static intCount As Integer
  intCount = intCount + 1
```

```
    If intCount > 3 Then
        Print "对不起,您已连续输入密码超过三次!"
    End If
End Sub
```

运行结果如图 7-9 所示。

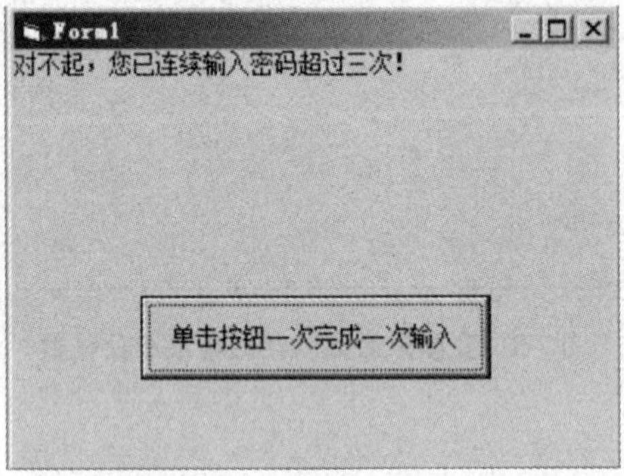

图 7-9 静态变量示例

7.4.2 变量的作用域

变量的作用域是指变量的作用范围。定义一个变量后,为了能够正确使用变量,应当指出在程序中的什么位置可以访问该变量。

为了更好地理解变量的作用域,首先我们应该了解一个 Visual Basic 的工程文件包含哪些部分。一般应用程序通常包含窗体文件(. frm 文件)、模块文件(. bas 文件)、类模块文件(. cls 文件)等,如图 7-10 所示。

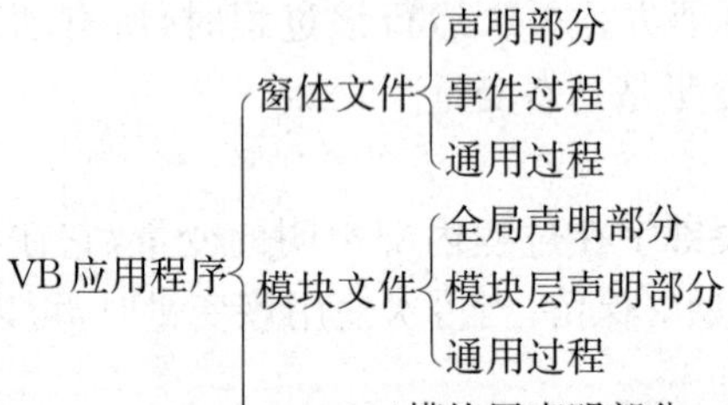

图 7-10 VB 应用程序的一般框架

根据变量的定义位置不同和所使用的变量定义语句不同,Visual Basic 中的变量可以分为 3 类,即局部变量、窗体和模块级变量、全局变量。

1. 局部变量

在一个过程内部定义的变量称为局部变量。这个变量只能在定义它的过程内部使用。一个窗体可以包含多个过程,在不同过程中定义的变量可以同名,也可以不同名,因为它们是相互独立的。例如:

```
Private Sub Form1_Click()
```

```
    Dim a As Integer
    ……
End Sub
Private Sub Command1_Click()
    Dim a As Integer
    Static sum As Single
    ……
End Sub
```

在 Form1_Click 过程中定义了局部变量 a,在 Command1_Click 过程中定义了 sum 和 a,两个同名变量 a 没有任何关系,各自在自己的过程范围内起作用,出了过程,该变量就不存在了。

2. 窗体和模块级变量

如果一个窗体中的不同过程要使用同一个变量,这就需要在该窗体或模块内的过程外面定义一个变量,它在整个窗体或模块中有效,即作用域为整个窗体或模块,本窗体或本模块中的所有过程都可以访问它,这就是窗体和模块级变量。

定义这种类型的变量首先要进入代码窗口,单击左侧下拉列表框右端的下拉按钮,并选择"通用",再单击右侧下拉列表选择"声明",如图 7-11 所示。

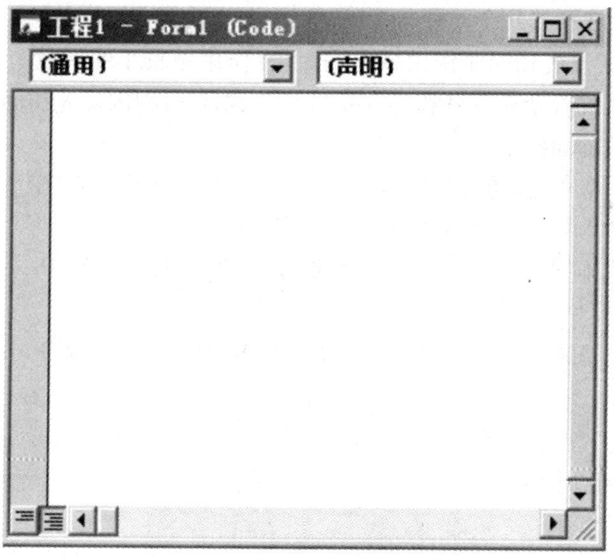

图 7-11 代码编辑器声明区域

在图 7-11 所示编辑区中就可以定义变量了。如果在窗体中以 Private 或 Dim 关键字声明变量,其他窗体或模块不能引用此变量,如果以 Public 定义此变量,则允许其他窗体或模块引用它,但必须指出其所在对象。例如,在窗体 Form1 中有如下变量的定义:

```
Public a As Integer
```

在另一个窗体或模块中可以引用此变量,但必须用 Form1. a 表示,而不能直接使用 a 表示。

3. 全局变量

全局变量可以被程序中的任何一个模块或窗体访问。在窗体中不能定义全局变量,必须定义在模块文件.bas 中，声明时用 Public 或 Global 关键字。它们的一般格式如下：

Public|Global 变量名 As 数据类型

不同类型变量在定义时的规则如表 7-2 所示。

表 7-2　不同作用范围的变量声明及使用规则

<table>
<tr><th rowspan="3">项目</th><th colspan="4">作用范围</th></tr>
<tr><th rowspan="2">局部变量</th><th rowspan="2">窗体/模块级变量</th><th colspan="2">全局变量</th></tr>
<tr><th>窗体</th><th>标准模块</th></tr>
<tr><td>声明方式</td><td></td><td></td><td colspan="2">Public</td></tr>
<tr><td>声明位置</td><td>在过程中</td><td>窗体/模块的通用声明段</td><td colspan="2">窗体/模块的通用声明段</td></tr>
<tr><td>能否被本模块中其他过程使用</td><td>不能</td><td>能</td><td>能</td><td>能</td></tr>
<tr><td>能否被其他模块使用</td><td>不能</td><td>不能</td><td>能，需在变量名前加窗体名</td><td>能</td></tr>
</table>

4. 定义变量需要注意的几个问题

① 一般来说，当变量名相同而作用域不同时，在作用域较小的有效范围内，优先访问作用域较小的变量，也就是说若全局变量和局部变量同名，则在过程内优先访问局部变量，若想访问全局变量，要在变量名前加模块名。

② 对任何临时计算来说，局部变量是最佳选择，当程序执行结束，变量的值不需要保留，可在过程内用 Dim 关键字声明，否则用 Static 关键字声明。

③ 当同一模块的不同过程间需要共享数据变量的值时，可以用 Private 和 Dim 关键字在"通用声明"段定义成模块级变量。

④ 当同一应用程序的不同过程间需要共享数据变量的值时，可用 Public 关键字在"通用声明"段定义成公用变量。

7.4.3　过程的作用域

通用过程和函数过程既可以写在窗体模块中，也可以写在标准模块中，在定义时可选用关键字 Private(局部)和 Public(全局)来决定它们能被调用的范围。过程可被访问的范围称为过程的作用域。按过程的作用范围来划分可分为三种。

1. 模块级过程

在窗体或标准模块中加 Private 关键字定义的过程，只能被定义的窗体模块或标准模块中的过程调用。

2. 全局级过程

在窗体模块或标准模块中加 Public 关键字(或缺省)定义的过程，可被该应用程序的所有窗体模块和标准模块中的过程调用。这两种过程的定义规则如表 7-3 所示。

表 7-3　过程的作用域

项目	作用范围			
	模块级		全局级	
	窗体	标准模块	窗体	标准模块
定义方式	过程名前加 Private		过程名前加 Public 或默认	
能否被本模块其他过程调用	能	能	能	能
能否被本应用程序其他模块调用	不能	不能	能，但必须在过程名前加窗体名	能，但过程名必须唯一，否则需加标准模块名

3. 类模块级过程

类似于模块级过程，所不同的是如果需要前置限定符时用的不是类名，而是用该类提前声明的实例变量名。例如：

```
Dim Sample As New Class1      'Sample 为类 Class1 的实例
Call Sample PrintXY()         'Sample 做前置符
```

7.5　过程的嵌套与递归调用

7.5.1　过程的嵌套

Visual Basic 过程的定义是相互平行和相对独立的，在定义过程中不能包含另外一个过程的定义。Visual Basic 虽然不能嵌套定义过程，但可以嵌套调用过程，即在程序中调用一个子过程，而在子过程中又调用另外的子过程，这种程序结构称为过程的嵌套。如图 7-12 所示。

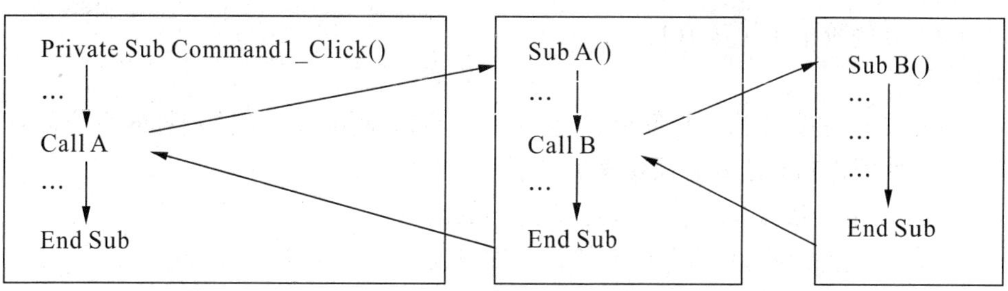

图 7-12　过程的嵌套执行示意图

7.5.2　过程的递归调用

递归是一种特殊的嵌套。在 Visual Basic 中，一个过程可以直接或间接地调用自己，前者称为直接递归调用,后者称为间接递归调用。当一个大问题能够分解成同类型的小问题,且问题的规模在逐渐缩小时,才适合用递归来解决。递归必须有相应的结束递归条件,否则递归将不能结束。下面用递归过程来求解阶乘,分析递归实现的原理。

【例 7.9】 用递归过程求阶乘 N! =1×2×3×…×(N−1)×N。

程序说明:① 递归处理过程一般用栈来实现,分递推和回归两个过程,如图 7-13 所示。

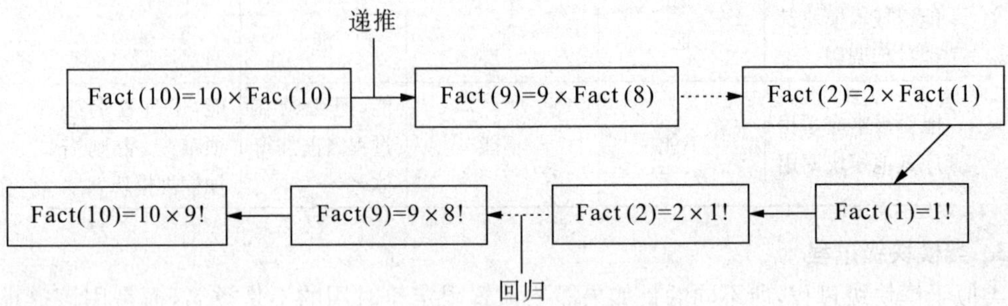

图 7-13 递推回归示意图

② 递推过程。每调用一次自身,把当前参数(形参、局部变量、返回地址)压入栈,直到递归结束条件成立。

③ 回归过程。从栈中弹出当前参数,直到栈空。

程序代码如下:

```
Private Fuction Fact(N As Integer) As Long
  If N=1 Then
    Fact=1                    '递归出口
  Else
    Fact=N * Fact(N-1)        '递归过程向着递归出口发展
  End If
End Function
Private Sub Command1_Click()
  Print "10 的阶乘=";Fact(10)
End Sub
```

从上例可看出,递归算法设计简单,但解决同一问题,使用递归算法消耗的系统资源要比非递归算法大。使用递归算法时必须要满足以下的递归条件:

① 存在递归结束条件及结束时的值,即递归的出口。

② 程序能用递归表示,且递归向着终止条件发展。

【例 7.10】 使用递归求斐波那契数列的前 20 项及其和,斐波那契数列为 1,1,2,3,5,8,13,21,34,55,…。

程序代码如下:

```
Private Sub Form1_Click()
  Dim I As Integer
  For I = 1 To 20
    Print "F(" & I & ")= "; Fib(I), Tab(6); "SUMF(" & I & ")= "; SUMFib(I)
```

```
    Next
End Sub
'Fib 函数用于求出斐波那契数列第 N 项的值
Function Fib(ByVal N As Long) As Long
    If N = 1 Or N = 2 Then Fib = 1
    If N > 2 Then Fib = Fib(N - 1) + Fib(N - 2)
    End Function
'SUMFib 函数嵌套调用 Fib 函数求斐波那契数列前 N 项之和
Function SUMFib(ByVal N As Long) As Long
    If N = 1 Then SUMFib = 1
    If N > 1 Then SUMFib = SUMFib(N - 1) + Fib(N)
End Function
```

程序运行结果如图 7-14 所示。

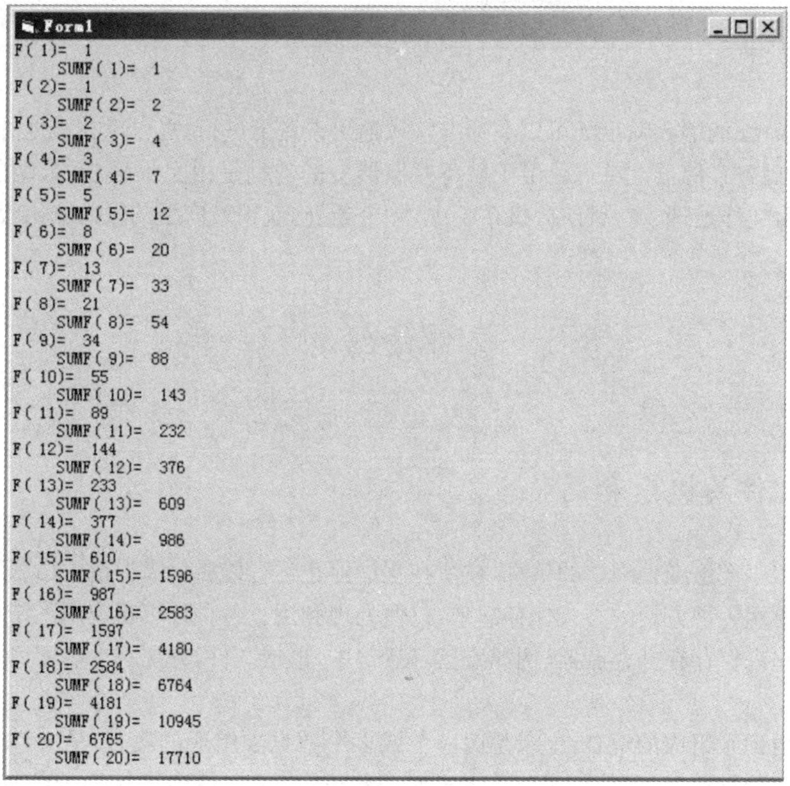

图 7-14　程序运行结果

第 8 章　文　　件

本章主要任务

1. 掌握文件系统控件。
2. 掌握 VB 中文件的概念、种类及其结构。
3. 掌握顺序文件的操作：打开、读/写、关闭。
4. 了解随机文件的操作：打开、读/写、关闭。
5. 了解二进制文件的操作。

Visual Basic 的输入输出既可以在标准输入输出设备上进行，也可以在其他外部设备，诸如磁盘、磁带等后备存储器上进行。由于后备存储器上的数据是由文件构成的，因此非标准输入输出通常称为文件处理。在目前微机系统中，除中断外，使用最广泛的输入输出设备就是磁盘。

8.1　文件的结构和分类

8.1.1　文件的概念和结构

由应用程序产生或处理过的信息，往往在程序停止运行以后仍需保留。由各种渠道收集到的信息也需要用一种方便的方式保存起来，以便处理利用。各种计算机应用系统通常把一些相关信息组织起来保存在外存储器(例如磁盘，磁带)中，形成文件，并用一个名字(称为文件名)加以标志。

文件是由记录组成的集合，记录是由一个或多个数据项组成的集合，是文件中可存取数据的基本单位。数据项是最基本的不可分的数据单位，也是文件中可使用的数据的最小单位。Visual Basic 文件由记录组成，记录由字段组成，字段由字符组成。

字符：文件中可用数据的基本单位。凡英文字母、阿拉伯数字、标点符号等都占一个字符位置，汉字占两个字符位置。

字段：若干个字符组成字段。

记录：由一组相关字段组成，是计算机数据处理的单位。

文件：由一个以上的相关记录组成的数据单位。

通常记录的逻辑结构着眼于用户使用方便，而记录的物理结构则应考虑提高存储空间的利用率和减少存取记录的事件，它根据不同的需要及设备本身的特性可以有多种方式。这里不再细述。

对文件信息的读写，一般都有一个共同的要求：首先采取某种方法使用户程序告诉操作系统要操作哪一个文件；其次内存中要有一块区域用来存放读写数据；然后打开文件，同时告知系统对文件进行读操作还是写操作，如果未关闭文件还会导致文件信息的丢失。

8.1.2 文件类型

根据不同的标准，文件可以分为不同类型。Visual Basic 中涉及的文件分类可以有两种。

1. 根据文件内容分类

(1) 程序文件

程序文件(Program File)存放的是可以由计算机执行的程序，包括源文件和可执行文件。在 Visual Basic 中，扩展名为. exe、. frm、. vbp、. bas、. cls 等的文件都是程序文件。

(2) 数据文件

数据文件(Data File)是程序中使用的文件，这些数据可以是程序中需要使用的数据，也可以是程序的处理结果。如学生考试成绩、职工工资、商品库存信息等，这些数据必须通过程序来存取和管理。

2. 根据文件的存取方式分类

(1) 顺序文件

顺序文件(Sequential File)是普通的文本文件。顺序文件中的记录按顺序一个接一个地排列。读写文件存取记录时，都必须按记录顺序逐个进行。一行一条记录(一项数据)，记录可长可短，以"换行"字符为分界字符。记录与记录之间的分界字符为回车符，记录中字段与字段之间的分界字符为逗号。顺序文件的存储格式如图 8-1 所示。

…	记录 n−1	分界字符	记录 n	分界字符	…

图 8-1 顺序文件的存储格式

在顺序文件中查找某个记录必须从文件头开始找起，逐个比较，直到找到目标为止。若要修改某个记录，则需将整个文件读出来，修改后再将整个文件写回磁盘，因此很不灵活。但由于顺序文件是按行存储，所以它们对需要处理文本文件的应用程序来说是非常理想的。一般的程序文件(如 C 程序文件)都是顺序文件。

顺序文件的优点是操作简单，缺点是无法任意取出某一个记录来修改，必须将全部数据读入，在数据量很大或只想修改某条记录时，显得非常不方便。

(2) 随机文件

随机文件(Random Access File)是可以按任意次序读写的文件，其中每个记录的长度必须相同。在这种文件结构中，每个记录都有其唯一的记录号，所以在读取数据时，只要知道记录号，便可以直接读取记录。其存储结构如图 8-2 所示。

每个记录前都有记录号表示此记录开始。在读取文件时，只要给出记录号，就可以迅速找到该记录，并将该记录读出。若对该记录做了修改，需要写到文件中时，也只要指出记录号，新记录将自动覆盖原有记录。所以，随机文件的访问速度快，读、写、修改灵活方便，但由于在每个记录前增加了记录号，从而使其占用的存储空间增大。

…	记录号	数据记录	记录号	数据记录	记录号	数据记录	…

图 8-2　随机文件的存储格式

(3) 二进制文件

二进制文件(Binary File)是字节的集合，它直接把二进制码存放在文件中。除了没有数据类型或者记录长度的含义以外，它与随机访问很相似。二进制访问模式是以字节数来定位数据，在程序中可以按任何方式组织和访问数据，对文件中各字节数据直接进行存取。在二进制文件中，能够存取任意所需要的字节，可以把文件指针移到文件的任何地方，因此这种存取方式最为灵活。

8.1.3　文件的基本操作

在 Visual Basic 中，文件的基本操作都是按照打开、读/写、关闭 3 个步骤进行的。

1. 打开(或创建)文件

任何文件必须先打开或创建后才能使用。如果要使用的文件已经存在，可以直接打开该文件，即使它处于读/写状态；若文件不存在，则新建文件并打开该文件。

2. 对文件进行读/写操作

文件打开后通常需要对文件进行数据输入或输出操作。将数据存放到文件中的操作叫作写数据，或称为输出；而把从文件中获取数据到内存的操作称为读数据，或称为输入。

3. 关闭文件

完成文件的读写后，应该关闭文件。文件被打开以后，系统在内存中自动为文件的读写开辟一个缓冲区，程序执行写文件操作时，只是简单地将数据输出到缓冲区然后由系统对缓冲区进行管理，在必要时将数据存到磁盘上；程序执行读操作时只是到缓冲区中读取数据，由系统决定是否需要将磁盘上的数据读入缓冲区。关闭文件可以将缓冲区中需要保留的数据存到磁盘上，并释放缓冲区的内存空间。

8.2　顺序文件

程序执行期间，数据只能从文件的首部按顺序写入或读出的文件，称之为顺序文件。由于顺序文件按行存储，通常它是一个文本文件，数字和字符均以 ASCII 码形式存储。下面讨论顺序文件的操作语句。

8.2.1　顺序文件的打开与关闭

在对文件进行任何操作之前，必须打开文件，同时要通知操作系统对文件进行读操作还是写操作，将数据存到什么地方。打开文件用 Open 语句，其语法格式如下：

Open ＜文件名＞ For {Input|Output|Append} As #＜文件号＞ [Len=记录长度]

说明：① 文件名就是要访问的顺序文件的名称以及文件所在的路径。

② Input、Output 和 Append 参数确定文件的访问模式，是指对文件要进行什么操作。

Output 参数表示对文件进行写操作，即将数据写入磁盘文件。注意，用 Output 选项模式打开一个不存在的文件时，VB 会在磁盘上创建一个新的顺序文件。文件打开以后，文件的指针位于文件开头，准备向文件写入，数据磁盘上的同名文件将被覆盖。

Input 参数表示从打开的文件中进行读取数据操作，即将数据从文件中读入内存。要求文件必须存在，否则将出现错误。

Append 参数表示将数据追加到文件末尾。打开或创建一个新的顺序文件，文件打开后，文件指针位于文件的末尾，准备向文件的尾部追加数据。若磁盘上没有该文件，则创建一个新的文件。

③ 被打开的文件被指定一个文件号，该文件号用来标志打开文件的文件句柄，必须是 1～255 之间的整数。以后访问该文件时，打开的文件将通过文件号进行读写操作，新的文件号可用 FreeFile() 函数获得，返回值为系统中当前最小且没有被其他文件使用的文件号。

④ Len＝记录长度，对于顺序文件来说，它是指缓冲区分配的字符个数，是一个小于 32767 的整数。

例如：

Open "C:\Sample\A. txt" For Input As ＃1

表示要以读方式打开 C:\Sample\文件夹下的 A. txt 文件，并指定文件号为＃1。

Open App. Path & "\Sample\B. txt" For Output As ＃2

表示要以写方式在当前目录下的\Sample 文件夹中创建新文件 B. txt，指定文件号为＃2。

MyFile = FreeFile

Open "C:\ Sample \C. txt" For Append As MyFile

表示要以追加方式打开 C:\ Sample 文件夹下的文件 C. txt，并自动分配一个有效的文件号。

Filename$ ="C:\ Sample \file1. txt"

Open Filename$ For Input As ＃3

先把文件名赋给一个变量，然后打开该文件，准备读取数据，指定文件号为＃3。

对文件操作完之后，要关闭文件，其语法格式为：

Close [＃＜文件号 1＞][,＃＜文件号 2＞],……

文件号列表为可选项，如＃1，＃2，＃3，如果省略，则将关闭 Open 语句打开的所有活动文件。

例如：

```
Close ＃1, ＃2, ＃3          '关闭 1,2,3 号文件
Close                       '关闭所有活动文件
```

8.2.2　顺序文件的读写操作

1. 顺序文件的写操作

要建立一个顺序文件或打开一个顺序文件，向文件中写数据，应该用 Output 或是 Append 模式打开文件，然后用输出命令写入数据。

以 Output 模式打开文件，就是建立文件。若文件已存在，则删除旧文件，建立新文件。以

Append 模式打开文件与此很相似。二者的差别在于:以 Append 模式打开文件时,如果该文件已存在,VB 并不删除它,随后的输出命令把新行追加到该文件尾部。写文件的输出命令有两种,即 Print #语句和 Write #语句。

(1) Print #语句

Print #语句的功能是将一个或是多个规定格式的数据写入文件号指定的顺序文件中,格式为:

Print #＜文件号＞,[＜输出列表＞]

说明:① 文件号是使用 Open 语句打开文件时指定的文件号(句柄),表达式列表为要写入文件中的数据,被打开的文件必须以 Output 或 Append 方式打开。

② 与前面学过的 Print 方法一样,Print #语句中的表达式列表之间可以用“,”或“;”分开。“,”表示下一个字符在下一个格式区开始输出(标准格式);“;”表示下一个字符紧跟前一个字符输出(紧凑格式)。

③ 若省略格式中的表达式列表,则表示向文件中写入一个空行。

④ Print #语句也可以用 Spc 函数或 Tab 函数控制输出格式。

【例 8.1】 编写程序,用 Print #语句向文件中写入数据。

```
Private Sub Command1_Click()
   Open "D:\Sample.txt" For Output As #1
   Print #1, 64.5, "Visual", "Basic"
   Print #1, -32.5; "Visual"; "Basic"
   Print #1,
   Print #1, 64.5; Tab(10); "Visual";
   Print #1, -32.5; Spc(4); "Basic"
   Close #1
End Sub
```

运行程序后,D 盘根目录下将出现一个名为 Sample.txt 的文件,用“记事本”打开该文件,可以看到结果如图 8-3 所示。

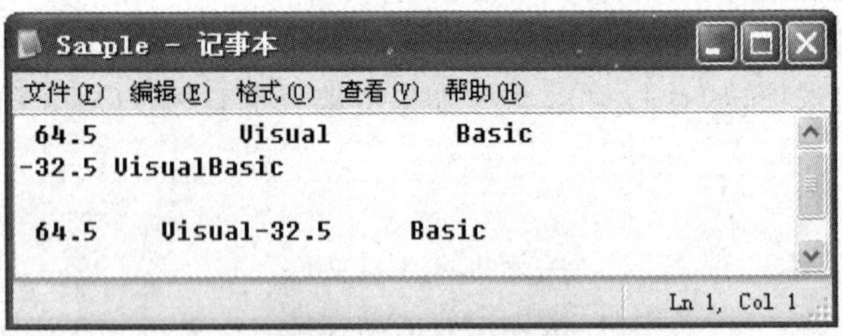

图 8-3 用 Print #语句写数据

⑤ 在实际编程中,经常将文本框中的文本以文件的形式存储到磁盘上,这时可用 Print #语句来实现。

【例 8.2】 编程把一个文本框中的内容以文件形式存入磁盘 D。假定文本框的名称为 Mytxt,文件名为 Myfile.Dat。

方法 1:把整个文本框的内容一次性地写入文件。

```
Private Sub Form1_Click ()
  Open "D:\Myfile.Dat" For Output As #1
  Print #1, Mytxt.Text
  Close #1
End Sub
```

方法2:把整个文本框的内容一个字符一个字符地写入文件。

```
Private Sub Form1_Click ()
  Open "D:\Myfile.Dat" For Output As #1
    For i = 1 To Len (Mytxt.Text)
      Print #1, Mid (Mytxt.Text, i, 1);
    Next i
  Close #1
End Sub
```

(2) Write #语句

Write #语句用来将数据写入文件,格式为:

Write #＜文件号＞,[＜输出列表＞]

用Write #语句写入的数据前面没有空格。

【例8.3】 Print与Write语句输出数据结果比较。

```
Private Sub Form1_Click()
  Open "D:\ABC.txt" For Output As #1
  tNamne$ =InputBox("请输入姓名:","数据输入")
  tel$ =InputBox("请输入电话号码:")
  Print #1, tNamne$ , tel$
  Write #1, tNamne$ , tel$
  Close #1
End Sub
```

运行程序后,单击窗体,先后弹出两个对话框,分别输入姓名和电话号码。如分别输入“邹邹”、“18256621982”。按下命令按钮,关闭此程序。接着打开“D:\ABC.txt”文件,结果如图8-4所示。

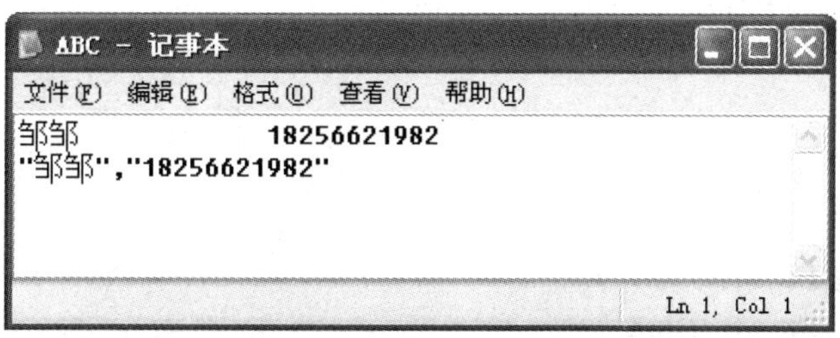

图8-4　Print和Write的比较

可以看出,Write #语句的用法和Print #语句相似,区别在于Write #输出的数据采用紧凑格式存放,数据项之间自动用逗号分开,并将输出的字符串自动用引号括起来。

2. 顺序文件的读操作

从顺序文件中读取数据可以使用 Input ＃语句、LineInput ＃语句或 Input 函数。

(1) Input ＃语句

格式:Input ＃＜文件号＞,＜变量名＞。

功能:从指定的顺序文件中读取数据,并把数据分别赋给变量名中的变量。

注意:在读取数据时,如果已到达文件末尾,继续读取会被终止并产生一个错误。为了避免出错,常在读操作前用 EOF 函数检测是否已经到达文件末尾。

用 Input 从文件中读出数据时,凡是遇到逗号、空格或回车符,便认为是一个数据项的结束。

(2) Line Input ＃语句

格式:Line Input ＃＜文件号＞,＜变量名＞。

功能:从顺序文件中读取一整行字符并赋给后面的变量。

说明:① 变量名是一个字符串型的简单变量名或数组元素名。

② Line Input ＃以行为单位读取信息,每行对应一个字符串。文件中的行以回车换行符作为结束符。行中的所有字符均不经转换直接赋给变量。

(3) Input 函数

格式:Input(n,[＃]文件号)。

功能:从指定文件中读取 n 个字符的字符串。

说明:与 Input ＃语句不同,Input 函数返回它所读出的所有字符,包括逗号、回车符、空格、制表符、换行符、引号等。也就是说,Input 函数把文件作为无格式的字符流来读取,不把回车换行符看作一次读操作的结束标志。Input 函数可以用来读取二进制文件,通常不用于顺序文件的读操作。

【例 8.4】 读文本文件到文本框。假定文本框名称为 txtTest,文件名为 Myfile.txt。将文本框的 MultiLine 属性设置为 True,ScrollBars 属性设置为 2-Vertical。

方法 1:一行一行地读出文件。

```
Private Sub Command1_Click ()
  txtTest.Text = ""
  Open "D:\Myfile.txt" For Input As ＃1
  Do While Not EOF (1)
    Line Input ＃1, InPutData
    txtTest.Text = txtTest.Text + InPutData + vbCrLf
  Loop
  Close ＃1
End Sub
```

方法 2:一次性读出文件。

```
Private Sub Command1_Click ()
  txtTest.Text = ""
  Open "D:\Myfile.txt" For Input As ＃1
  txtTest.Text = Input (LOF (1), 1)
  Close ＃1
```

```
End Sub
```

方法 3:一个一个字符地读出文件。

```
Private Sub Command1_Click ()
  Dim InPutData As String * 1
  txtTest. Text = ""
  Open "D:\Myfile. txt" For Input As #1
  Do While Not EOF (1)
    InPutData = Input (1, #1)
    txtTest. Text = txtTest. Text + InPutData
  Loop
  Close #1
End Sub
```

程序运行结果如图 8-5 所示。

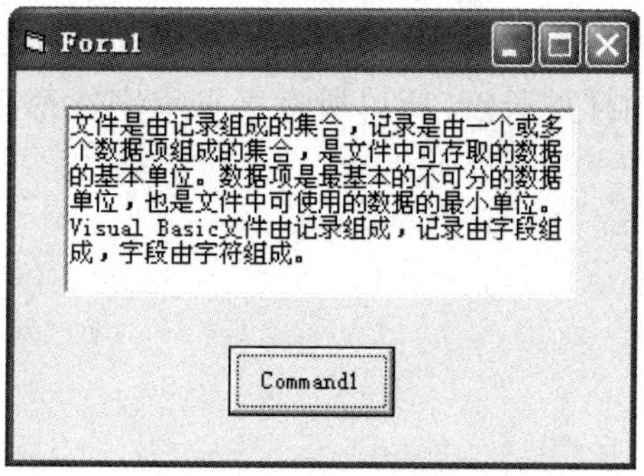

图 8-5　程序运行结果

8.3　随 机 文 件

随机文件又称为记录文件,是由固定长度的记录顺序排列而成,每个记录可由多个数据项组成,每个数据项称为一个字段。各记录的数据项数目相等,对应的数据项数据类型相同。记录是读写随机文件的最小单位,可将文件指针定位在任意一条记录上进行读或写,便于文件的查询和修改。所以对随机文件的操作实际上是对文件中的记录进行操作。每个记录都有记录号并且记录长度全部相同,那么无论是从内存向磁盘写数据,还是从磁盘读数据,都需要事先定义内存空间。而内存空间的分配是靠变量说明来进行的,所以不管是读操作还是写操作都必须事先在程序中定义变量,变量要定义成随机文件中的一条记录的类型。一条记录又是由多个数据项组成的,每个数据项有不同的类型和长度。因此应在程序的变量说明部分采用用户自定义类型说明语句,首先定义记录的类型结构,然后再将变量说明成该类型,这样就为这个变量申请了内存空间,用于存放随机文件中的记录。

随机文件的操作分为四个步骤来实现,即定义数据类型、打开文件、进行读写操作和关闭文件。

8.3.1 随机文件的打开与关闭

要以随机模式打开文件，其语法格式如下：

Open ＜文件名＞ [For Random] [Access 存取类型] As #＜文件号＞ [Len=记录长度]

说明：① 文件名为所要打开的随机文件名称，包括路径和文件名。

② For Random 是缺省的选项，表示按随机访问方式打开文件。

③ 存取类型可以是 Read、Write、Read Write 三者中的某一个。分别表示对文件进行只读、只写和读写操作。若省略 Access 存取方式，则表示对打开文件可同时进行读、写操作。

④ 文件号标志打开文件的文件句柄(文件号)，必须是 1～511 之间的整数。

⑤ Len=记录长度的作用是指定每条记录的长度，记录长度可用函数 Len()确定。

⑥ 随机文件的存取以记录为单位，每个记录包含一个或多个字段，每个字段的数据属于某一标准类型，因此每个记录的长度是相等的。当用户要将一个记录的数据写入随机文件时，应先用 Type…End Type 语句声明一个自定义数据类型，然后再定义一个自定义类型的变量，以便用一个变量代替整个记录中的所有字段。为了完整地定义随机文件中的记录，需要用户自定义类型。因为所有记录是同样的长度，所以所有字符串字段都必须使用定长字符串类型。例如：

```
Type Teacher
   Name As String * 30
   Wage As Single
   Level As String * 16
End Type
DimTeacher1 As Teacher
```

注意：对定义在窗体中的记录类型，Type 前若无 Private，则默认为 Public。

随机文件的关闭同顺序文件一样，用 Close 语句。

8.3.2 随机文件的读写操作

1. 随机文件的写操作

Visual Basic 采用 Put 语句向随机文件中写入数据，语法格式如下：

Put [#]文件号，[记录号]，记录变量

功能：将一个变量的数据存入随机文件中。

说明：#、记录号是可选的。该语句将一个记录变量的内容写入所打开的磁盘文件中指定的记录位置处。记录号是大于等于 1 的整数，表示写入的是第几条记录；若不指定记录号，则表示将变量内容写在下一记录位置。

例如：

Put #1,,x

表示将 x 的内容写入文件号为#1 的下一记录中。

2. 随机文件的读操作

Visual Basic 使用 Get 语句从随机文件中读取数据。语法格式为：

Get [#]文件号,[记录号],记录变量

功能:将一个已经打开的随机文件的一条记录读入到一个变量中。

说明:① 文件号是打开文件时指定的文件号。

② 记录号是要读取的记录号。记录号是大于等于 1 的整数,省略记录号时,读取的是当前记录之后的那一条记录。

③ 变量是接受记录内容的记录型变量,记录型变量的数据类型一般为自定义数据类型。

例如:

Get #1, 1, x

表示把 1 号文件中的第一个记录读到 x 变量中。

【例 8.5】 定义一个有关教师工资及职称的记录类型,然后建立一个随机文件,再往其中写入记录,最后再将写入的记录输出。

```
Private Type Teacher                    '定义记录类型
  Name As String * 30
  Wage As Single
  Level As String * 16
End Type
Private Sub Form1_Click()
  Dim Teacher1 As Teacher               '定义记录类型变量
  Open "C:\teacher.txt" For Random As #1
  With Teacher1                         '给记录类型变量的各字段赋值
    .Name = "邹邹": .Wage = 2856.5: .Level = "助教"
  End With
  Put #1, 1, Teacher1                   '将记录类型变量的值写入文件
  Get #1, 1,Teacher1                    '将第一个记录的内容读到变量中
  PrintTeacher1.Name                    '输出各字段的值
  PrintTeacher1.Wage
  PrintTeacher1.Level
  Close #1
End Sub
```

运行结果如图 8-6 所示。

图 8-6　随机文件的读写操作

8.4 二进制文件

二进制文件中的内容以字节存取。二进制文件打开后，读与写操作可同时进行。因此，二进制访问能提供对文件的完全控制。要保持文件大小尽量小时，应使用二进制文件。

8.4.1 二进制文件的打开与关闭

以二进制模式打开文件，其语法格式如下：

Open 文件名 For Binary As ＃文件号

可以看到，二进制文件访问中的 Open 与随机存取的 Open 不同，它没有指定 Len 部分。如果在二进制文件访问的 Open 语句中包括了记录长度，则被忽略。

8.4.2 二进制文件的读写操作

1. 二进制文件的写操作

向二进制文件写数据，语法格式如下：

Put ＃文件号,[位置],变量

其中，位置是按字节计数的写入位置。若默认，则文件指针从头到尾顺序移动。Put 语句向文件写的字节数等于变量长度。

2. 二进制文件的读操作

从二进制文件读数据，语法格式如下：

Get ＃文件号,[位置],变量

该语句从文件中读出的字节数等于变量长度。

【例 8.6】 用二进制文件的写操作方式从位置 100 起写入一个字符串“5678”，从位置 200 起写入字符串“Visual Basic 的程序设计方法”。

```
Private Sub Form1_Click()
  Open "D:\Sample.txt" For Binary As #1
  Costsl = "5678"
  Costs2 = "Visual Basic 的程序设计方法"
  Put #1, 100, Costsl
  Put #1, 200, Costs2
  Close #1
End Sub
```

运行结果如图 8-7 所示。

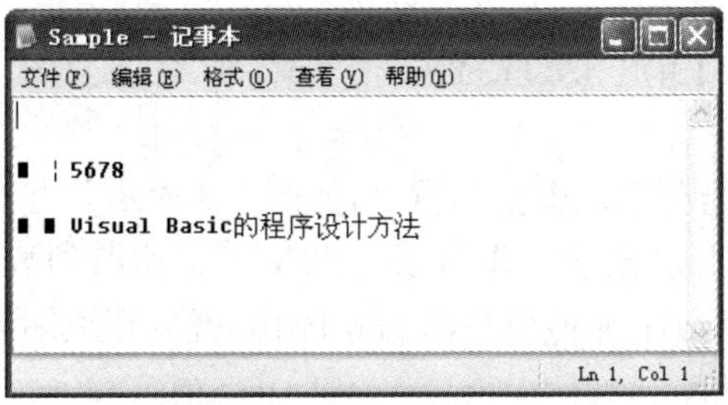

图 8-7　二进制文件的写操作

8.5　文件系统控件

文件系统控件的作用是显示关于驱动器、目录和文件的信息，从中选择进行进一步的操作。VB 中提供了三种文件系统控件：驱动器列表框(DriveListBox)、目录列表框(DirListBox)和文件列表框(FileListBox)。利用它们的组合可以设计出各种处理文件的对话框程序。

8.5.1　驱动器列表框 DriveListBox

驱动器列表框的外观和组合框相似，它看似一个下拉式驱动器清单，可以显示当前系统中所有有效磁盘驱动器，如图 8-8 所示。与驱动器列表框有关的常用属性有 Drive 属性及 Change 事件。

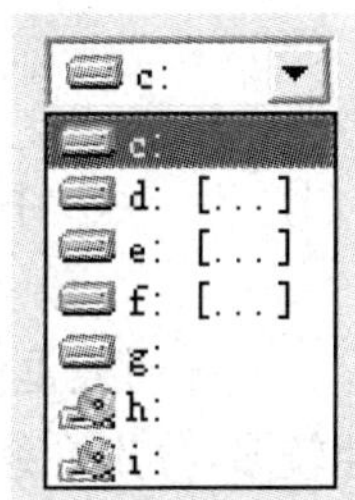

图 8-8　驱动器列表框

1. Drive 属性

该属性用于设置或返回要操作的驱动器。程序可以通过简单赋值语句指定驱动器，同时该驱动器会显示在驱动器列表框中。Drive 属性只能用程序代码设置，不能通过属性窗口设置。使用格式为：

驱动列表框名称.Drive[＝驱动器名]

例如：

Drive1.Drive="D:\"

这里的驱动器名是选定的驱动器，如省略则 Drive 属性为当前驱动器，使用 ChDrive 语句可以将用户选定的驱动器设为当前驱动器，比如：

ChDrive "D"　　'将 D:盘设为当前驱动器

2. Change 事件

不管是选择了一个新的驱动器，还是通过代码改变控件的 Drive 属性的设置，都会引发驱动器列表框的 Change 事件。利用 Change 事件可以编写动态的响应事件。

驱动器列表框的常用方法主要是 Refresh 方法，用于刷新驱动器列表，另外也支持 SetFocus 方法和 Move 方法。

8.5.2　目录列表框 DirListBox

目录列表框用于显示当前驱动器上的目录,如图 8-9 所示。它有一个在设计模式下不可用的 Path 属性,用来读取或指定当前工作目录。当改变驱动器列表框的 Drive 属性时,将产生 Change 事件,因此只要把 Drive 属性值赋给 Dir. Path,就可产生同步效果。例如:

```
Private Sub Drive1_Change ()
  Dir1. Path=Drive1. Drive
End Sub
```

这样,每当改变驱动器列表框的 Drive 属性时,将产生 Change 件事,目录列表框中的目录改变成该驱动器目录。

使用 ChDir 语句可以改变当前的目录或文件夹。例如,下面语句的作用是把用户在目录列表框中选取的目录设为当前目录:

```
ChDir Dir1. Path
```

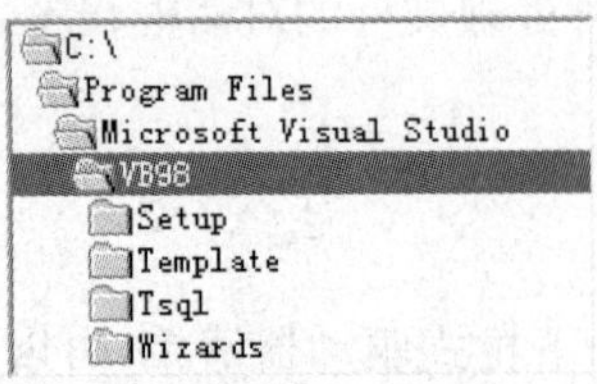

图 8-9　目录列表框

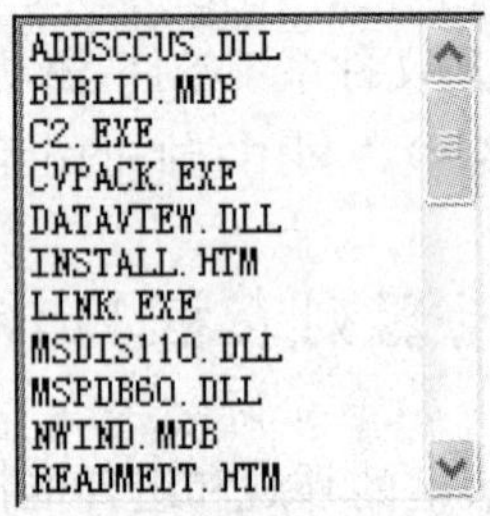

图 8-10　文件列表框

8.5.3　文件列表框 FileListBox

文件列表框的作用是显示当前目录下的文件名,如图 8-10 所示。与文件列表框有关的属性较多,分别介绍如下:

1. Path 属性

Path 属性用来指定文件列表框中被显示的文件目录,通过 Path 属性的改变引发 Change 事件,可以实现目录列表框与文件列表框的同步操作,例如:

```
Private Sub Dir1_Changer()
  File1. Path=Dir1. Path
End Sub
```

上述事件过程中,目录列表框 Path 属性的改变将激发 Change 事件,把 Dir1. Path 赋值给 File1. Path,就产生了同步效果。

2. Pattern 属性

Pattern 属性用来限定文件列表框中显示的文件类型,默认情况下,Pattern 的属性值为"*. *",即所有文件,在程序中设置格式为:

文件列表框名. Pattern[=属性值]

如语句 File1. Pattern = "*. Gif; *. Bmp",限定文件列表框 File1 中将只显示扩展名为

Gif 和 Bmp 的文件，注意多个扩展名字符之间用"；"分开。Pattern 属性的改变将产生 Pattern-Change 事件。

3. FileName 属性

FileName 属性的值是用户在文件列表框中选定的文件名，此处的文件名可以带路径和通配符，因此可以用来设置 Drive、Pattern 和 Path 属性。

4. MultiSelect 属性

该属性用于设定文件列表框中是否允许选择多个文件以及文件的选择方式。

5. ListCount 属性

用于返回文件列表框中所显示的文件总数。例如语句：Num = File1. ListCount 返回文件列表框 File1 中显示的文件总数。

8.5.4　文件系统控件的联动

在实际应用中，驱动器列表框、目录列表框和文件列表框需要组合起来使用，才能构成一个文件管理系统。为了使它们之间能同步操作，需要编写相应的事件过程。

【例 8.7】　设计一个图片浏览器，界面如图 8-11 所示。要求编写代码使驱动器列表框 Drive1、目录列表框 Dir1 和文件列表框 File1 同步操作，文件列表框中只显示扩展名为 Gif 和 Jpg 的图片文件；用鼠标单击文件列表框中的某个图片文件时，窗体上的图像框 Image1 同时显示该图片。其中将图片 Image1 的 Stretch 属性设定为 True，BorderStyle 属性设定为 1，以使图像框 Image1 能够完全显示所有图像，同时具有边框。

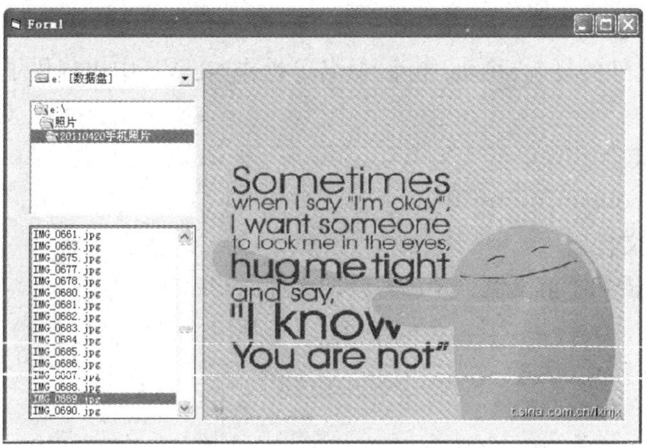

图 8-11　"图片浏览器"窗口

在窗体的加载事件中添加代码，使文件列表框中只显示扩展名为 Gif 和 Jpg 的图形文件。程序代码编码如下：

```
Private Sub Form1 _ Load ()
  File1. Pattern = "*. Gif; *. Jpg"
End Sub
```

编写驱动器列表 Drive1 的 Change 事件过程代码，使驱动器列表框 Drive1 与目录列表框 Dirl 同步：

```
Private Sub Drive1_ Change ()
  Dir1.Path = Drive1.Drive
End Sub
```

编写目录列表框 Dirl 的 Change 事件过程代码，使目录列表框 Dir1 与文件列表框 File1 操作同步：

```
Private Sub Dir1_Change ()
  File1.Path = Dir1.Path
End Sub
```

编写文件列表框的单击事件过程，在图像框中显示指定的图片：

```
Private Sub File1_Click ()
  Image1.Picture = LoadPicture (File1.Path & "\" & File1.FileName)
End Sub
```

程序运行后，用户在某个文件目录下选定某个 Gif 或 Jpg 类型的图形文件，界面右边的图像框就会将该图片显示出来，这就是一个简单的图片浏览器。

8.6 文件基本操作

8.6.1 文件操作语句

文件系统支持文件的复制、移动、删除、命名等操作，在 VB 中也提供了类似的语句供程序使用。

1. FileCopy 语句

格式：FileCopy source，destination。

功能：复制一个文件。

说明：FileCopy 语句不能复制一个已打开的文件。

2. Kill 语句

格式：Kill pathname。

功能：删除文件。

说明：pathname 中可以使用通配符 * 和?。

例如：Kill "*.txt"。

3. Name 语句

格式：Name oldpathname As newpathname。

功能：重新命名一个文件或目录。

说明：① Name 具有移动文件的功能。

② 不能使用通配符 * 和?，不能对一个已打开的文件使用 Name 语句。

4. ChDrive 语句

格式：ChDrive drive。

功能:改变当前驱动器。

说明:如果 drive 为"",则当前驱动器将不会改变;如果 drive 中有多个字符,则 ChDrive 只会使用首字母。

5. MkDir 语句

格式:MkDir path。

功能:创建一个新的目录。

6. ChDir 语句

格式:ChDir path。

功能:改变当前目录。

例如:ChDir "D:\Temp"。

7. RmDir 语句

格式:RmDir path。

功能:删除一个存在的目录。

说明:只能删除空目录。

8. CurDir 函数

格式:CurDir [(drive)]。

功能:利用 CurDir 函数可以确定任何一个驱动器的当前目录。

说明:如 drive 为"",则 CurDir 返回当前驱动器的当前目录。

8.6.2　文件操作函数

无论哪种文件类型(随机、顺序、二进制)都经常要用到下列函数:

1. LOF 函数

格式:LOF(文件号)。

返回文件号所代表文件的长度,长度以字节为单位,该文件已用 Open 语句打开,这从函数的格式中也可以看出。LOF 函数的返回值为 Long 数据类型,当返回值为 0 时,表示文件为空文件。例如:

```
Dim FileLength As Long
Open "C:\Smple.Txt" For Input As #1          '打开文件
FileLength = LOF(1)                          '取得文件长度
Close #1                                     '关闭文件
```

2. LOC 函数

格式:LOC(文件号)。

返回文件号所代表文件的读写位置,LOC 函数的返回值为 Long 数据类型。对于随机文件,返回的为上一次对文件进行读出或写入的记录号;对于二进制文件,返回的为上一次读出或写入的字节位置;对于顺序文件,返回的是文件的当前字节位置除以 128 的值。对于顺序文件通常不使用 LOC 函数。

3. EOF 函数

格式:EOF(文件号)。

该函数测试当前读写位置即文件指针是否位于文件号所代表文件的末尾,是文件尾则返回

True,否则返回 False。EOF 函数常用来在循环中测试是否已到文件尾,其语法格式为:

```
Do While Not EOF(文件号)
  文件读写语句
Loop
```

4. FileLen 函数

格式:FileLen (文件名)。

此函数返回指定文件的文件长度,以字节为单位,返回值为 Long 数据类型,文件不要求打开。当调用函数时,如果所指定的文件已经打开,则返回的值是这个文件在打开前的大小。例如:

```
Dim Mysize As Long
Mysize = FileLen("C:\Program Files\WinRAR\rar. txt")
```

5. FreeFile 函数

格式:FreeFile [(范围)]。

使用 FreeFile 函数可获得尚未被占用的文件号中的第一个,参数范围可以是 0 或 1,也可以省略。FreeFile 或 FreeFile()或 FreeFile(0)返回 1～255 之间未使用的文件号;FreeFile(1)返回 256～511 之间未使用的文件号。

【例 8.8】 使用 FreeFile 函数获得文件号。

```
Private Sub Form1_ Click ()
  Filenum = FreeFile
  Open "Sample. dat" For Output As Filenum
  Print "Sample. dat", "Opened as file"; Filenum
  Close #Filenum
End Sub
```

运行结果如图 8-12 所示。

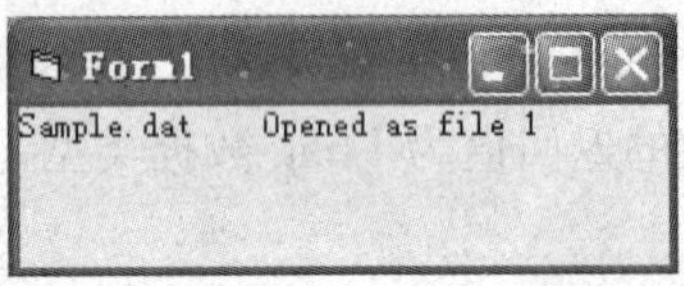

图 8-12 使用 FreeFile 函数获得文件号

第9章　图形绘制

本章主要任务

1. 掌握使用图形控件进行图形界面设计的方法。
2. 了解如何设置坐标系统。
3. 熟练掌握绘图属性的设置。
4. 掌握使用绘图方法进行图形界面设计的方法。

Visual Basic 6.0 提供了强大的图形设计功能，可以通过使用 VB 提供的绘图控件和绘图方法进行图形设计。

9.1　图形控件

在 Visual Basic 6.0 中我们可以使用图形控件来实现各种线条和形状的绘制。我们在工具箱中就可以找到直线控件(Line)和形状控件(Shape)这两个标准控件，在设计时就可以直接使用它们将其显示在窗体上。这些图形控件的优点是创建图形所用的代码比图形方法用的少。

9.1.1　直线控件 Line

直线控件用于在设计阶段的窗体、框架或图片框中绘制各种样式的直线。该控件与绘图方法(9.4 节会详细说明)实现的直线不同，前者在设计阶段就可以直观地看到效果，而后者必须在程序运行之后才可以将绘制的直线显示出来。

单击工具箱中的 Line 控件的图标，将鼠标移动到窗体中要画直线的起始位置，按下鼠标左键并拖拽鼠标到要画直线的结束位置，松开鼠标左键。我们也可以双击工具箱中的 Line 控件的图标，窗体的中央就会出现一条直线。无论使用哪种方式画出直线之后，都可以使用鼠标拖动直线的中央来移动直线，拖动直线两端的小方块即可延长或缩短直线的长度，同时也可以改变直线的角度。直线控件的基本属性如下：

1. BorderColor 属性

该属性用来设置直线的颜色，在代码设计中可以使用颜色函数 QColor()或 RGB()。

2. BorderStyle 属性

该属性用来设置直线的样式，属性值及其描述如表 9-1 所示。

表 9-1 BorderStyle 属性

内部常数	值	直线样式	图示
vbSolid	0	实线(缺省值)	
vbDash	1	长划线	
vbDot	2	点线	
vbDashDot	3	点划线	
vbDashDotDot	4	点点划线	
vbTransparent	5	透明线	
vbInsideSoild	6	内实线	

在将 BorderStyle 属性设置为 0 的时候会忽略 BorderColor 属性。

3. BorderWidth 属性

该属性用来设置直线的宽度,单位是像素,取值只能为整数。当 BorderStyle 属性设置为 0 的时候会忽略 BorderWidth 属性;当 BorderStyle 属性设置为 1～5 时,边界宽度计算或控件的外形测量从边界中心开始;当 BorderStyle 属性设置为 6 时,边界宽度计算或控件的外形测量从边界外沿开始。

4. Move 属性

在运行的时候,不可以使用 Move 方法移动直线,只可以更改直线控件的 X1、X2、Y1 和 Y2 属性来移动控件或调整控件的大小。X1 和 Y1 属性设置直线控件左端点的坐标,X2 和 Y2 属性设置直线控件右端点的坐标。

9.1.2 形状控件 Shape

形状控件用来在窗体上绘制有规则的图形,包括直角矩形、正方形、椭圆形、圆形、圆角矩形和圆角正方形。通过 Shape 属性设置控件的具体形状。

形状控件也拥有 BorderColor、BorderStyle 和 BorderWidth 三个属性,与 Line 控件的设置基本一致。但是只有当 BorderWidth 属性设置为 1 时,BorderStyle 的七种样式才可以全部使用,否则只有实线和内实线两种可以设定。

可以使用 FillStyle 和 FillColor 属性对绘制在窗体上的任意形状设置填充样式或填充颜色。FillStyle 属性提供了多种预定义的填充图案,如表 9-2 所示。

表 9-2 FillStyle 属性

内部常数	值	填充图案
vbFSSolid	0	实线(缺省值)
vbFSTransparent	1	透明线
vbHorizontalLine	2	水平直线
vbVerticalLine	3	垂直直线
vbUpwardDiagonal	4	上斜对角线
vbDownwardDiagonal	5	下斜对角线
vbCross	6	十字线
vbDiagonalCross	7	交叉对角线

FillColor 属性默认为黑色，所以如果不更改的话，填充的将都是黑色。填充颜色不影响边框颜色(BorderColor)属性。当把 FillStyle 属性设置为透明时，将忽略 FillColor 属性，如果 FillStyle 属性设置为实线，将颜色涂满整个形状，其他图案，将使用 FillColor 指定的颜色绘制填充线条。

【例 9.1】 显示 Shape 控件的 6 种形状，并进行不同样式的填充。

首先在窗体上创建一个 Shape 控件数组，一共包括 Shape1(0)到 Shape1(5)六个控件。程序代码如下：

```
Private Sub Form1_Activate()
  Dim i As Integer
  Print
  Print "矩形        正方形     椭圆形        圆形      圆角矩形   圆角正方形"
  Shape1(0).Shape = 0:Shape1(0).FillStyle = 2
  For i = 1 To 5
    Shape1(i).Left = Shape1(i - 1).Left + 1000
    Shape1(i).Shape = i
    Shape1(i).FillStyle = i + 2
  Next i
End Sub
```

运行结果如图 9-1 所示。

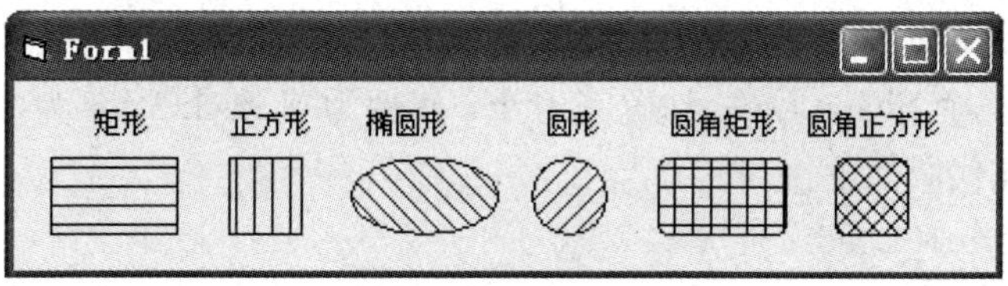

图 9-1　填充 Shape 控件

【例 9.2】 使用 Shape 控件数组绘出奥林匹克五环图。

程序代码如下：

```
Private Sub Form1_Load()
  Dim i As Integer
  For i = 0 To 4
    Shape1(i).BorderWidth = 5
    Select Case i
      Case 0
        Shape1(i).BorderColor = vbBlue
      Case 1
        Shape1(i).BorderColor = vbBlack
      Case 2
        Shape1(i).BorderColor = vbRed
      Case 3
```

```
            Shape1(i).BorderColor = vbYellow
        Case 4
            Shape1(i).BorderColor = vbGreen
      End Select
    Next
End Sub
```

运行结果如图 9-2 所示。

图 9-2　奥运五环图

【例 9.3】 用 Shape 控件绘制棋盘。

在窗体上放置一个 Shape 控件，设置其 Index 属性为 0，BackColor 为白色，Height 为 350，Width 为 350。程序代码如下：

```
Private Sub Form1_Load()
  Dim mtop As Integer, mleft As Integer, i As Integer, j As Integer, k As Integer
  mtop = -150                              '棋盘顶边的初始值为 350-150=200
  For i = 1 To 20                          '棋盘一共有 20 行
    mleft = 200                            '棋盘左边的初始值为 200
    mtop = mtop + Shape1(0).Height
    For j = 1 To 20                        '棋盘一共有 20 列
      k = (i - 1) * 20 + j
      Load Shape1(k)                       '载入控件数组
      If (i + j) Mod 2 = 0 Then Shape1(k).FillColor = QBColor(0)
                                           '对棋盘进行黑白色的间隔设置
        Shape1(k).Visible = True
        Shape1(k).Top = mtop
        Shape1(k).Left = mleft
        mleft = mleft + Shape1(0).Width
    Next j
  Next i
```

```
End Sub
```

运行结果如图9-3所示。

图9-3　棋盘

9.2　坐标系统

在Visual Basic 6.0中，每个对象都定位于存放它的容器中，对象定位都要使用容器的坐标系统。例如，窗体处于屏幕(Screen)内，屏幕就是窗体的容器。标签处于窗体内，窗体就是标签的容器。此外，框架(Frame)和图片框(PictureBox)也都可以作为VB的容器控件。容器内的对象只能在容器界定的范围内变动，当移动容器时，容器内的对象也会随着容器一起移动，且对象相对容器的位置是保持不变的。

在Visual Basic 6.0中进行绘图或者确定控件的位置时，都离不开坐标系统。除了使用直线和形状等控件来直接绘图以外，有时候还需要在程序运行的时候使用绘图方法进行绘图。每一次图形操作(包括调整大小、移动和绘图)，都要使用坐标系统。坐标系统选择得是否恰当直接影响绘图的质量。因此，在绘图之前必须确定坐标系统。

9.2.1　默认坐标系统及度量单位

1. 默认坐标系统

系统默认的对象坐标系统是以对象左上角为坐标原点(0,0)，以twip为度量单位。需要说明的是，只能在窗体或图片框上绘制图形，窗体的容器是系统对象screen(屏幕)，而窗体对象坐标系统是用来度量其中的控件或绘制图形的时候使用的。当新建一个窗体的时候，新窗体采用缺省坐标系统，坐标原点在窗体的左上角，Height＝3600，Width＝4800，ScaleHeight＝3195，ScaleWidth＝4680(单位均为twip)。窗体的缺省坐标系统如图9-4所示。

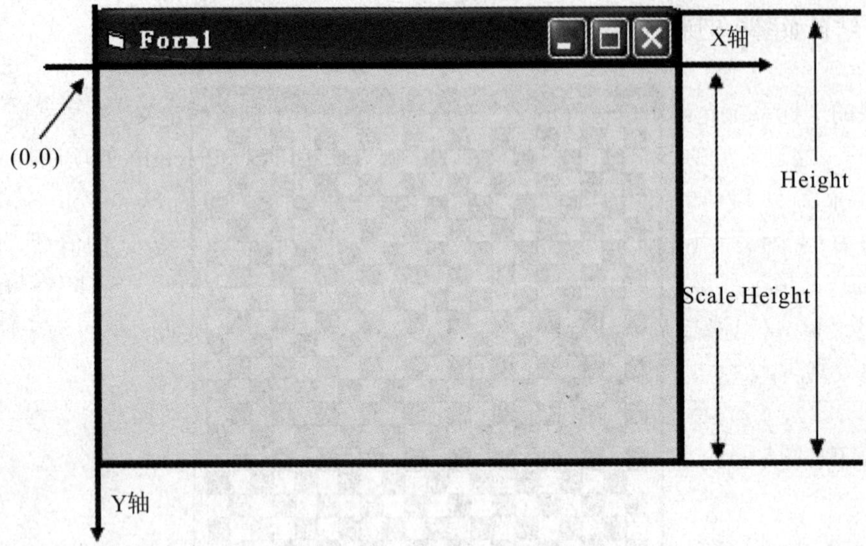

图 9-4 窗体缺省坐标系统

ScaleWidth 和 ScaleHeight 属性是按照对象的内部尺寸来计算的，这些尺寸不包括边框厚度或菜单以及标签的高度，因此它们总是指对象内的可用绘图区的大小，注意与 Width 和 Height 这两个属性进行区分。

2. 度量单位

在 Visual Basic 6.0 中一共有 8 种度量单位，度量单位设置是由对象（窗体或图片框）的 ScaleMode 属性定义的。除了系统默认的度量单位 twips 之外，用户还可以根据需要，选择系统提供的其他标准度量单位。ScaleMode 属性设置如表 9-3 所示。

表 9-3 ScaleMode 属性

属性值	常数	描　述
0	vbUser	用户自定义类型。如果用户使用 ScaleWidth、ScaleHeight、ScaleTop、ScaleLeft 设置坐标系统，Visual Basic 会自动设置 ScaleMode 为 0
1	vbTwips	twips，此为默认值（1 英寸为 1440 twips）
2	vbPoints	磅（1 英寸为 72 磅，1 磅为 20 twips）
3	vbPixels	像素
4	vbCharacters	字符，字符的宽度为 120 twips，高度为 240 twips
5	vbInches	英寸
6	vbMillimeters	毫米
7	vbCentimeters	厘米

9.2.2 自定义坐标系统

对象的坐标系统允许用户自行定义。有两种方法用于坐标系的定义。

方法一：通过对象的 ScaleTop、ScaleLeft、ScaleWidth 和 ScaleHeight 四项属性来实现。属性 ScaleTop、ScaleLeft 的值用于控制对象左上角的坐标，所有对象的 ScaleTop、ScaleLeft 属性的缺省值为 0，坐标原点在对象的左上角。当改变 ScaleTop 或 ScaleLeft 的值后，坐标系的 X 轴或 Y 轴按此值平移形成新的坐标原点。右下角坐标值为(ScaleLeft＋ScaleWidth，ScaleTop＋ScaleHeight)。根据左上角和右下角坐标值的大小自动设置坐标轴的正向。X 轴与 Y 轴的度量单位分别为 1/ScaleWidth 和 1/ScaleHeight。

【例 9.4】 在 Form1_Click 事件中通过属性设定窗体 Form1 的坐标系。

程序代码如下：

```
Private Sub Form1_Click()
  Cls
  Form1.ScaleLeft = -100
  Form1.ScaleTop = 150
  Form1.ScaleWidth = 400
  Form1.ScaleHeight = -300                    '标记窗体的左上角和右下角坐标
  Line (-100, 0)-(300, 0)                     '画 X 轴
  Line (0, 150)-(0, -150)                     '画 Y 轴
  CurrentX = 0:CurrentY = 0:Print 0           '标记坐标原点
  CurrentX = 280:CurrentY = 20:Print "X"      '标记 X 轴
  CurrentX = 10:CurrentY = 140:Print "Y"      '标记 Y 轴
End Sub
```

ScaleLeft＋ScaleWidth ＝300，ScaleTop＋ScaleHeight ＝－150，因此窗体 Form1 的左上角坐标为(－100，150)，窗体 Form1 的右下角坐标为(300，－150)。X 轴的正向向右，Y 轴的正向向上。窗体 Form1 的坐标系统如图 9-5 所示。

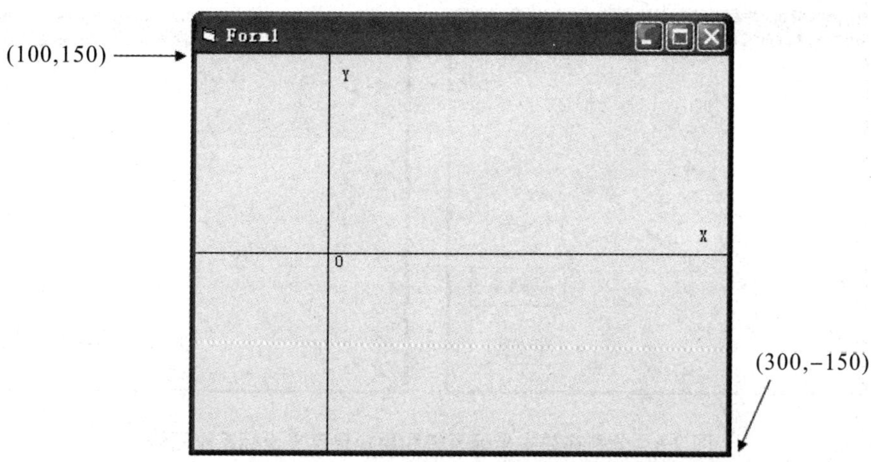

图 9-5 自定义 Form1 窗体坐标系

方法二:采用 Scale 方法来设置坐标系统。Scale 方法是建立用户坐标系统最方便的方法,其语法如下:

[对象].Scale[(xLeft,yTop)－(xRight,yBotton)]

其中,对象可以是窗体、图形框或打印机,如果缺省对象名,则为带有焦点的窗体对象;(xLeft,yTop)表示对象的左上角的坐标值,(xRight,yBotton)表示对象的右下角的坐标值。这两个值均为单精度值。Visual Basic 根据给定的坐标参数算出 ScaleTop、ScaleLeft、ScaleWidth 和 ScaleHeight 的值:ScaleTop＝ yTop,ScaleLeft＝ xLeft,ScaleWidth＝ xRight－ xLeft,ScaleHeight＝ yBotton－ yTop。

例如,Form1.Scale(－100,150)－(300,－150)将建立和图 9-5 所示相同的坐标系统。Scale (－320,240) － (320,－240) 定义了绘图区域大小为 640×480,坐标原点(0,0)在绘图区域中心。

任何时候在程序代码中使用 Scale 方法都能有效和自然地改变坐标系统。当 Scale 方法不带参数时,则取消用户自定义的坐标系统而采用缺省坐标系统。

【例 9.5】 用窗体内两个命令按钮的单击事件说明用 Scale 方法改变坐标系统后产生的影响,命令 Line(0,0)－(500,500)表示从坐标原点到(500,500)画一条直线。

程序代码如下:

```
Private Sub Command1_Click()
  Cls
  Form1.Scale                        '采用缺省坐标系统
  Line (0, 0)－(500, 500)
End Sub
Private Sub Command2_Click()
  Cls
  Form1.Scale (0, 500)－(500, 0)    '采用用户自定义坐标系统
  Line (0, 0)－(500, 500)
End Sub
```

程序运行后分别点击两个命令按钮,运行结果如图 9-6 所示。

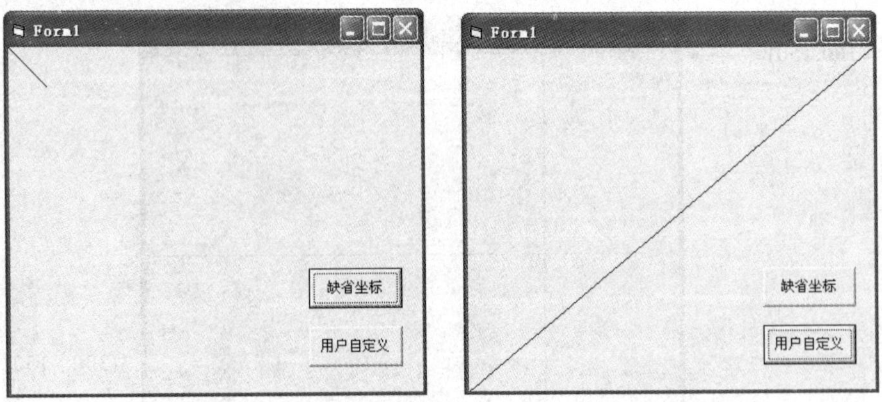

图 9-6 分别在缺省坐标系统和用户自定义坐标系统画线

9.3　绘 图 属 性

9.3.1　当前坐标

窗体、图像框和打印机的 CurrentX 和 CurrentY 属性给出这些对象在绘图时的当前坐标。这两个属性在设计阶段不能使用。使用格式如下：

[＜对象＞.]CurrentX[＝x]

[＜对象＞.]CurrentY[＝y]

当坐标系统确定以后，坐标值(x,y)表示对象上的绝对坐标位置。如果坐标值前面加上关键字 Step，则坐标值(x,y)表示对象上的相对坐标位置，即从当前坐标分别移动 x、y 个单位，其绝对坐标为(CurrentX＋x, CurrentY＋y)。当使用 Cls 方法后，CurrentX 和 CurrentY 属性值为 0。

【例 9.6】　用 CurrentX、CurrentY 属性在窗体上输出如图 9-7 所示的立体字效果。

如果想要在窗体上产生立体字效果，可将同一内容的字符采用不同颜色输出两次(一般使用黑白两种颜色)，并在第二次输出时适当地偏移输出位置。程序代码如下：

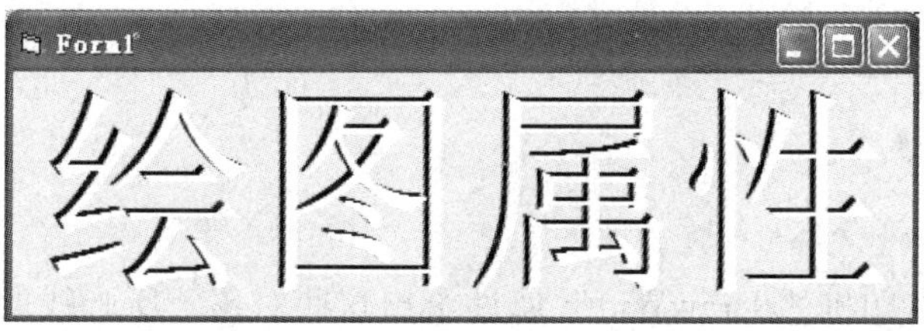

图 9-7　立体字效果

```
Private Sub Form1_Click()
  FontSize = 80
  ForeColor = QBColor(0)
  CurrentX = 200
  CurrentY = 30
  Print "绘图属性"
  ForeColor = QBColor(15)
  CurrentX = 240
  CurrentY = 60
  Print "绘图属性"
End Sub
```

【例 9.7】　用 Print 方法在窗体上随机打印 500 个@，如图 9-8 所示。

利用 CurrentX 和 CurrentY 属性可指定 Print 方法在窗体上的输出位置。根据窗体的 Width 和 Height 属性，用 Rnd 函数产生 CurrentX 和 CurrentY 的值。程序代码如下：

```
Private Sub Form1_Click()
  Dim i As Integer
  For i = 1 To 500
    CurrentX = Form1.Width * Rnd
    CurrentY = Form1.Height * Rnd
    Print "@"
  Next
End Sub
```

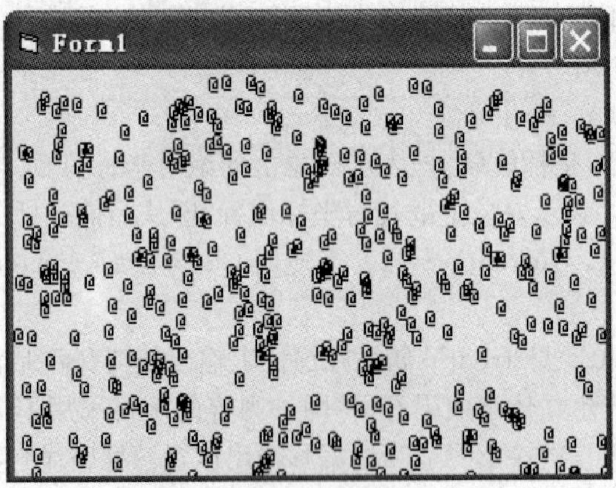

图 9-8 在窗体上随机打印@

9.3.2 线宽

窗体、图形框或打印机的 DrawWidth 属性给出这些对象上所画线的宽度或者点的大小。使用格式如下：

[<对象.>] DrawWidth=Size

其中，Size 为数值表达式，其范围从 1 到 32767。DrawWidth 属性以像素为单位来衡量，默认值为 1，即一个像素宽。如果使用控件，则通过 BorderWidth 属性定义线的宽度或者点的大小。

【例 9.8】 用窗体单击事件在窗体上绘出不同粗细线条构成的对称图形，如图 9-9 所示。

程序代码如下：

```
Private Sub Form1_Click()
  Dim i As Integer
  For i = 1 To 10
    DrawWidth = i * 1.5
    Line (500, 600)-(5000, i * 500)
    Line (5000, 600)-(500, i * 500)
  Next
End Sub
```

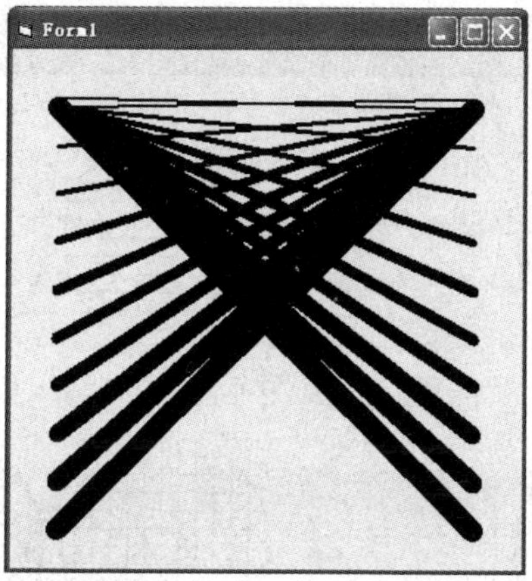

图 9-9　DrawWidth 方法的应用

9.3.3　线型

窗体、图形框或打印机的 DrawStyle 属性给出这些对象上所画线的样式。其属性设置含义如表 9-4 所示。

表 9-4　DrawStyle 属性设置及其含义

内部常数	值	直线样式	图示
vbSolid	0	实线(缺省值)	————
vbDash	1	长划线	------------
vbDot	2	点线	············
vbDashDot	3	点划线	-·-·-·-·-
vbDashDotDot	4	点点划线	-··-··-··-
vbTransparent	5	透明线	
vbInsideSoild	6	内实线	━━━━

以上线型仅当 DrawWidth 属性值为 1 时才能生效。当 DrawWidth 的值大于 1 且 DrawStyle 属性值为 1～ 4 时,都只能产生实线效果。当 DrawWidth 的值大于 1,而 DrawStyle 属性值为 6 时,所画的内实线仅当是封闭线时才起作用。

9.3.4　填充

封闭图形的填充方式由 FillStyle、FillColor 这两个属性决定。FillStyle 属性指定填充的图案,一共有 8 种内部图形。FillColor 属性指定填充的颜色,缺省的颜色与 ForeColor 相同。这两种属性的设置意义如图 9-10 所示。

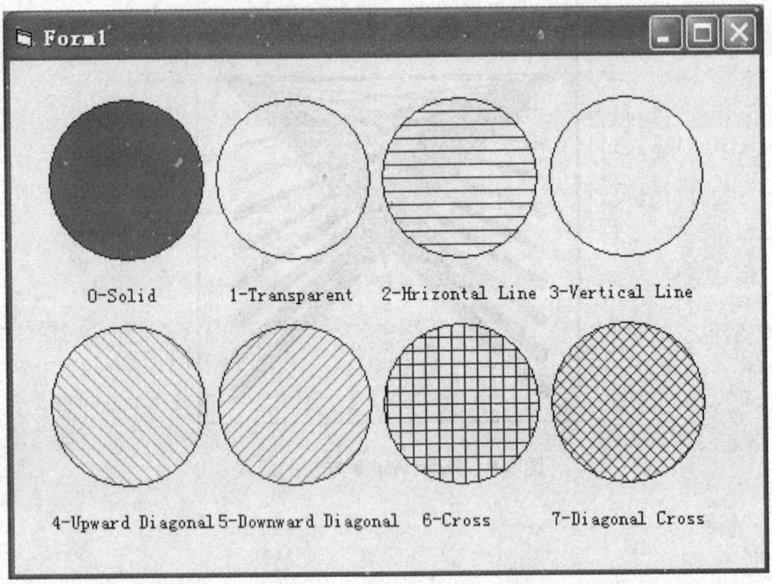

图 9-10 FillStyle 和 FillColor 属性设置

对于窗体和图片框对象，FillStyle 属性设置后，并不能看到其填充效果，而只能在使用 Circle和 Line 方法生成圆和方框时才能显示出其填充效果。

9.3.5 色彩

Visual Basic 默认采用对象的前景色(ForeColor)绘图，同时也提供了两个选择颜色函数 RGB 和 QBColor，其中 QBColor 函数只能够选择 16 种颜色，RGB 函数能够选择更多的颜色。

1. RGB 函数

RGB 函数通过红、绿、蓝三基色混合产生某种颜色，其语法格式为：

RGB(数值表达式 1，数值表达式 2，数值表达式 3)

其中，数值表达式 1 的值是 0～255 的整数，表示颜色中红色的部分；数值表达式 2 的值是 0～255 的整数，表示颜色中绿色的部分；数值表达式 3 的值是 0～255 的整数，表示颜色中蓝色的部分。由红、绿、蓝这三种颜色的不同比例值调和就能生成其他各种颜色，从理论上说，用三基色混合可产生 256×256×256 种颜色。

例如：RGB(0，0，0)表示黑色，RGB(255，255，255)表示白色，RGB(255，0，0)表示红色，RGB(0，255，0)表示绿色，RGB(0，0，255)表示蓝色。

2. QBColor 函数

QBColor 函数采用 Quick Basic 所使用的 16 种颜色，其语法格式为：

QBColor(i)

i 取 0～15 的整数，每个 i 值代表一种颜色，取值情况如表 9-5 所示。

表 9-5　QBColor 的取值

取值	颜色	取值	颜色
0	黑色	8	灰色
1	蓝色	9	亮蓝色
2	绿色	10	亮绿色
3	青色	11	亮青色
4	红色	12	亮红色
5	粉红色	13	亮粉红色
6	黄色	14	亮黄色
7	白色	15	亮白色

RGB 函数与 QBColor 函数实际上都是返回一个 8 位的十六进制的长整型数值。这个数从左到右，每两位一组代表一种颜色，它们的顺序是蓝、绿、红。因而也可以直接用 8 位的十六进制颜色代码表示。在色彩的属性设置框中可以看到这些代码。例如：&H00000000& 表示黑色，&H00FFFFFF& 表示白色，&H000000FF& 表示红色，&H0000FF00& 表示绿色，&H00FF0000& 表示蓝色。

【例 9.9】 利用滚动条控制 Shape 控件的填充色。

在窗体上放置一个 Shape 控件，一个 HScrollBar 控件，三个 Label 控件，设置 HScrollBar 控件的 Max 属性值为 15，Min 属性值为 0。结果如图 9-11 所示。程序代码如下：

```
Private Sub HScroll1_Change()
  Shape1. FillColor = QBColor(HScroll1. Value)
  Label2. Caption = HScroll1. Value
End Sub
```

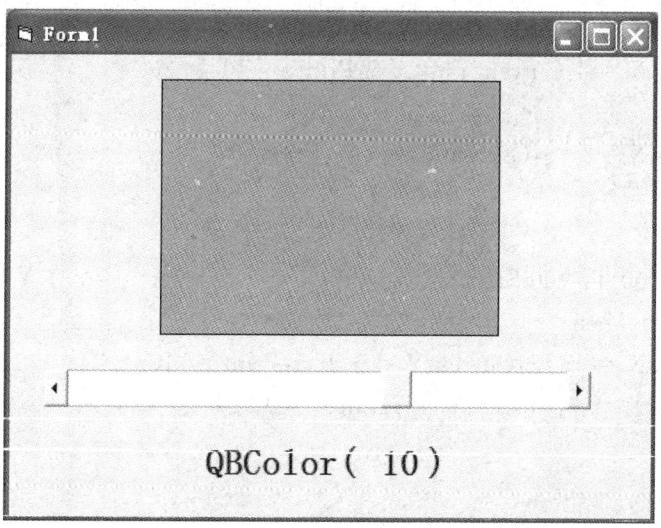

图 9-11　QBColor 函数举例

9.4 绘 图 方 法

9.4.1 Line 方法

Line 方法用于画直线或矩形，其语法格式如下

[对象.]Line [[Step](x1,y1)]-[Step](x2,y2)[,颜色][,B [F]]

其中，对象指示 Line 在何处产生效果，它可以是窗体或图形框，缺省时为当前窗体；(x1,y1)为线段的起点坐标或矩形的左上角坐标；(x2,y2)为线段的终点坐标或矩形的右下角坐标；关键字 Step 表示采用当前作图位置的相对值，即从当前坐标移动相应的步长后所得的点为画线的端点；颜色为可选参数，指定画线的颜色，默认取对象的前景色，即 ForeColor；关键字 B 表示画矩形；关键字 F 表示用画矩形的颜色来填充矩形，缺省 F 则矩形的填充由 FillColor 和 FillStyle 属性决定。

【例 9.10】 用 Line 方法在一个窗体上画坐标轴与坐标刻度，如图 9-12 所示。

程序代码如下：

```
Private Sub Form1_Click()
  Form1.Scale (-110, 110)-(110, -110)                      '定义坐标轴
  Line (-150, 0)-(105, 0):Line (0, 105)-(0, -105)          '画 X 轴与 Y 轴
  CurrentX = 105:CurrentY = 20:Print "X"
  CurrentX = 10:CurrentY = 105:Print "Y"
  For i = -1 To 100 Step 20                                '在 X 轴上标记坐标刻度
    If i <> 0 Then
      CurrentX = i:CurrentY = 7:Line -(i, 0)
      CurrentX = i:CurrentY = -5:Print i / 10
    Else
      CurrentX = -3:CurrentY = -5:Print
    End If
  Next i
  For i = -100 To 100 Step 20                              '在 Y 轴上标记坐标刻度
    If i <> 0 Then
      CurrentX = -15:CurrentY = i + 5:Print i / 10
      CurrentX = 7:CurrentY = i:Line -(0, 1)
    End If
  Next i
End Sub
```

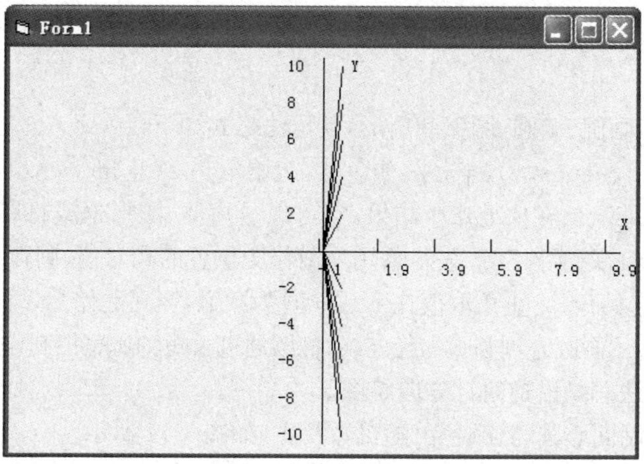

图 9-12　坐标轴和坐标刻度

【例 9.11】　利用 Line 方法在一个窗体上画随机射线，如图 9-13 所示。

随机函数 Rnd 产生的值在(0,0.5)与(0.5,1)之间的分布是相同的。根据坐标系由随机函数产生 x 坐标与 y 坐标分布在第一象限，为了得到其他 3 个象限的坐标点，可根据 Rnd＜0.5 取相反的值，然后用 Line(0,0)－(X,Y)画线。程序代码如下：

```
Private Sub Form1_Click()
  Dim i As Integer
  Scale (－320, 240)－(320, －240)
  For i = 1 To 1000
    X = 320 * Rnd                          '产生 X 坐标
    Y = 240 * Rnd                          '产生 Y 坐标
    If Rnd < 0.5 Then X = －X              '其他三个象限
    If Rnd < 0.5 Then Y = －Y
    colorcode = 15 * Rnd                   '产生随机色彩
    Line (0, 0)－(X, Y), QBColor(colorcode)
  Next i
End Sub
```

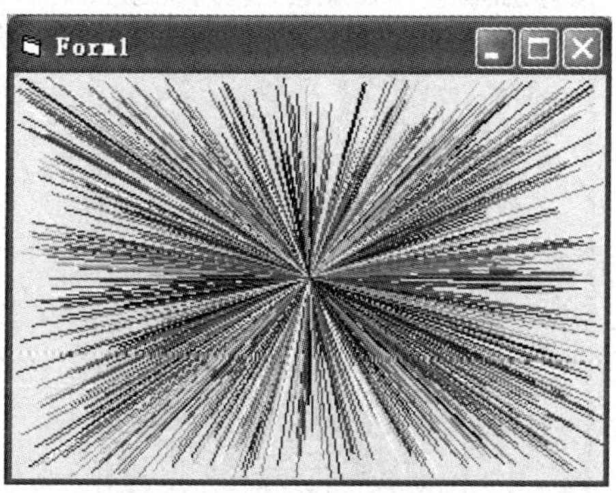

图 9-13　利用 Line 画随机射线

9.4.2 Circle 方法

Circle 方法用于画圆、椭圆、圆弧和扇形，其语法格式如下：

[对象.]Circle [[Step(x,y),半径[,颜色][,起始角][,终止角][,长短轴比率]]]

其中，对象指示 Circle 在何处产生结果，它可以是窗体、图形框或打印机，缺省时为当前窗体；(x,y)为圆心坐标；关键字 Step 表示采用当前作图位置的相对值；圆弧和扇形通过参数起始角、终止角控制，当起始角、终止角取值在 0～2π 时为圆弧，当在起始角、终止角取值前加一负号时，画出扇形，负号表示画圆心到圆弧的径向线；椭圆通过长短轴比率控制，默认值为 1，即画圆。

注意：Circle 方法总是沿逆时针方向绘图。

【例 9.12】 绘制同心圆，其颜色由随机数产生，如图 9-14 所示。

程序代码如下：

```
Private Sub Form1_Click()
  Dim x, y, r, r1, i
  Randomize
  ScaleMode = 6        '坐标度量单位为 mm
  DrawWidth = 2        '边线的宽度为 2 像素
  x = ScaleWidth / 2   '绘制的圆不超过窗体的范围，求最外层圆的半径 r
  y = ScaleHeight / 2
  If ScaleWidth > ScaleHeight Then
    r = y
  Else
    r = x
  End If
  For r1 = 0 To r
    Circle (x, y), r1, RGB(255 * Rnd, 255 * Rnd, 255 * Rnd)
  Next
End Sub
```

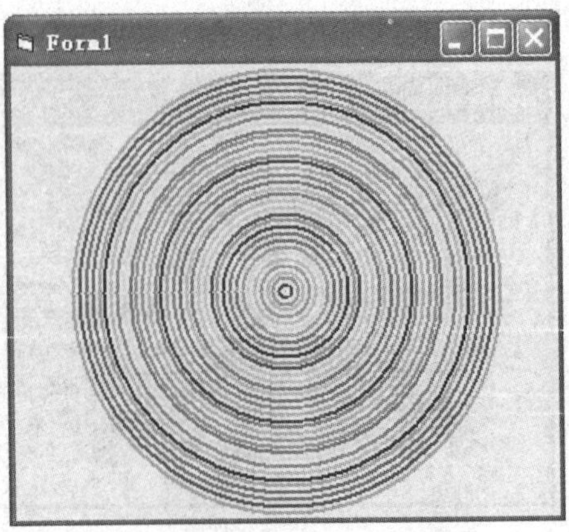

图 9-14 绘制同心圆

【例 9.13】 在窗体上绘制一把彩色扇子，如图 9-15 所示。

程序代码如下：

```
Private Sub Form1_Click()
  FillStyle = 0                    '定义填充风格－Solid
  Scale (0, 100)－(100, 0)
  cx = 50                          '圆心 X 坐标
  cy = 0                           '圆心 Y 坐标
  r = 50                           '半径
  For i = 20 To 150 Step 5
    If i Mod 10 <> 0 Then
      FillColor = QBColor(15 * Rnd)
    Else
      FillColor = QBColor(15 * Rnd)
    End If
    Circle (cx, cy), r, , －i * 3.1416 / 180, －(i + 5) * 3.1416 / 180
  Next i
End Sub
```

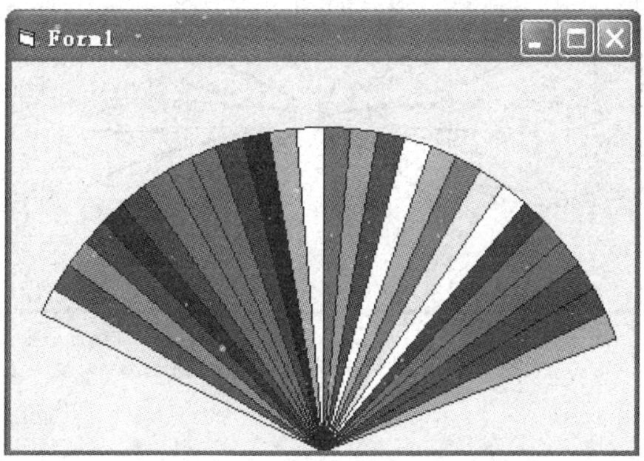

图 9-15 绘制彩色扇子

9.4.3 Pset 方法

Pset 方法用于画点，其语法格式如下：

[对象.]Pset [Step] (x,y)[,颜色]

其中，参数(x,y)为所画点的坐标；关键字 Step 表示采用当前作图位置的相对值；采用背景颜色可清除某个位置上的点。利用 Pset 方法可画任意曲线。

【例 9.14】 用 Pset 方法动态绘制图形，如图 9-16 所示。

程序代码如下：

```
Private Sub Form1_Click()
  Cls
```

```
  Const p = 3.14159265
  Dim x As Single, y As Single
  Dim r As Single, t As Single
  Scale (-100, 100)-(100, -100)
  For t = 0 To 2 * p Step 0.0001
    r = 90 * Cos(6 * t)
    x = r * Cos(t)
    y = r * Sin(t)
    PSet (x, y), vbBlue
    PSet (x * 0.8, y * 0.8), vbRed
    PSet (x * 0.5, y * 0.5), vbGreen
    PSet (x * 0.3, y * 0.3), vbYellow
  Next t
End Sub
```

图 9-16 用 Pset 方法动态绘制图形

9.4.4 Point 方法

Point 方法用于返回指定点的 RGB 颜色,其语法格式如下:

[对象.]Point (x,y)

其中,参数对象与(x,y)的意义与前述相同。

【例 9.15】 用 Point 方法获取图片框中的文本并显示在窗体上,如图 9-17 所示。

程序代码如下:

```
Private Sub Form1_Click()
  Form1.Scale (0, 0)-(100, 100)
  Picture1.Scale (0, 0)-(100, 100)
  Picture1.Print "Visual basic 程序设计"
  For i = 1 To 100
    For j = 1 To 100
```

```
      Form1.PSet (i, j), Picture1.Point(i, j)
    Next j
  Next i
End Sub
```

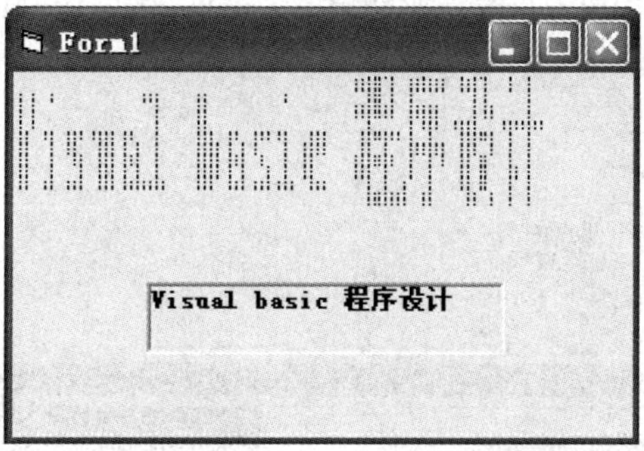

图 9-17 用 Point 方法复制文本

本例中窗体与图形框的坐标系设置值相同，但窗体的实际宽度和高度比图形框大，故仿真输出时放大了原来的字符。改变目标位置坐标可旋转输出结果。

9.4.5 PaintPicture 方法

PaintPicture 方法可以复制源图片或图片的一部分，并把它放置到窗体、图片框或 Printer 目标对象上的指定位置。PaintPicture 方法的语法为：

[<对象>.]PaintPicture<图片>,dx,dy[,dW][,dH][,sx][,sy][,sW][,sH][,op]

其中，对象指目标对象；图片对象由源参数（窗体或空间）的 Picture 属性决定；dx 和 dy 指将图片放置在目标对象坐标系统中的位置；dW 和 dH 指将图片放置在目标对象坐标系统后图像的宽和高；sx 和 sy 定义从源图片的什么位置剪裁；sW 和 sH 定义剪裁区的大小。

【例 9.16】 用 PaintPicture 方法实现缩放动画，如图 9-18 所示。

在窗体上放置两个PictureBox，两个 Command，Picture2 是要放大或缩小的源图，Picture1 是加载显示的镜头伸缩图片。程序代码如下：

```
Private Sub Command1_Click()
  picture2.Cls
  Picture1.AutoSize = False
  Picture1.Width = 0
  Picture1.Height = 0
  For i = 0 To 5000 Step 2
    roww = (picture2.Width - Picture1.Width) / 2 - i / 2
    coll = (picture2.Height - Picture1.Height) / 2 - i / 2
     picture2.PaintPicture Picture1.Picture, roww, coll, Picture1.Width + i, _
     Picture1.Height + i
    DoEvents
```

```
    Next i
    For i = 5000 To 0 Step -2
        roww = (picture2.Width - Picture1.Width) / 2 - i / 2
        coll = (picture2.Height - Picture1.Height) / 2 - i / 2
        picture2.PaintPicture Picture1.Picture, roww, coll, Picture1.Width + i,_
        Picture1.Height + i
        DoEvents
    Next i
    Picture1.AutoSize = True
End Sub
```

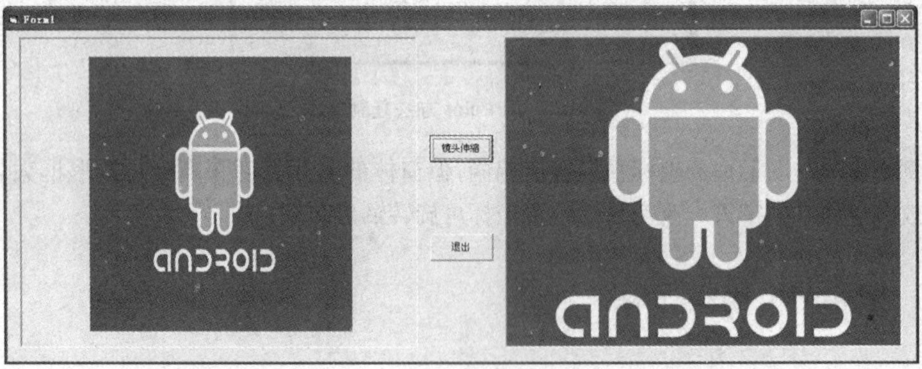

图 9-18 用 PaintPicture 方法实现缩放动画

第 10 章　对话框与菜单设计

本章主要任务

1. 掌握通用对话框、预定义对话框、自定义对话框控件的使用。
2. 掌握菜单编辑器的使用，菜单的编程方法。
3. 掌握应用程序界面设计，在应用程序设计中能灵活使用对话框及菜单。

“对话框”是一种特殊的窗体，包含按钮和各种选项卡，它的大小一般不可改变(但“打开文件”对话框是可以改变大小的)，也没有“最小化”和“最大化”按钮，它只有一个“关闭”按钮(有时还包含一个“帮助”按钮)。对话框是人机交互的一种方式，用户对对话框进行设置，计算机就会执行相应的命令。Visual Basic 6.0 中提供了三种对话框设计方式：系统预定义的对话框(InputBox 和 MsgBox)、通用对话框控件、用户自定义对话框。

10.1　预定义对话框

预定义对话框是系统已经设计好的对话框，它们可以通过程序执行具体的函数来被显示。在 Visual Basic 6.0 中，预定义对话框包含输入对话框和消息框。

10.1.1　输入对话框

创建输入对话框的标准函数是 InputBox 函数，该函数显示一个接收用户输入的对话框，对话框中显示提示文本，等待用户输入或按下按钮，并返回文本框的内容。InputBox 函数的语法格式如下：

InputBox(prompt [,title] [,default] [,xpos] [,ypos] [,helpfile,context])

其中，prompt 是不可省略项，为字符串表达式参数，提供显示在对话框中的提示文本，prompt 的最大长度为 1024 个字符，由所用字符的宽度决定，若要在多行显示，必须在每行行末加回车 Chr(13)和换行 Chr(10)控制符。

title 为可选字符串表达式参数，提供标题显示在对话框的标题栏中。若省略，则会把应用程序名放入标题栏中。

default 为可选字符串表达式参数，提供输入框的缺省输入文本。

xpos 和 ypos 都是可选的整数表达式，成对出现，指出对话框左上角的屏幕坐标。

helpfile 为可选项，为字符串表达式，识别帮助文件，用该文件为对话框提供上下文相关的帮助。如果已提供 helpfile，则也必须提供 context。

context 为可选项，为数值表达式，由帮助文件的作者指定给某个帮助主题的帮助上下文编号。如果已提供 context，则也必须要提供 helpfile。

InputBox 函数返回文本框中输入的内容，为字符串类型。

【例 10.1】 利用 InputBox 函数为变量赋值，如图 10-1 所示。

程序代码如下：

```
Dim Sname As String * 20, S1 As String * 20
Private Sub Form1_Load()
  S1 = "请你输入你的姓名" + Chr(13) + Chr(10) + "输入完毕后单击确定"
  Sname = InputBox(S1, "输入框", , 100, 100)
End Sub
```

图 10-1 InputBox 示例

10.1.2 消息框

创建消息框的标准函数是 MsgBox 函数，该函数在对话框中显示消息，等待用户按下按钮，并返回一个整数来表示用户按下了哪一个按钮。MsgBox 函数的语法格式如下：

MsgtBox(prompt [,buttons] [,title] [,helpfile,context])

其中，prompt 是不可省略项，为字符串表达式参数，提供显示在对话框中的提示文本，其中 prompt 的最大长度为 1024 个字符，由所用字符的宽度决定，若要在多行显示，必须在每行行末加回车 Chr(13)和换行 Chr(10)控制符。

buttons 是可选参数，该数值表达式是分别代表显示按钮形式、使用图标样式、缺省按钮样式和对话框模式的四个数值的和。如果省略，则 buttons 的缺省值为 0。buttons 参数值如表 10-1 所示。

表 10-1 buttons 参数设置

常数	值	描述
vbOKOnly	0	只显示"确定"按钮
VbOKCancel	1	显示"确定"及"取消"按钮
VbAbortRetryIgnore	2	显示"终止"、"重试"及"忽略"按钮
VbYesNoCancel	3	显示"是"、"否"及"取消"按钮
VbYesNo	4	显示"是"及"否"按钮

续表

常数	值	描述
VbRetryCancel	5	显示“重试”及“取消”按钮
VbCritical	16	显示关键信息图标红色“STOP”标志
VbQuestion	32	显示询问信息图标“?”标志
VbExclamation	48	显示警告信息图标“!”标志
VbInformation	64	显示信息图标“i”标志
vbDefaultButton1	0	第一个按钮是缺省值
vbDefaultButton2	256	第二个按钮是缺省值
vbDefaultButton3	512	第三个按钮是缺省值
vbDefaultButton4	768	第四个按钮是缺省值

title 是可选参数，该字符串表达式作为标题显示在消息框的标题栏中。如果省略 title，则将应用程序名放在标题栏中。

helpfile、context 同 InputBox 函数的用法。

MsgBox 函数的返回值为 1～7 之间的一个整数，表示用户按下了“确定”、“取消”、“终止”、“重试”、“忽略”、“是”或“否”按钮。MsgBox 函数的返回值如表 10-2 所示。

表 10-2　MsgBox 函数的返回值

常数	值	描述
vbOK	1	确定
vbCancel	2	取消
vbAbort	3	终止
vbRetry	4	重试
vbIgnore	5	忽略
vbYes	6	是
vbNo	7	否

【例 10.2】　在标签中显示用户选定的 MsgBox 函数对话框按钮。

在窗口上建立一个 Lable1 标签控件，单击“是”、“否”、“取消”，在标签中显示刚刚选择过按钮的名称，如图 10-2 所示。程序代码如下：

```
Dim i As Integer
Private Sub Form1_Load()
  i = MsgBox("请选择按钮", 19, "消息框")            //MsgBox 返回值赋给变量 i
  If i = 6 Then
    Label1. Caption = "你选择的是“是”按钮"
  ElseIf i = 7 Then
    Label1. Caption = "你选择的是“否”按钮"
  ElseIf i = 2 Then
```

```
        Label1.Caption = "你选择的是“取消”按钮"
    End If
End Sub
```

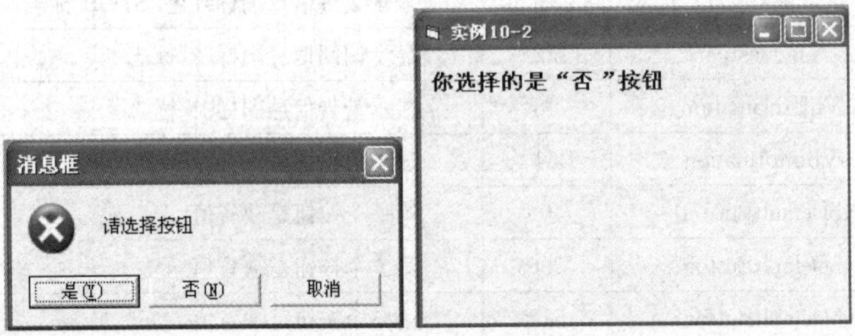

图 10-2　MsgBox 示例

10.2　通用对话框

Visual Basic 6.0 中的通用对话框 CommonDialog 控件提供了一组基于 Windows 的标准对话框界面。使用通用对话框控件，可以实现文件打开、另存为、颜色、字体、打印和帮助等对话框。这些对话框仅用于返回信息，如若要实现这些功能必须通过编程解决。

通用对话框 CommonDialog 控件是 ActiveX 控件，需要通过“工程/部件”命令选择 Microsoft CommDialog Control 6.0 选项，将 CommonDialog 控件添加到工具箱中，如图 10-3 所示。在设计状态，CommonDialog 控件以图标的形式显示，其大小不能改变，在程序运行时，控件本身将被隐藏。

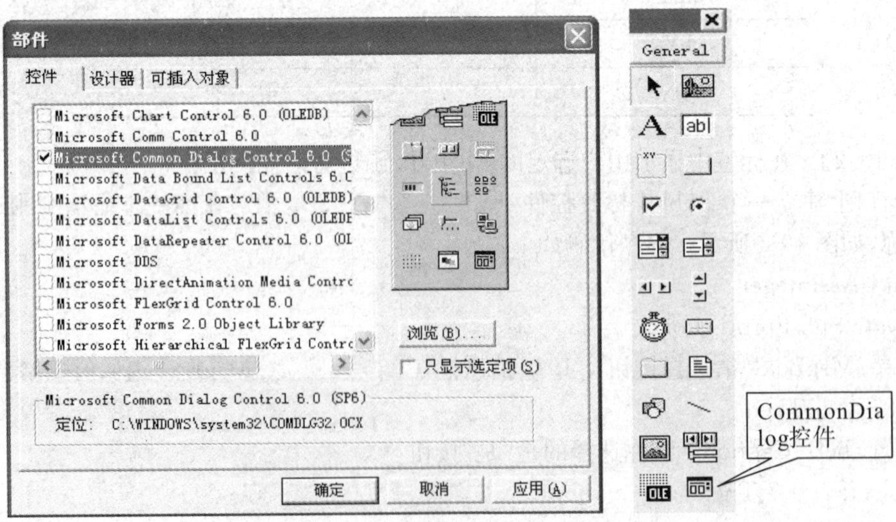

图 10-3　CommonDialog 控件

1. CommonDialog 属性

(1) Action 属性

该属性为数值型,决定打开何种类型的对话框。通用对话框可以提供 6 种形式的对话框,通过设置 Action 属性值或调用 Show 方法来建立不同类型的对话框。如表 10-3 所示。

表 10-3　Action 属性和 Show 方法

通用对话框的类型	Action	方法
打开(Open)	1	ShowOpen
另存为(Save As)	2	ShowSave
颜色(Color)	3	ShowColor
字体(Font)	4	ShowFont
打印机(Printer)	5	ShowPrinter
帮助(Help)	6	ShowHelp

(2) DialogTiltle 属性

该属性用于设定通用对话框的标题。

(3) CancelError 属性

该属性为逻辑型值,表示用户在与对话框进行信息交互时,按下“取消”按钮时是否产生出错信息。True 表示选择“取消”按钮,出现错误警告,Err. Number 置为 32755 (cdlCancel)。False(缺省)表示选择“取消”按钮,没有错误警告。

(4) Flags 属性

该属性可以修改每个具体对话框的默认操作。

2. CommonDialog 方法

CommonDialog 控件除了上述属性外,VB 还提供了一组方法用来打开不同类型的对话框,包括 ShowOpen、ShowSave、ShowColor、ShowFont、ShowPrinter、ShowHelp 方法,如表 10-3 所示。

下面我们将详细讨论 CommonDialog 控件显示每一种类型的对话框。

10.2.1　“打开”/“另存为”对话框

每种对话框都有自己特殊的属性,这些属性既可以在属性窗口中设置,也可以在代码中设置,还可以在“属性页”对话框中设置。在属性窗口中选择“(自定义)”,再单击右侧的“…”按钮,就会出现“属性页”对话框,如图 10-4 所示。

1. FileTitle(文件标题)属性

在程序中可用该属性值设置或返回用户所选定的文件名(不包含路径)。

2. FileName(文件名称)属性

在程序中可用该属性值设置或返回用户所选定的文件名(包含路径)。

3. Filter(过滤器)属性

确定文件列表框中所显示文件的类型,该属性的值显示在“文件类型”列表框中。如设置其值为:Documents(*.DOC)|*.DOC|Text Files(*.TXT)|*.txt|All Files|(*.*),则在“文件类型”列表框显示三种文件类型以供用户选择:Documents(*.DOC)扩展名为 DOC 的 Word 文件;Text Files(*.TXT)扩展名为 TXT 的文本文件;All Files|(*.*)所有文件。

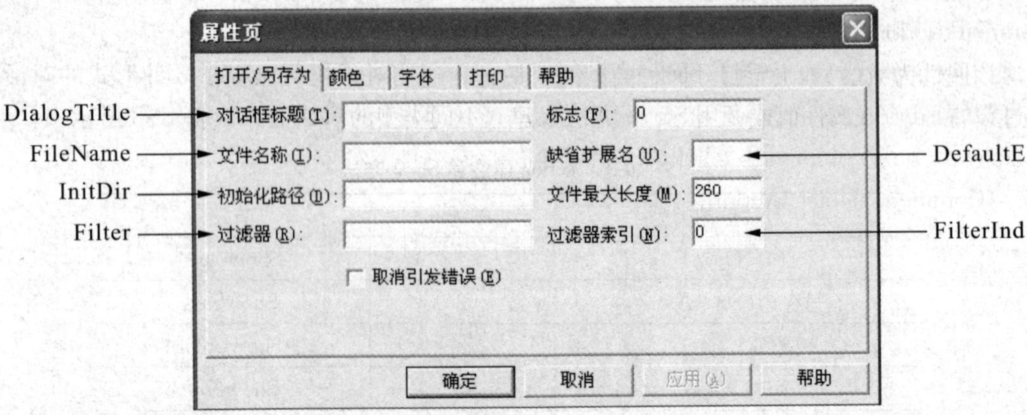

图 10-4 打开/另存为的属性页

4. FilterIndex(过滤器索引)属性

该属性为整型值,表示用户在文件类型列表框选定了第几组文件类型。

5. InitDir(初始化路径)属性

该属性用来指定打开对话框中的初始目录,若不设置,则系统默认为"C:\My Documents\"。

6. DefaultExt 属性

该属性是字符型,用于确定保存文件的缺省扩展名。

7. CancelError 属性

该属性是逻辑型值,表示用户在与对话框进行信息交互时,按下"取消"按钮是否产生出错信息。

【例 10.3】 设计一个窗体,包含 1 个文本框(Text1)和 6 个名称分别为 "打开"(Command1)、"另存为"(Command2)、"颜色"(Command3)、"字体"(Command4)、"打印"(Command5)和"帮助"(Command6)的命令按钮。本例中仅涉及前两种对话框的使用,当用户单击"打开"时就弹出打开对话框,用户选择一文本文件,便将该文件内容读入到文本框;当单击"另存为"时就打开另存为对话框,用户输入文件名后,便以新的文件名保存文本框的内容。如图10-5所示。

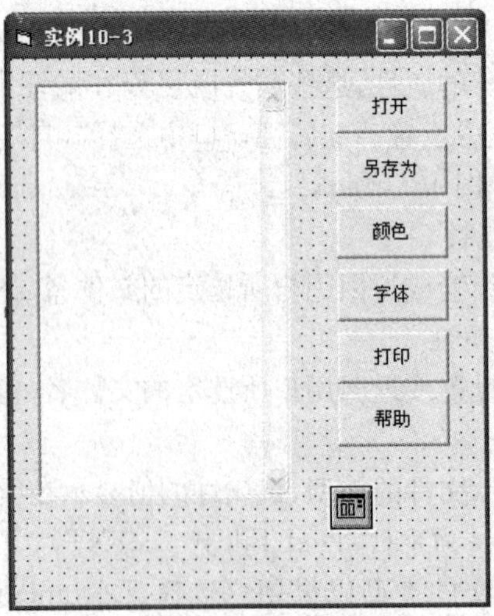

图 10-5 通用对话框示例

其中 Text1 的 Multiline 设置为 Ture，Scrollbars 设置为 2-Vertical。下面将介绍“打开”(Command1)和“另存为”(Command2)的代码。

打开文件的代码如下，运行结果如图 10-6 所示。

```
Dim sFile As String                    '设置字符变量
Private Sub Command1_Click()           '文件打开事件
  CommonDialog1.Action = 1
  'CommonDialog1 控件的 Action 为 1 时为打开文件的对话框
  '下面的代码是把 txt 文件类型的文件的内容读入文本框内
  If Right(CommonDialog1.FileName, 3) = "txt" Then
    Open CommonDialog1.FileName For Binary As #1
    sFile = Space(LOF(1))
    Get #1, , sFile
    Text1.Text = sFile
    Close #1
  End If
End Sub
```

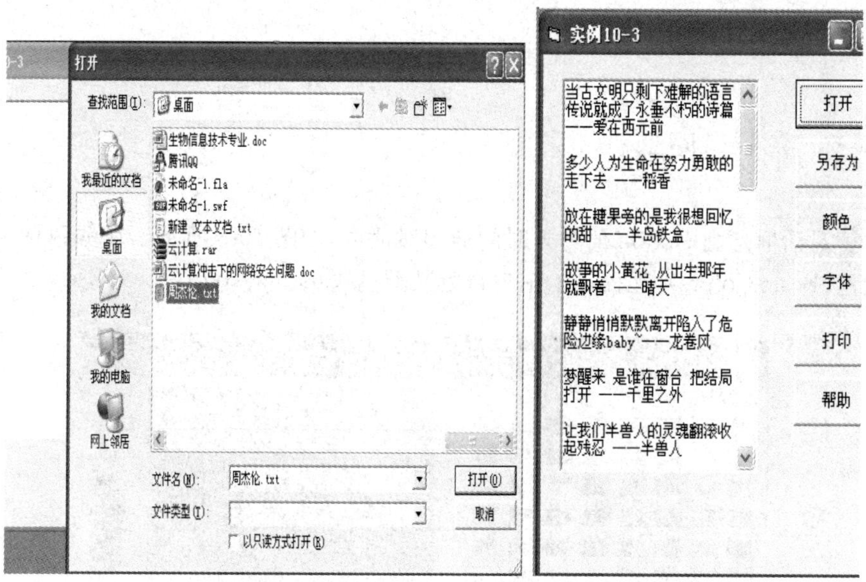

图 10-6　打开对话框

文件另存为的代码如下，运行结果如图 10-7 所示。

```
Private Sub Command2_Click()                                   '另存为按钮事件
  CommonDialog1.Filter = "文本文件(*.txt)|*.txt|All Files(*.*)|*.*"
                                                               '设置文件类型
  CommonDialog1.FilterIndex = 2
  CommonDialog1.ShowSave                                       '设置该对话框为另存为
  '下面的代码是把 Text1 的内容输出到要另保存的文件里
```

```
    Open CommonDialog1.FileName For Output As #1
    Write #1, Text1.Text
    Close #1
End Sub
```

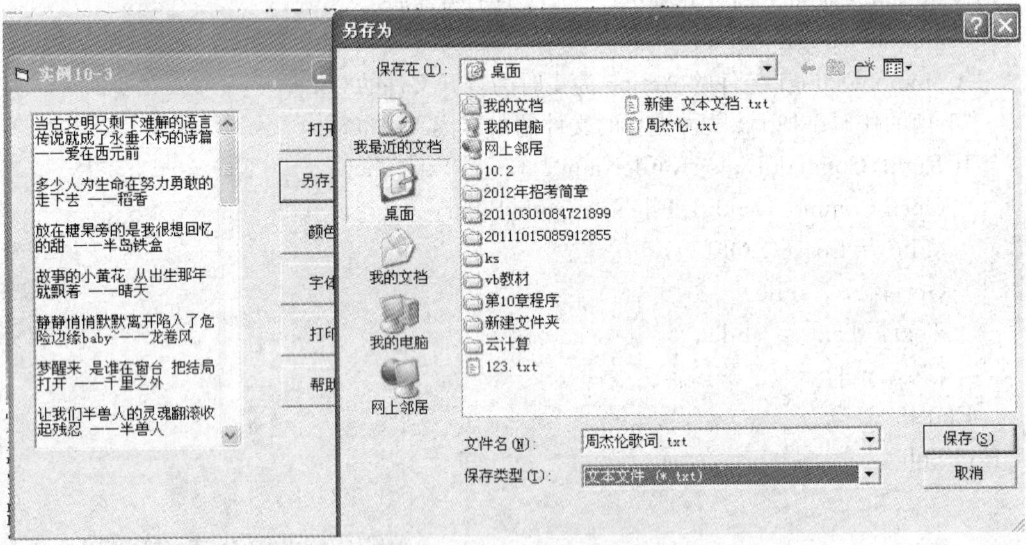

图 10-7　另存为对话框

10.2.2 "颜色"对话框

"颜色"对话框是当 Action 值为 3 时的通用对话框，如图 10-8 所示。在颜色调色板中提供了基本颜色(Basic Colors)，还提供了用户自定义颜色(Custom Colors)。

图 10-8　"颜色"对话框

Color 属性是"颜色"对话框的重要属性，用来返回或设置选定的颜色。如例 10.3 中"颜色"

按钮的事件过程可使用以下代码，运行结果如图 10-9 所示。

```
Private SubCommand3 _Click()
  CommonDialog1. Action = 3              '打开颜色对话框
  Text1. ForeColor = CommonDialog1. Color
End Sub
```

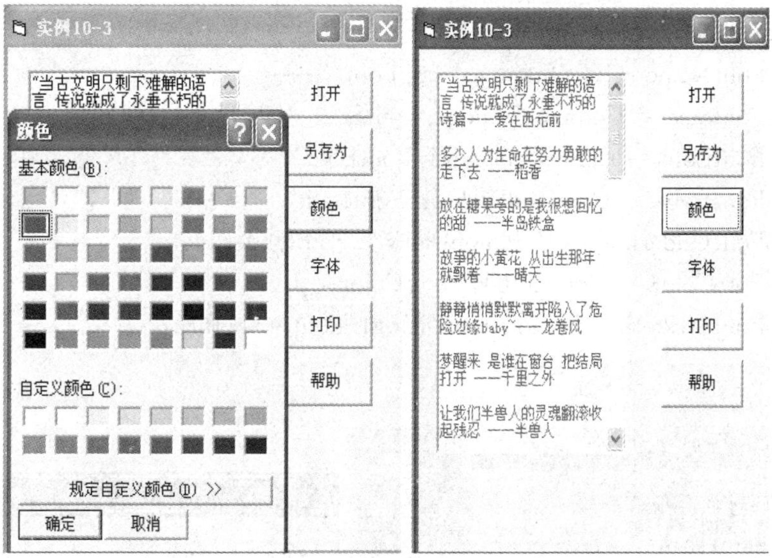

图 10-9　“颜色”对话框示例

10. 2. 3　“字体”对话框

“字体”对话框是 Action 为 4 时的通用对话框，供用户选择字体、字号及字体样式等，如图 10-10 所示。在使用 CommonDialog 控件选择字体之前，必须设置 Flags 属性值。“字体”对话框重要的属性有 Flags 属性和 Font 属性。

1. Flags 属性

该属性设置所显示的字体类型，数据类型为 Long。在显示“字体”对话框前，必须先将 Flags 属性设置为 cdlCFScreenFonts、cdlCFPrinterFonts 或 cdlCFBoth，否则会发生字体不存在的错误。Flages 属性的取值如表 10-4 所示。

表 10-4　Flages 属性值

常数	值	说明
cdlCFScreenFonts	1	屏幕字体
cdiCFPrinterFonts	2	打印机字体
cdlCFBoth	3	两者皆有
cdlCFEffects	100	出现删除线、下划线、颜色元素

2. Font 属性集

该属性集包括 Color(颜色)、FontName(字体名)、FontSize(字体大小)、FontBold(粗体)、FontItalic(斜体)、FontStrikethru(删除线)、FontUnderline(下划线)等属性。

在例 10.3 中“字体”按钮的事件过程可使用以下代码,运行效果如图 10-10 所示。

```
Private Sub Command4_Click()
    CommonDialog1.Flags = cdlCFBoth Or cdlCFEffects
    CommonDialog1.Action = 4
    Text1.FontName = CommonDialog1.FontName
    Text1.FontSize = CommonDialog1.FontSize
    Text1.FontBold = CommonDialog1.FontBold
    Text1.FontItalic = CommonDialog1.FontItalic
    Text1.FontUnderline = CommonDialog1.FontUnderline
    Text1.ForeColor = CommonDialog1.Color
    Text1.FontStrikethru = CommonDialog1.FontStrikethru
End Sub
```

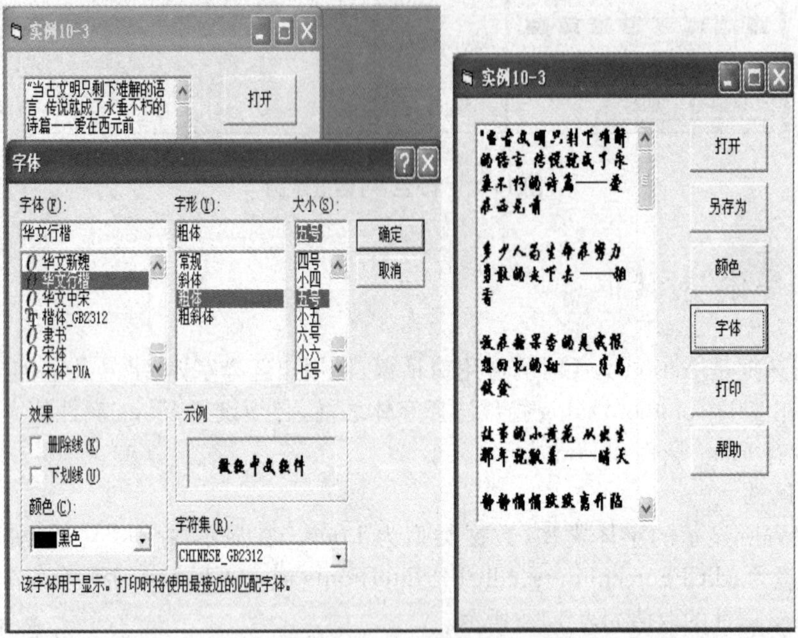

图 10-10 “字体”对话框

10.2.4 “打印”对话框

“打印”对话框是当 Action 为 5 时的通用对话框,是一个标准打印对话窗口界面,如图 10-11 所示。在“打印”对话框内可选择打印机。通过“打印”对话框可设置打印属性。“打印”对话框提供了一个用户选择打印参数的界面,它不能直接处理打印工作,必须对各属性进行编程处理,才可以进行打印操作。“打印”对话框用于打印时涉及以下几个重要属性:

1. FromPage 属性

该属性为整型，用于设定打印起始页号。

2. Topage 属性

该属性为整型，用于设定打印终止页号。

3. Copies 属性

该属性为整型，用于设定打印份数。如果打印驱动程序不支持多份打印，该属性有可能始终返回 1。

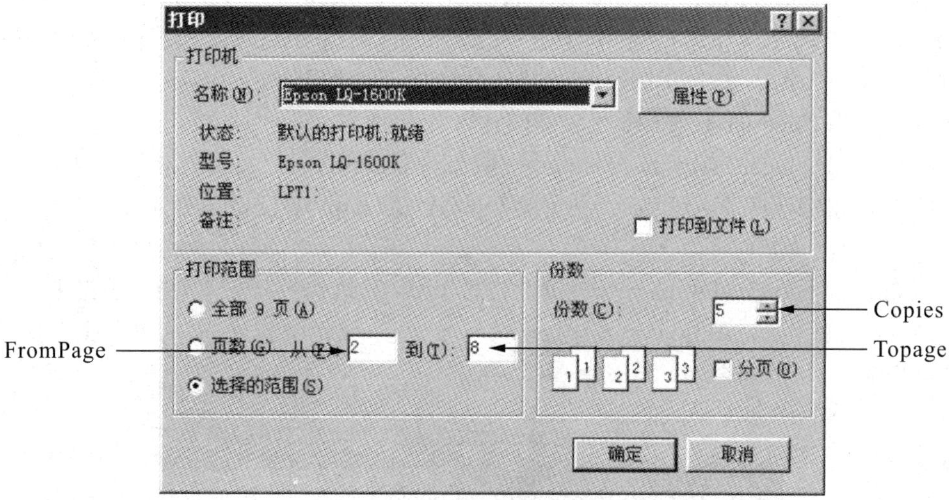

图 10-11　“打印”对话框设置

在例 10.3 中“打印”按钮的事件过程可使用以下代码：

```
Private Sub Command5_Click()
  CommonDialog1. ShowPrinter              '打开“打印”对话框
  For i = 1 To CommonDialog1. Copies
    Printer. Print Text1. Text            '打印文本框中的内容
  Next i
  Printer. EndDoc                         '结束文档打印
End Sub
```

10.2.5　“帮助”对话框

“帮助”对话框是当 Action 为 6 时的对话框，是一个标准的对话窗口，用于制作应用程序的在线帮助。“帮助”对话框本身不能建立应用程序的帮助文件，只能将已创建好的帮助文件从磁盘中取出来，并与界面连接起来，达到显示并检索帮助信息的目的。

帮助文件需要用其他的工具制作，如 Microsoft Windows Help Compiler，即 Help 编辑器生成帮助文件。

“帮助”对话框有以下几个重要属性：

1. HelpCommand(帮助命令)属性

该属性用于返回或设置需要的在线 Help 帮助类型。

2. HelpFile(帮助文件)属性

该属性用于指定已制作好的帮助文件的路径及文件名。

3. HelpKey(帮助关键字)属性

该属性用于指定帮助信息的内容,帮助窗口中显示由该帮助关键字指定的帮助信息。

4. HelpContext(帮助上下文)属性

该属性返回或设置所需要的 HelpTopic 的 Context ID,一般与 HelpCommand 属性(设置为 vbHelpContents)一起使用,指定要显示的 HelpTopic。

在例 10.3 中“帮助”按钮的事件,我们打开一个名为 Microsoft Jet SQL Reference 的帮助信息,如图 10-12 所示。在运行期间,单击“帮助”按钮,调用 JETSQL35.HLP 文件,并使帮助信息首先进入“CREATE TABLE 语句”帮助信息界面。代码如下:

```
Private Sub Command6_Click()
  CommonDialog1.HelpCommand = cdlHelpContents              '帮助类型
  CommonDialog1.HelpFile = "C:\WINDOWS\Help\JETSQL35.HLP"
                                                           '帮助文件路径
  CommonDialog1.HelpKey = "CREATE TABLE 语句"              '指定关键字
  CommonDialog1.Action = 6                                 '打开帮助窗口
End Sub
```

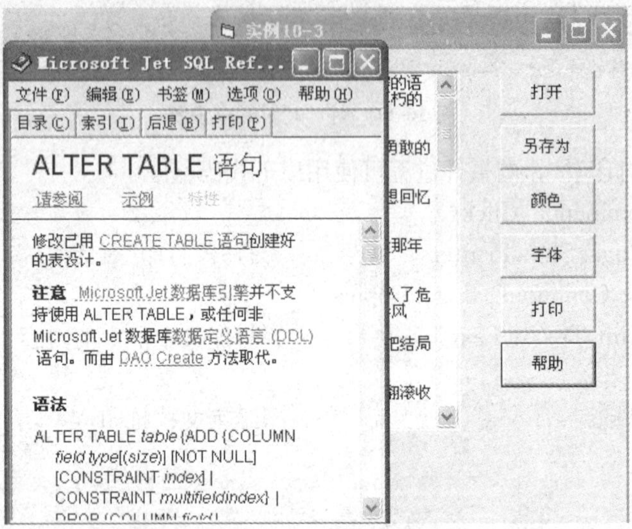

图 10-12　“帮助”对话框

10.3　自定义对话框

自定义对话框实际是用户自行设计的,用来完成用户和系统对话的窗体。它与预定义对话框或通过“通用对话框”控件创建的对话框相比,内容和功能都可以有更多的发挥余地。创建自定义对话框首先要创建一个窗体,然后在窗体上添加必要的控件,完成对话框的各种功能。在

Visual Basic 6.0 中有两种创建自定义对话框的方法：普通窗体创建自定义对话框和使用对话框模板窗体创建对话框。

10.3.1　由普通窗体创建自定义对话框

对话框窗体与一般窗体在外观上是有区别的，需要通过设置以下属性值来自定义窗体外观。

1. BorderStyle 属性

对话框窗体的 BorderStyle 属性值设置为 3(VbFixedDoubleialog)或者设置为 1-fixed single（防止对话框在运行时被改变大小）。

2. ControlBox 属性

该属性值为 True 时窗体显示控制菜单框，为 False 时则不显示。

3. MaxButton 属性

该属性值为 True 时窗体显示最大化按钮，为 False 时不显示最大化按钮。

4. MinButton 属性

该属性值为 True 时窗体显示最小化按钮，为 False 时不显示最小化按钮。

“自定义对话框”一般情况下都设有“确定”和“取消”按钮，其他控件可根据需要而定。

10.3.2　使用对话框模板窗体创建对话框

Visual Basic 6.0 系统提供了多种不同类的“对话框”模板窗体，通过“工程”菜单中的“添加窗体”命令，即可打开“添加窗体”对话框。用户可以选择的对话框有“关于”对话框、对话框、登录对话框、日积月累、ODBC 登录、选项对话框 6 类，如图 10-13 所示。

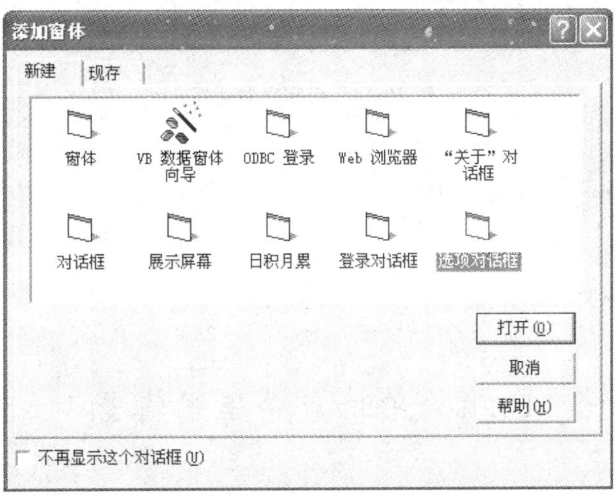

图 10-13　对话框模板窗体创建对话框

1. “自定义对话框”的调用

一般情况下，调用 Show 方法即可，但由于调用 Show 方法时参数不同，因而调用后的“自定义对话框”的状态也有所不同：

(1) 将自定义窗体作为模式对话框显示

模式对话框必须先关闭对话框，才能继续操作其他窗体，如“字体”对话框。调用格式：

自定义对话框窗体名. Show vbModal 或自定义对话框窗体名. Show 1

(2) 将自定义对话框作为无模式对话框显示

无模式对话框允许不关闭对话框，在对话框和其他窗体间移动焦点，如“查找”对话框。调用格式：

自定义对话框窗体. Show vbModaless 或自定义对话框窗体. Show 0

2. “自定义对话框”的关闭

可使用 Hide 方法或 UnLoad 语句来关闭自定义对话框，其格式为：

Me. Hide 或<窗体名>. Hide

UnLoad<窗体名>。

【例 10.4】 使用窗体设计一个“服务器配置”自定义对话框。如图 10-14 所示，单击对窗口中的“服务器设置”按钮(Command1)，弹出“服务器配置”自定义对话框，该调用采用模式对话框的显示方法。

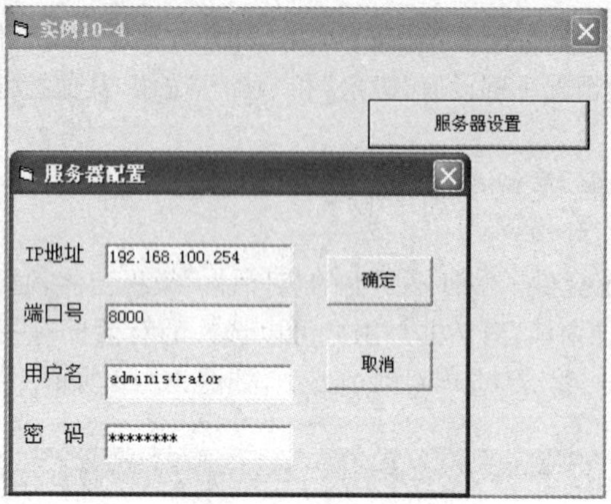

图 10-14 自定义对话框

其代码如下：

```
Private Sub Command1_Click()
  Form2. Show 1
End Sub
```

10.4 菜单与菜单编辑器

10.4.1 菜单

菜单是图形化界面中必不可少的组成元素，通过菜单可对各种命令按功能进行分组，使用户能够更加方便、直观地访问这些命令。

Windows 环境下的应用程序一般为用户提供三种菜单：窗体控制菜单、下拉菜单与快捷菜单，如图 10-15 所示。但是在实际应用中，下拉式菜单和弹出式菜单比较常用。下拉式菜单一般通过单击菜单栏中菜单标题（如“文件”、“编辑”、“视图”等）的方式打开，弹出式菜单则通过用鼠标右键单击某一区域的方式打开，窗体控制菜单是通过鼠标右键单击窗体的标题栏左边而弹出的。

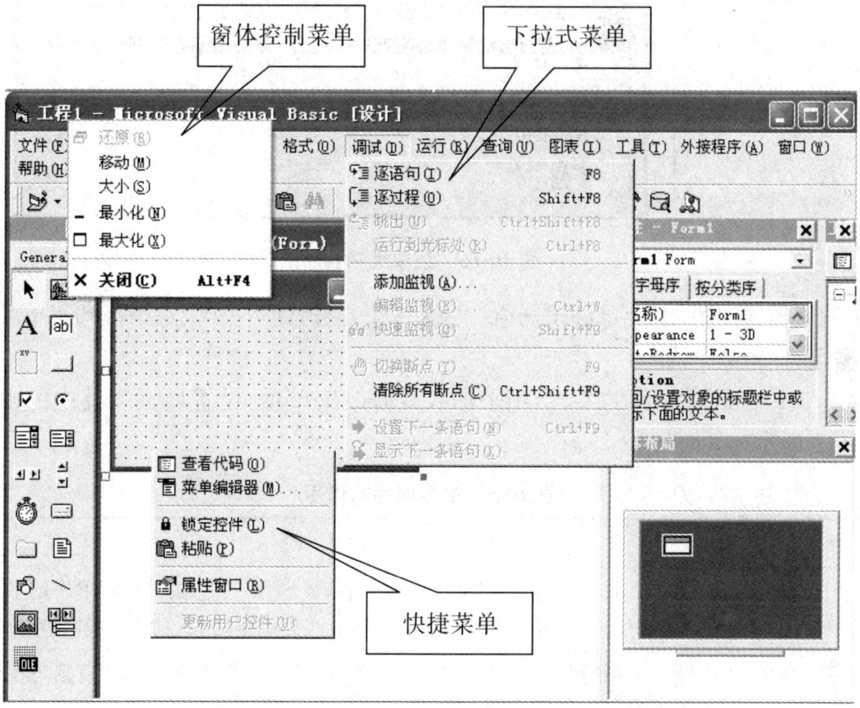

图 10-15　Windows 环境下的三种菜单

10.4.2　菜单编辑器

Visual Basic 6.0 没有菜单控件，但提供了建立菜单的菜单编辑器。用菜单编辑器可以创建新的菜单和菜单项，在已有的菜单上增加新命令，编辑已有的菜单命令，以及修改和删除已有的菜单和菜单项。

在 Visual Basic 6.0 集成开发环境中，可以通过以下 4 种方式进入菜单编辑器：

① 执行“工具”菜单中的“菜单编辑器”命令。

② 使用热键 Ctrl+E。

③ 单击工具栏中的“菜单编辑器”按钮。

④ 在要建立菜单的窗体上单击鼠标右键，将弹出一个菜单，单击“菜单编辑器”命令。

注意，只有当某个窗体为活动窗体时，才能用上面的方法打开菜单编辑器窗口。打开后的菜单编辑器窗口如图 10-16 所示。

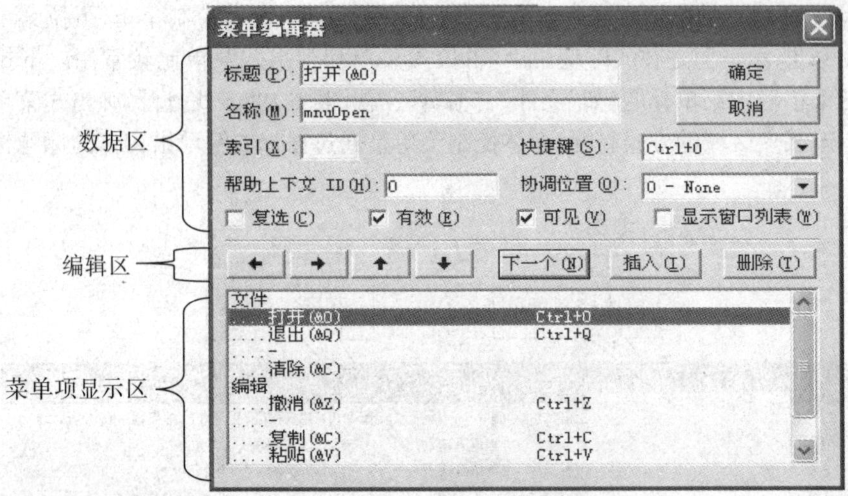

图 10-16 菜单编辑器

从菜单编辑器窗口可知，菜单编辑器窗口分为三个部分，即数据区、编辑区和菜单项显示区。

1. 数据区

数据区为窗口标题栏下面的 5 行，用来输入或修改菜单项，设置属性。其中的主要项目的作用如表 10-5 所示。

表 10-5 主要属性的作用

属性	说 明
标题(Caption)	设置菜单项的标题，相当于控件的 Caption 属性，也是显示在菜单中的字符。可以在标题中设置热键。可以用分割线将某些菜单项归为一类并与其他项隔开
名称(Name)	设置菜单项的名称，相当于控件的 Name 属性。菜单项的命名规则与控件的命名规则相同
索引(Index)	设置菜单控件数组的下标，相当于控件数组的 Index 属性
快捷键(Shortcut)	可设置与菜单项等价的快捷键。在程序运行时，按下快捷键会立刻运行一个菜单项。快捷键的赋值包括功能键与控制键的组合，如 Ctrl＋F1 键或 Ctrl＋A 键。它们出现在菜单中相应菜单项的右边
复选(Checked)	复选属性设置为 True 时，可以在相应的菜单项旁加上记号√，表明该菜单项当前处于活动状态
有效(Enabled)	用来设置菜单项的操作状态。如果该属性被设置为 False，则相应的菜单项会变灰，不响应用户事件
可见(Visible)	设置该菜单项是否可见。如果该属性被设置为 False，则相应的菜单项将被暂时从菜单中去掉，直到该属性重新被设置为 True
协调位置(Negotiate Position)	决定是否及如何在容器窗体中显示菜单
窗口列表(Window List)	在 MDI 应用程序中，确定菜单控件是否包含一个打开的 MDI 子窗体列表

有关菜单主要属性说明如下：

(1) 标题(Caption)属性

菜单中的 Caption 属性可以在标题栏中设置，输入的字符就是菜单项名称，如图 10-16 所示。如果希望某一字母作为该菜单项的快捷键，应在该字符后边加一个 & 字符。这样，在菜单中该字符将自动加上一条下划线。如果希望用一个分割线来将菜单项划分为一些逻辑组，则在标题栏输入一个连字符"_"就可以实现，如图 10-17 所示。

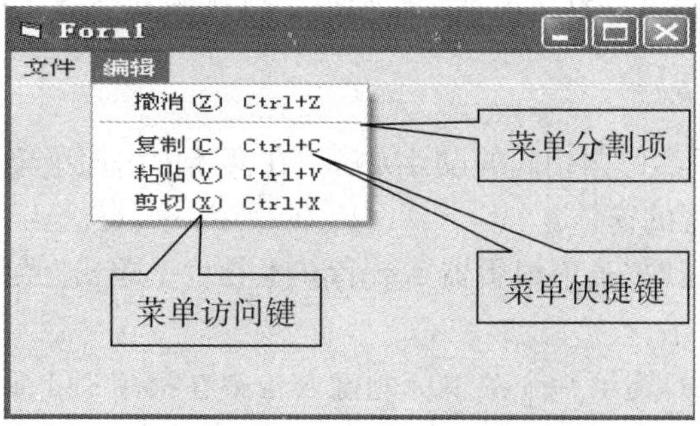

图 10-17　菜单效果

(2) 名称(Name)属性

设置菜单项的名称，该属性不可空。其作用是在程序中可以通过该名称引用菜单控件。习惯上以"mnu"作为前缀，如 mnuOpen。

2. 编辑区

编辑区由 7 个按钮组成，如图 10-16 所示，我们就是使用这些按钮对菜单项进行编辑的。

→和←按钮：单击→将把选定的菜单向右移一个等级，即下一级菜单项，在菜单项显示区里产生"....",称为内缩号，用来确定菜单项的层次，每单击一次，菜单项下移一个等级；单击"←"将把选定的菜单向上移一个等级，即上一级菜单项。

↓和↑按钮：改变同级菜单内菜单项的位置。

下一个(Next)：设置下一个菜单项，即开始一个新的菜单项。

插入(Insert)按钮：插入菜单项，将在某个菜单项前插入一个新的同级空白菜单项。

删除(Delete)按钮：删除菜单项。

3. 菜单项显示区

菜单项列表区为菜单编辑器最下面的列表框，该列表框显示菜单项的分级列表。子菜单项缩进符"...."指出它们的分级位置或等级。如图 10-16 所示，将建立一个"文件"主菜单，其下有 3 个子菜单，还将建立一个"编辑"主菜单，其下有 4 个子菜单，其效果如图 10-17 所示。

10.5　菜单的设计

Visual Basic 6.0 可以设计出下拉式菜单、弹出式菜单，下面将给予介绍。

10.5.1 下拉式菜单的设计

1. 下拉式菜单结构

下拉式菜单由主菜单栏、子菜单栏组成。子菜单又分为菜单命令或选项、子菜单标题和分隔条。

菜单命令或选项可以直接执行；子菜单标题可以再拉出一级菜单；分隔条用于对子菜单项进行分组。

2. 设计下拉式菜单

任何复杂的菜单程序都遵循相同的设计方法。在窗体中添加菜单的一般方法如下：

① 选取菜单控件出现的窗体。

② 从“工具”菜单中选取“菜单编辑器”，或者在工具栏上单击“菜单编辑器”按钮，打开“菜单编辑器”，如图 10-16 所示。

③ 在“标题”文本框中，为第一个菜单标题键入希望在菜单栏上显示的文本。如果希望某一字符成为该菜单项的快捷键，也可以在该字符前面加上一个 & 字符。在菜单中，这一字符会自动加上一条下划线。菜单标题文本显示在菜单控件列表框中。

④ 在“名称”文本框中，键入将用来在代码中引用该菜单控件的名字，必须给定。

⑤ 单击向左或向右箭头按钮，可以改变该控件的缩进级。

⑥ 如果需要的话，还可以设置控件的其他属性。这一工作可以在菜单编辑器中做，也可以在“属性”窗口中做。

⑦ 单击“下一个”按钮就可以再建一个菜单控件。或者单击“插入”可以在现有的控件之间增加一个菜单控件。单击向上与向下的箭头按钮，可以在现有菜单编辑器的列表框中移动菜单。

⑧ 如果窗体所有的菜单控件都已创建，单击“确定”按钮关闭菜单编辑器。

⑨ 创建的菜单将显示在窗体上。在设计时，单击一个菜单标题可下拉其相应的菜单项。

【例 10.5】 设计一个应用程序，通过菜单完成两个整数的加减运算，如图 10-18 所示。

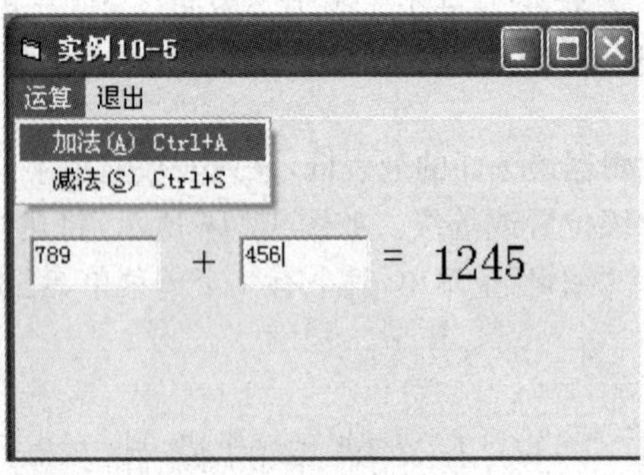

图 10-18 下拉式菜单实例

```
Private SubmnuAdd_Click()
    Label1. Caption = "+"
    Label3. Caption = Val(Text1. Text) + Val(Text2. Text)
```

```
End Sub
Private SubmnuSub_Click()
  Label1.Caption = "-"
  Label3.Caption = Val(Text1.Text)-Val(Text2.Text)
End Sub
```

10.5.2　弹出式菜单

弹出式菜单是独立于菜单栏显示在窗体或指定控件上的浮动菜单，菜单的显示位置与鼠标当前位置有关。通常是单击鼠标右键打开，又称为“右键菜单”或“快捷菜单”。实现步骤如下：

① 在菜单编辑器中建立菜单。

② 设置其顶层菜单项（主菜单项）的 Visible 属性为 False（不可见）。

③ 在窗体或控件的 MouseUp 或 MouseDown 事件中调用 PopupMenu 方法显示该菜单，通过鼠标右键打开弹出式菜单，可以用 Button 参数来判断，左键的 Button 参数为 1，右键的 Button 参数为 2。

PopupMenu 的使用方法如下：

[<窗体名>.] PopupMenu <菜单名> [, flags [,x [, y [, Boldcommand]]]]

其中：① 窗体名为可选项，默认为当前窗体。

② 关键字 PopupMenu 可以前置窗体名称，但不可前置其他控件名称。

③ 菜单名为必选项，是指通过菜单编辑器设计的、至少有一个子菜单项的菜单名称（Name）。

④ x、y 设定弹出式菜单在窗体上的显示位置的 X、Y 坐标（与 Flags 参数配合使用）。

⑤ Boldcommand 指定弹出式菜单中的弹出式菜单控件的名字，用以显示为黑体正文标题，省略时，则弹出式菜单没有以黑体字出现的菜单项。

⑥ Flags 参数为常数，用来定义显示位置与行为，分别如表 10-6、表 10-7 所示。

表 10-6　Flags 位置常量

值	位置常量	说明
0	vbPopMenuLeftAlign	缺省值，弹出式菜单的左上角位于坐标(x,y)处
4	vbPopMenuCenterAlign	弹出式菜单的上边框的中央位于坐标(x,y)处
8	vbPopMenuCenterRight	弹出式菜单的右上角位于坐标(x,y)处

表 10-7　Flags 行为常量

值	行为常量	说明
0	vbPopMenuLeftButton	缺省值，弹出式菜单中的命令只接受鼠标左键单击
2	vbPopMenuRightButton	缺省值，弹出式菜单中的命令只接受鼠标右键单击

若要同时指定菜单位置和行为，则将两个参数值用 or 进行连接，如 0 or 2。

【例 10.6】　在例 10.5 的基础上添加弹出式菜单实现乘法和除法的运算，点击窗口右键出现弹出式菜单，如图 10-19 所示。

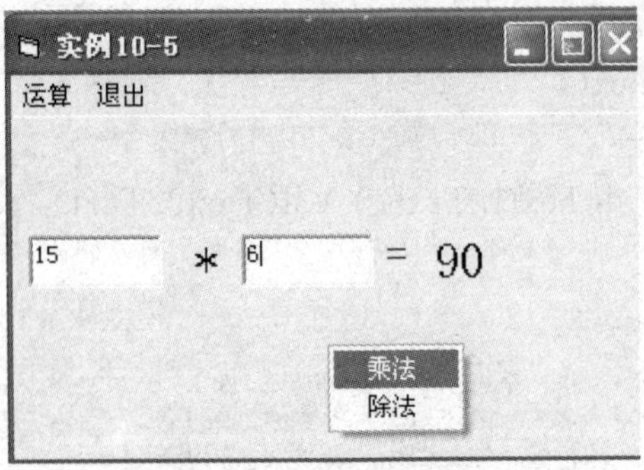

图 10-19 弹出式菜单实例

菜单编辑器设置：建立一个无标题的菜单，并将可见的“√”去掉，使其不可见。在其下级菜单中设置乘法和除法菜单。如图 10-20 所示。

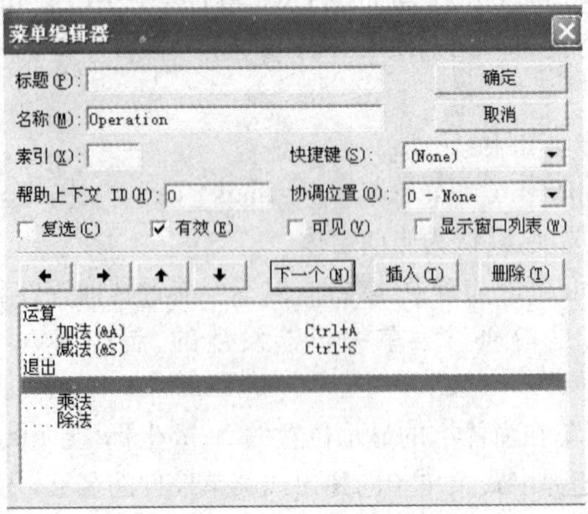

图 10-20 菜单编辑器

其代码如下：

```
Private Sub Form1_MouseDown(Button As Integer, Shift As Integer, X As Single, Y As Single)
    If Button = 2 Then                        '点击鼠标右键
        PopupMenu Operation, 0 Or 2           'PopupMenu 的使用方法
    End If
End Sub
Private Sub mnuDiv_Click()
    Label1.Caption = "/"
    Label3.Caption = Val(Text1.Text) / Val(Text2.Text)
End Sub
Private Sub mnuMul_Click()
    Label1.Caption = "*"
    Label3.Caption = Val(Text1.Text) * Val(Text2.Text)
End Sub
```

10.6　菜单的控制

在使用 Windows 应用程序时经常会发现，某些菜单项会呈灰色显示，此时单击该菜单项没有任何反应，有时菜单项的标题会发生改变，有的菜单项前有"√"号。这些都可以通过在菜单设计和程序代码中加以控制。

10.6.1　菜单项的有效属性(有效性控制)

为了使程序正常运行，有时需要使某些菜单项失效，以防止出现误操作。例如前面的例 10.6 中，只有在文本框中输入数字后才能进行运算，否则运算没有意义。因此，如果例 10.6 尚未输入数据，则应使执行加、减、乘、除的菜单项失效，输入数据后才生效，如图 10-21 所示。为此，可增加下面两个事件过程：

```
Private Sub Text1_Change()
  If Text1. Text = "" Then
    mnuAdd. Enabled = False
    mnuSub. Enabled = False
    mnuMul. Enabled = False
    mnuDiv. Enabled = False
  Else
    mnuAdd. Enabled = True
    mnuSub. Enabled = True
    mnuMul. Enabled = True
    mnuDiv. Enabled = True
  End If
End Sub
Private Sub Text2_Change()
  If Text2. Text = "" Then
    mnuAdd. Enabled = False
    mnuSub. Enabled = False
    mnuMul. Enabled = False
    mnuDiv. Enabled = False
  Else
    mnuAdd. Enabled = True
    mnuSub. Enabled = True
    mnuMul. Enabled = True
    mnuDiv. Enabled = True
```

```
  End If
End Sub
```

除增加上述两个事件过程外，还要取消 Add、Sub、Mul、Div 等 4 个菜单项的有效属性。打开“菜单编辑器”窗口，把对应于这 4 个菜单项数据区中的“有效”属性复选框中的“√”去掉即可。

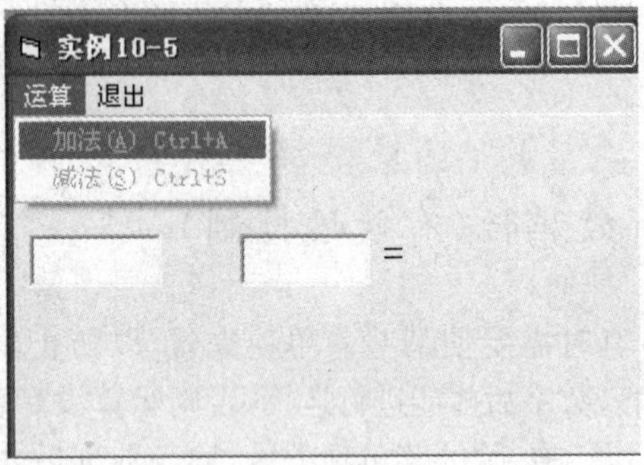

图 10-21 菜单项的有效控制

10.6.2 菜单的可见属性

同有效属性相似，可以利用可见属性来取消用户对某些特定菜单项的访问权限。若关闭某个特定的菜单项的可见属性，该菜单项将从菜单中被隐藏，用户将不知道该菜单项的存在。

【例 10.7】 以例 10.5 为基础，再建立一个“操作”菜单，name＝mnuOp，其子菜单为“清除”。在 Text1 和 Text2 内没有填写数字时，“操作”菜单不显示，Text1 或 Text2 内有数字时，“操作”菜单会显示在菜单栏上。如图 10-22 所示。

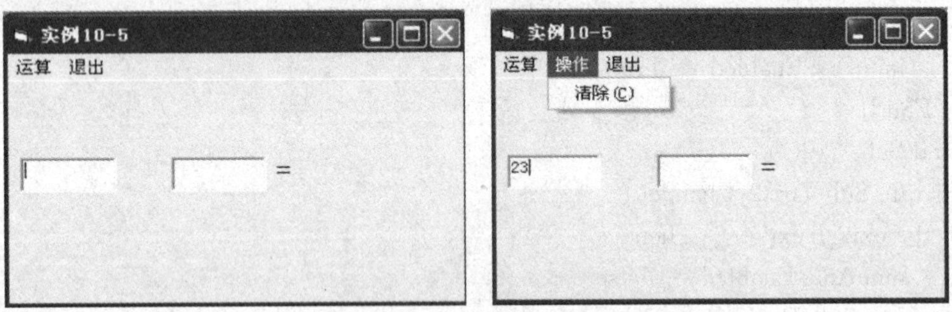

图 10-22 菜单的可见控制

```
Private Sub Text1_Change()
  If Text1.Text = "" Then
    mnuOp.Visible = False
  Else
    mnuOp.Visible = True
  End If
End Sub
```

```
Private Sub Text2_Change()
  If Text2. Text = "" Then
    mnuOp. Visible = False
  Else
    mnuOp. Visible = True
  End If
End Sub
```

10.6.3 菜单项的复选属性(菜单项的标记)

菜单项标记，就是在菜单项前加上一个"√"，表明该菜单项处于选中状态。设计时该属性可以由菜单编辑器中的复选(Checked)属性设置，也可以在属性窗口的 Checked 栏内设置。

它有两个作用：一是表示当前某个(或某些)命令状态是 On 或 Off；二是表示当前选择的是哪个菜单项。

增加方法：在"菜单编辑器"窗口中，设置复选属性，前面有"√"则为 True，否则为 Flase。也可在应用程序代码中设置。

一般来说，菜单项标记通常是动态地加上或取消的，所以常在程序代码中根据执行情况设置。

【例 10.8】 以例 10.5 为基础，若点击"运算"菜单中的"加法"，"加法"菜单项前就增加一个"√"，表示加法命令状态是 On。无论如何改变 Text 窗口内的内容，都能随时得到"加法"命令结果，如图 10-23 所示。

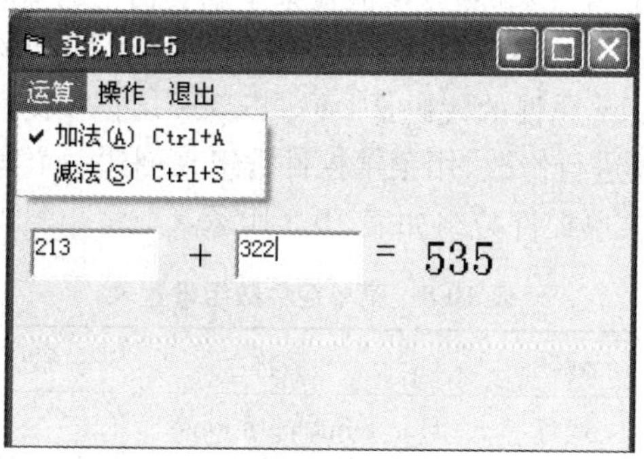

图 10-23　菜单项的复选控制

解题思路："加法"菜单被点击后，"加法"菜单前面会增加一个"√"，mnuAdd. Checked 属性变为 True，但是"加法"菜单前面的"√"被去除掉(即取消加法运算)也是点"加法"菜单，这时候点击带"√"的"加法"菜单不能起运算功能了。因此"加法"菜单真正起运算功能是在"加法"菜单前没加"√"时(即 mnuAdd. Checked 属性为 False 时)点击"加法"菜单才行使加法运算。因此可编写代码如下：

```
Private Sub mnuAdd_Click()
  If mnuAdd. Checked = False Then
    Label1. Caption = "+"
```

```
        Label3.Caption = Val(Text1.Text) + Val(Text2.Text)
        mnuAdd.Checked = True
    Else
        mnuAdd.Checked = False
    End If
End Sub
```

为了使得加法命令状态是On,即"加法"菜单处于被标记"√"的状态下,不需要再点"加法"菜单就能自动完成加法运算的功能,我们必须加一个timer1控件。timer1控件的interval设置为100,其代码如下:

```
Private Sub Timer1_Timer()
    If mnuAdd.Checked = True Then
        Label1.Caption = "+"
        Label3.Caption = Val(Text1.Text) + Val(Text2.Text)
    End If
End Sub
```

这样我们的"加法"菜单处于被标记"√"状态下时,在text中输入任何数字,都能及时算出最后的结果,这才是真正体现了菜单项的标记的作用。

10.6.4 创建菜单控件数组

菜单控件数组就是在同一菜单上共享相同名称和事件过程的菜单工程的集合。每个菜单控件数组元素都由唯一的索引值来标志,该值在菜单编辑器上的Index属性框中指定。当一个控件数组成员识别一个事件时,VB将其Index属性作为一个附加的参数传递给事件过程。事件过程必须包含有核对Index属性的代码,因而可以判断出正在使用的是哪一个控件。

【例10.9】 对例10.5进行修改,用菜单控件数组来创建一个实现加、减、乘、除的菜单。

通过菜单编辑器创建菜单控件数组如表10-8所示。

表10-8 菜单控件数组设置表

菜单项	标题	名称	索引	快捷键
运算	运算	mnuOperations		
....加法	加法	mnuOperation	0	Ctrl+A
....减法	减法	mnuOperation	1	Ctrl+S
....乘法	乘法	mnuOperation	2	Ctrl+M
....除法	除法	mnuOperation	3	Ctrl+D
退出	退出	mnuQuit		

代码如下:

```
Private Sub mnuOperation_Click(Index As Integer)
    Select Case Index
        Case 0
```

```
      Label1.Caption = "+"
      Label3.Caption = Val(Text1.Text) + Val(Text2.Text)
    Case 1
      Label1.Caption = "-"
      Label3.Caption = Val(Text1.Text) - Val(Text2.Text)
    Case 2
      Label1.Caption = "*"
      Label3.Caption = Val(Text1.Text) * Val(Text2.Text)
    Case 3
      Label1.Caption = "/"
      Label3.Caption = Val(Text1.Text) / Val(Text2.Text)
  End Select
End Sub
```

我们可以看出，菜单控件数组用于在运行时要创建一个新菜单项，它必须是菜单控件数组中的成员，简化代码，对菜单控件数组中任意元素的事件触发都会共用一段代码。

10.6.5　菜单项的增减(动态菜单)

动态菜单是指随着应用程序的运行而不断改变的一种菜单，Word 软件的“文件”菜单是一个典型的动态菜单，菜单中列出了最近使用过的文件名，这部分内容随着应用程序的运行而不断改变。而用前面的方法建立的菜单是固定的，菜单项不能增减。为了增加或减少菜单项，必须在“菜单编辑器”窗口中对原来的菜单进行增删。

菜单项的增减是通过菜单控件数组实现的。使用动态菜单在应用程序中必须使用控件数组。一个控件数组含有若干个控件，这些控件的名称相同，所使用的事件过程相同，但其中的每个元素可以有自己的属性。和普通数组一样，通过下标(Index)访问控件数组中的元素。控件数组可以在设计阶段建立，也可以在程序运行阶段建立。

【例 10.10】　修改例 10.5，在“减法”运算后添加一个分割菜单项，使得每次点击“运算”菜单后运算的结果显示在分割菜单项的后面，如图 10-24 所示。

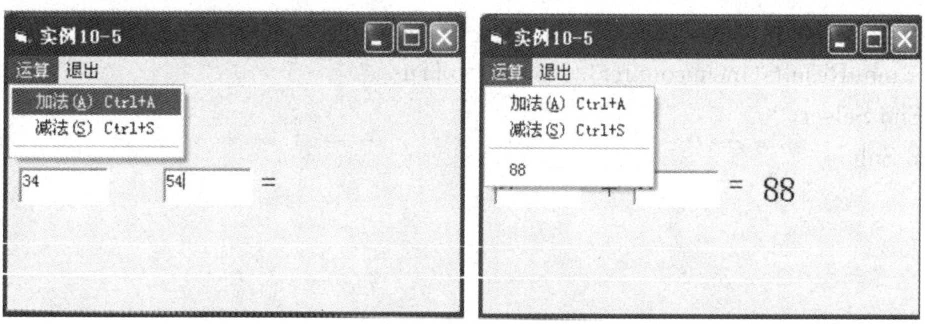

图 10-24　动态菜单

在菜单编辑器中设置菜单，如表 10-9 所示。

表 10-9 例 10.10 菜单设置

菜单项	标题	名称	下标(索引)	可见性
运算	运算	mnuOperations	无	True
....加法	加法	mnuOperation	0	True
....减法	减法	mnuOperation	1	True
....-	-	mnuFgx	无	True
....	(无)	mnuResults	0	False
退出	退出	mnuQuit	无	True

其代码如下：

```
Dim menucounter As Integer                 //菜单下标
Dim Temp As String
Private Sub mnuOperation_Click(Index As Integer)
Select Case Index
  Case 0
    Label1.Caption = "+"
    Label3.Caption = Val(Text1.Text) + Val(Text2.Text)
    Temp = Label3.Caption
    menucounter = menucounter + 1           //下标值增 1
    Load mnuResults(menucounter)            // 用 Load 语句建立控件数组新元素
    mnuResults(menucounter).Caption = Temp
    mnuResults(menucounter).Visible = True
  Case 1
    Label1.Caption = "-"
    Label3.Caption = Val(Text1.Text) - Val(Text2.Text)
    Temp = Label3.Caption
    menucounter = menucounter + 1
    Load mnuResults(menucounter)
    mnuResults(menucounter).Caption = Temp
    mnuResults(menucounter).Visible = True
  End Select
End Sub
```

第 11 章　Visual Basic 与数据库

本章主要任务

1. 理解数据库的基本概念。
2. 掌握利用"可视化数据管理器"创建及维护数据库的方法。
3. 掌握使用数据控件访问数据库的基本方法。
4. 掌握使用数据环境设计器的基本方法。

数据库是用于存储大量数据的区域，它通常包括一个或多个表。数据库应用成为当今计算机应用的主要领域之一。VB 提供了功能强大的数据库管理功能，能够方便、灵活地完成数据库应用中涉及的诸如建立数据库、查询和更新等各种基本操作。本章讨论数据库的基本概念，VB 中提供的 Data 控件、DBGrid 控件、ADO Data 控件的使用方法和 SQL 语言。

11.1　数据库基础

数据库用于存储结构化数据，数据组织有多种数据模型，目前主要的数据模型是关系数据模型，以关系模型为基础的数据库就是关系数据库。本节主要讨论关系数据库的相关概念。

11.1.1　关系数据库的基本结构

关系数据库以表的形式(即关系)组织数据。关系数据库以关系的数学理论为基础。在关系数据库中，用户可以不必关心数据的存储结构，同时，关系数据库的查询可用高级语言来描述，这大大提高了查询效率。

VB 本身使用的数据库是 Access 数据库，可以在 VB 中直接创建，库文件的扩展名为 .MDB。

下面讨论关系数据库的基本术语。

1. 表

表用于存储数据，它以行列方式组织，可以使用 SQL 语言从中获取、修改和删除数据，是关系数据库的基本元素。表在我们生活中随处可见，如职工表、学生表和统计表等。表具有直观、方便和简单的特点。表 11-1 是一个学生情况表。

表 11-1　学生情况表

学号	姓名	性别	民族	班号
1	王华	女	汉族	99001
3	李兵	男	汉族	99001
8	马棋	男	回族	99002
2	孙丽	女	满族	99002
6	张军	男	汉族	99001

表是一个二维结构，行和列的顺序并不影响表的内容。

2. 记录

记录是指表中的一行，在一般情况下，记录和行的意思是相同的。在表 11-1 中，每个学生所占据的一行就是一个记录，描述了一个学生的情况。

3. 字段

字段是表中的一列，在一般情况下，字段和列所指的内容是相同的。在表 11-1 中，如“学号”列就是一个字段。

4. 关系

关系是一个从数学中引申来的概念，在关系代数中，关系是指二维表，表既可以用来表示数据，也可以用来表示数据之间的联系。

在数据库中，关系是建立在两个表之间的链接，以表的形式表示其间的链接，使数据的处理和表达有更大的灵活性。有 3 种关系，即一对一关系、一对多关系和多对多关系。

5. 索引

索引是建立在表上的单独的物理数据库结构，基于索引的查询使数据获取更为快捷。索引是表中的一个或多个字段，索引可以是唯一的，也可以是不唯一的，主要是看这些字段是否允许重复。主索引是表中的一列或多列的组合，作为表中记录的唯一标志。外部索引是相关联的表的一列或多列的组合，通过这种方式来建立多个表之间的联系。

6. 视图

视图是一个与真实表相同的虚拟表，用于限制用户可以看到和修改的数据，从而简化数据的表达。

7. 存储过程

存储过程是一个编译过的 SQL 程序。在该过程中可以嵌入条件逻辑、传递参数、定义变量和执行其他编程任务。

11.1.2　数据访问对象模型

在 VB 中，可用的数据访问接口有 3 种：ActiveX 数据对象（ADO）、远程数据对象（RDO）和数据访问对象（DAO）。数据访问接口是一个对象模型，它代表了访问数据的各个方面，可以在任何应用程序中通过编程控制连接、语句生成器和供使用的返回数据。

为什么在 VB 中有 3 种数据访问接口呢？这是因为数据访问技术是在不断进步的，而这 3 种接口分别代表了该技术的不同发展阶段。最新的是 ADO，它比 RDO 和 DAO 更加简单，而且是更加灵活的对象模型。对于新工程，应该使用 ADO 作为数据访问接口。

ADO 控件是 VB 6.0 中文版提供的一个 ActiveX 控件，与旧版的 Data 控件相似。

11.1.3　结构化查询语言(SQL)

对于 VB 中的关系数据库，一旦数据存入数据库之后，就可以用 SQL(Structured Query Language，结构化查询语言)同数据库“对话”。通常都是用户用 SQL 来发问，数据库则以符合发问条件的记录来“回答”。查询的语法中通常都包含表名、域名和一些条件等。

11.1.4　数据库的分类

VB 可以访问以下 3 类数据库：

1. Jet 数据库

数据库由 Jet 引擎直接生成和操作，不仅灵活而且速度快，Microsoft Access 和 VB 使用相同的 Jet 数据库引擎。

2. ISAM 数据库

索引顺序访问方法(ISAM)数据库有几种不同的形式，如 Dbase、FoxPro、Text Files 和 Paradox。在 VB 中可以生成和操作这些数据库。

3. ODBC 数据库

开放式数据库连接(ODBC)，这些数据库包括遵守 ODBC 标准的客户/服务器数据库，如 Microsoft SQL Server、Oracle、Sybase 等，VB 可以使用任何支持 ODBC 标准的数据库。

11.1.5　ODBC 和数据源

ODBC 的全称为 Open Database Connection，即开放式数据库连接，是 Microsoft 公司在 1989 年推出的一个连接外部数据库的标准。ODBC 的优点是：

① ODBC 提供了一个能访问大量数据库的单一接口。

② ODBC 使客户应用程序的开发可以独立于后端服务器。

ODBC 由以下部分组成，如图 11-1 所示。

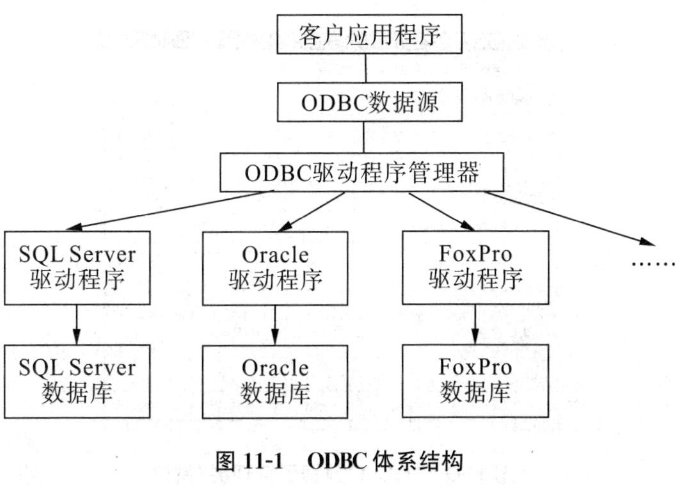

图 11-1　ODBC 体系结构

① 应用程序：是为了访问数据库而开发的前端，它通过 ODBC 的 API 来建立与数据库的连接，并使用 SQL 命令操纵数据库。

② 数据源：用于描述数据库管理系统、远程操纵系统和网络之间的组合方式，其中远程操作系统和网络并不是必需的。

③ 驱动程序管理器：是应用程序和用户访问一个特定数据库所必需的驱动程序之间的一个中介。

④ 驱动程序：为迁移一个特定的数据库管理系统真正实现 ODBC API。它建立与服务器的连接，提交 SQL 查询，然后向应用程序返回结果集或出错信息。

一旦有了 ODBC 驱动程序，就可以创建应用程序需要的数据源。数据源的信息包括用于访问的驱动程序和数据库的名字，还要为数据源提供一个名字，以便在应用程序中引用它。

为了创建一个 ODBC 数据源，选择 Windows XP 系统的"开始|设置|控制面板"，双击"ODBC 数据源"，出现"ODBC 数据源管理"对话框。

例如，为了建立 Access 的 ODBC 数据源，选择不同的 DSN 类型。单击"添加"，弹出"选择数据库驱动程序"对话框，从"选定您需要的驱动程序来安装数据库"列表框中选择"Microsoft Access Driver(＊.mdb)"，并单击"完成"按钮，出现如图 11-2 所示的对话框。在对话框中输入数据源名"newstudent"，单击"选取"，选择数据库"E:\vb\student.mdb"，最后单击"确定"按钮。这时返回"ODBC 数据源管理"对话框，可以看到新添加的"newstudent"数据源，如图 11-3 所示。这样以后就可以在应用程序中使用该数据源了。

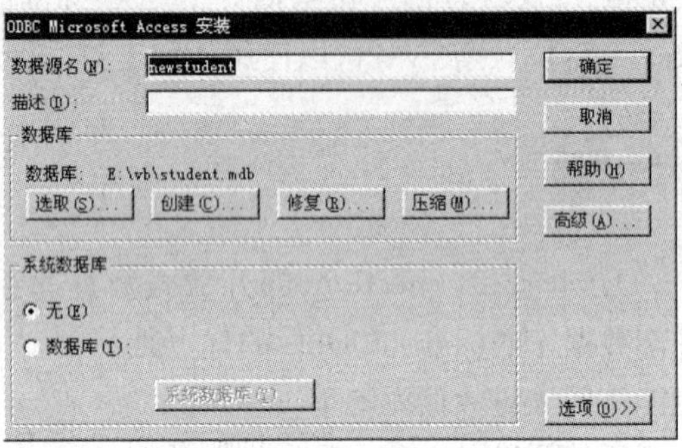

图 11-2 "ODBC Microsoft Access 安装"对话框

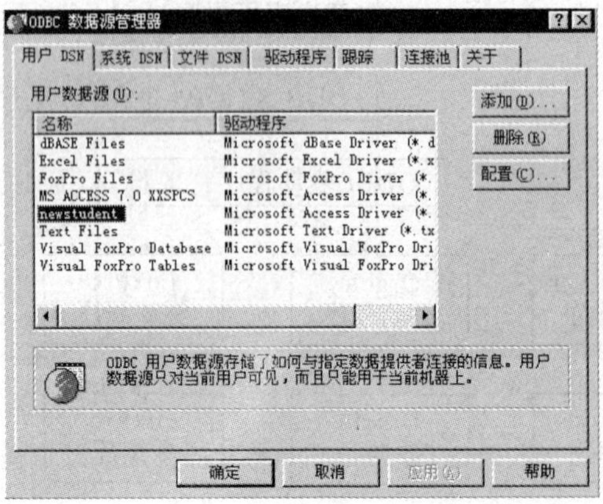

图 11-3 "ODBC 数据源管理器"窗口

11.2　数据库的建立和管理

VB 提供了一个非常实用的工具程序，即可视化数据管理器（Visual Data Manager），使用它可以方便地建立数据库、数据表和数据查询。可以说，凡是有关数据库的操作，都能使用它来完成，并且由于它提供了可视化的操作界面，因此很容易掌握。

11.2.1　建立一个数据库

1. 启动数据库管理器

在 VB 集成环境中，单击“外接程序”菜单下的“可视化数据库管理器”命令，即可打开可视化数据库管理器“VisData”窗口，如图 11-4 所示。

图 11-4　可视化数据库管理器窗口

“数据库管理器”窗口由菜单栏、工具栏、子窗口区和状态条组成，启动完成时，其子窗口区为空。

2. 建立 Jet 数据库

建立 Jet 数据库的步骤如下：

① 选择“文件”菜单中的“新建”项，出现一个子菜单，列出如下可选的数据库类型：

- Microsoft Access：Microsoft Access(Version 2.0 或 7.0).mdb
- Dbase：Dbase(Version 5.0，Ⅳ或Ⅲ)数据库
- FoxPro：FoxPro(Version 3.0，2.6，2.5 或 2.0)数据库
- Paradox：Paradox(Version 5.0，4.x 或 3.x)数据库
- ODBC：新的 ODBC 数据源
- Text Files：存储表文件的目录

在其中选择一项，如“Microsoft Access”。若再出现下级子菜单，则再选一项，如“Version

7.0 MDB”。

② 出现“创建数据库”对话框，在该对话框中选择保存数据库的路径和库文件名，如输入数据库文件名为“student”，保存文件夹为 e:\vb。

③ 单击“保存”按钮后，在 VisData 多文档窗口中将出现“数据库窗口”和“SQL 语句”两个子窗口。在“数据库窗口”中单击“+”号，将列出新建数据库的常用属性，如图 11-5 所示。

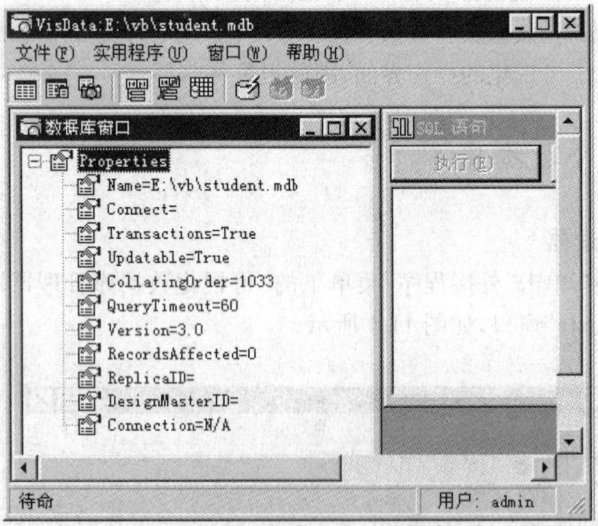

图 11-5 新建数据库的属性

11.2.2 添加数据表

利用可视化数据管理器建立数据库后，就可以向该数据库中添加数据表。下面以添加 Access 表为例介绍添加和建立表的方法。

1. 建立数据表结构

建立数据表结构的步骤如下：

① 打开已经建立的 Access 数据库，如 student.mdb。

② 用鼠标右键单击数据库窗口，在出现的快捷菜单中选择“新建表”，此时将打开“表结构”对话框。对话框中“表名称”必须输入，即数据表必须有一个名字，如学生表。“字段列表”显示表中的字段名，通过“添加字段”和“删除字段”按钮进行字段的添加和删除。有索引关键字的可向“索引列表”中添加或删除索引。

③ 单击“添加字段”按钮打开“添加字段”对话框。在“名称”文本框中输入一个字段名，在“类型”下拉列表中选择相应的数据类型，在“大小”框中输入字段长度，选择字段是“固定字段”还是“可变字段”，以及“允许零长度”和“必要的”。还可以定义验证规则来对取值进行限制，可以指定插入记录时字段的默认值。

一个字段完成后，单击“确定”按钮，该对话框中的内容将变为空白，可继续添加该表中的其他字段。当所有字段添加完毕后，单击该对话框中的“关闭”按钮，将返回“表结构”对话框。

④ 单击“表结构”对话框中的“添加索引”按钮，打开“添加索引”对话框。在“名称”框中输

入索引名，每个索引都要有一个名称。在"可用字段"中选择建立索引的字段名。一个索引可以由一个字段建立，也可以用多个字段建立。

如果要使某个字段或几个字段的值不重复，可以建立索引，并使索引为唯一的，否则一定不要选中"唯一的"。

⑤ 建立好"学生表"的表结构，如图 11-6 所示。在"表结构"对话框中，单击"生成表"按钮生成表，关闭表结构对话框，在数据库窗口中就可以看到生成的表。

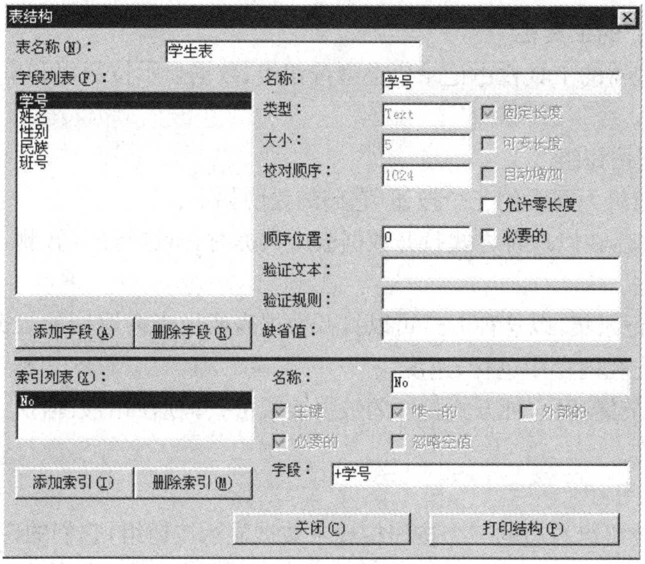

图 11-6　"表结构"对话框

2. 修改数据库结构

在可视化数据管理器中，可以修改数据库中已经建立的数据表的结构。操作如下：

① 打开要修改的数据表的数据库。在数据库窗口中用鼠标右键单击要修改表结构的数据表的表名，出现快捷菜单，如图 11-7 所示。

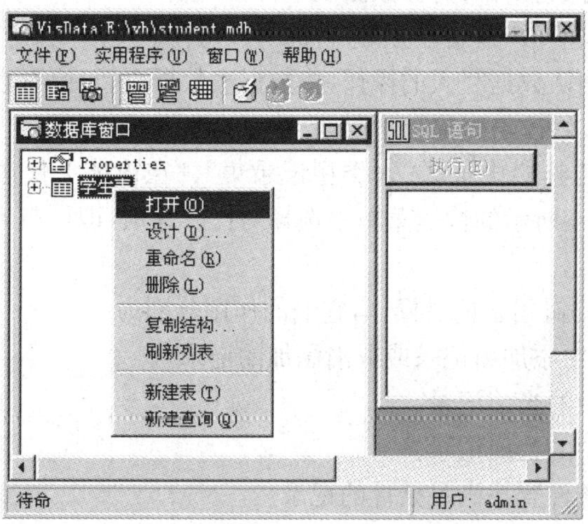

图 11-7　数据库窗口中的快捷菜单

② 在快捷菜单中选择“设计”选项，将打开“表结构”对话框。此时的“表结构”对话框与建立表时的对话框不完全相同。在该对话框中可以做的修改工作包括：修改表名称、修改字段名、添加与删除字段、修改索引、添加与删除索引、修改验证和默认值等。单击“打印结构”按钮可打印表结构，单击“关闭”按钮即完成修改。

11.2.3 数据表中数据的编辑

1. “数据管理器”的工具栏

可视化数据管理器的工具栏由记录集类型按钮组、数据显示按钮组和事务方式按钮组三部分组成。

(1) 记录集类型按钮组

记录集类型按钮组为开头的三个按钮，它们的说明如下：

① 表类型记录集：在以这种方式打开数据表中数据时，所进行的增、删、改等操作都将直接更新数据表中的数据。

② 动态集类型记录集：以这种方式可以打开数据表或由查询返回的数据，所进行的增、删、改及查询等操作都先在内存中进行，速度快。

③ 快照类型记录集：以这种方式打开的数据表或由查询返回的数据仅供读取而不能更改，适用于进行查询工作。

(2) 数据显示按钮组

在记录集类型按钮组右边的三个按钮构成了数据显示按钮组，它们的说明如下：

① 在窗体上使用 Data 控件：在显示数据表的窗口中使用 Data 控件来控制记录的滚动。

② 在窗体上不使用 Data 控件：在显示数据表的窗口中不使用 Data 控件，而是使用水平滚动条来控制记录的滚动。

③ 在窗体上使用 DBGrid 控件：在显示数据表的窗口中使用 DBGrid 控件。

(3) 事务方式按钮组

在数据显示按钮组右边的三个按钮构成了事务方式按钮组，它们的说明如下：

① 开始事务：开始将数据写入内存数据表中。

② 回滚当前事务：取消由“开始事务”进行的写入操作。

③ 提交当前事务：确认数据写入的操作，将数据表数据更新，原有数据将不能恢复。

2. 数据记录的输入、修改与删除

在“数据管理器”的工具栏中选择“表类型记录集”、“在窗体上使用 Data 控件”和“开始事务”选项，然后在如图 11-4 所示的快捷菜单中选择“打开”选项，即可打开数据表记录处理窗口，如图 11-8 所示。

在该窗口中有 6 个按钮用于记录操作，它们的作用分别为：

① 添加/取消：向表中添加新记录或取消添加的记录。

② 更新：保存窗口中的当前记录。

③ 删除：删除窗口中的当前记录。

④ 查找：根据指定条件查找满足条件的记录。

⑤ 刷新：用于记录刷新，这仅对多用户应用程序才需要。

⑥ 关闭：关闭表处理窗口。

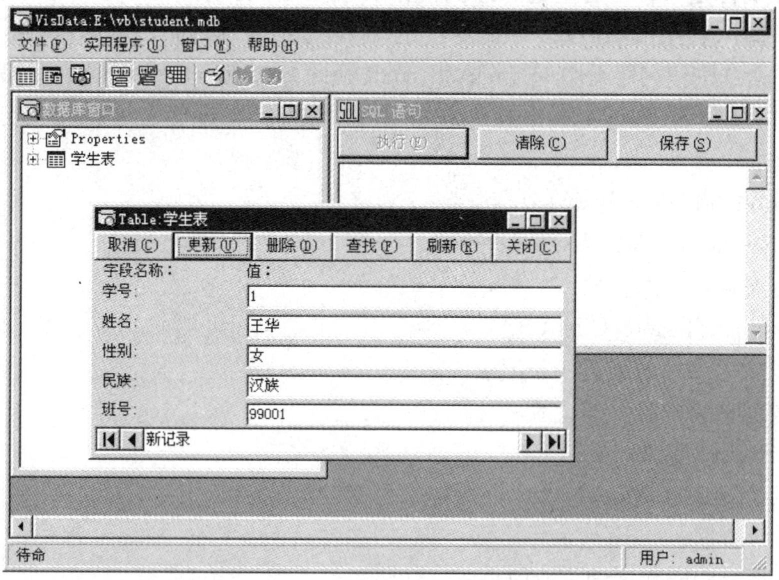

图 11-8　数据记录处理窗口

11.2.4　使用“数据窗体设计器”

“数据窗体设计器”可以创建数据窗体，并把它们添加到当前的 VB 工程中。使用这个工具，不必编写任何代码，就能创建用于浏览、修改和查询数据的应用程序。

“数据窗体设计器”菜单项在“实用程序”菜单中，只有打开一个数据库后，该菜单项才有效。数据窗体设计器的使用步骤如下：

① 首先执行“文件”菜单中的“打开数据库”菜单项，打开前面建立的 student.MDB 数据库，这时在“实用程序”菜单中的“数据窗体设计器”菜单项变为可用的。

② 执行“实用程序”菜单中的“数据窗体设计器”菜单项，出现“数据窗体设计器”对话框。在“窗体名称(不带扩展名)”框中输入“stud”，在“记录源”组合框中选择“学生表”，这时“可用的字段”列表框中列出学生表的所有字段，单击“>>”按钮将其全部移到“包括的字段”列表框中。

③ 单击“生成窗体”按钮，当所有字段消失后，数据窗体被加入到当前的工程中。

④ 单击“关闭”按钮，关闭“数据窗体设计器”对话框。此时在工程中生成的数据窗体如图 11-9 所示。以 frmstud 文件名保存该窗体。

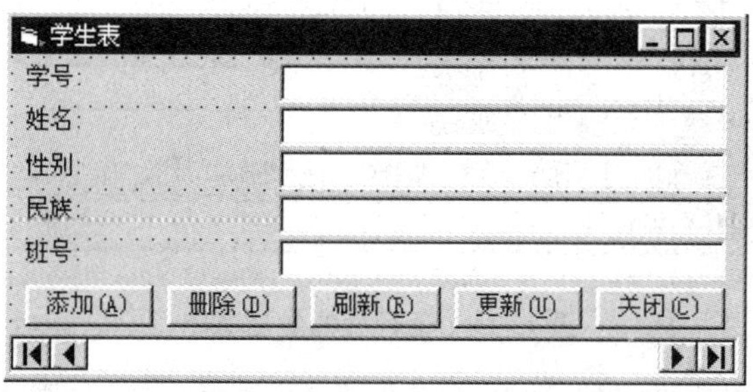

图 11-9　自动生成的窗体

实际上，该窗体是 VB 自动生成的，其中包括 5 个标签（分别为对应字段的字段名）、5 个文本框（分别用于输入各字段的值）、5 个命令按钮（标题分别为“添加”、“删除”、“刷新”、“更新”和“关闭”，对应的命令按钮名字分别是 cmdAdd、cmdDelete、cmdRefresh、cmdUpdate 和 cmdClose）和一个 Data 控件（名字为 Data1，Data 控件在下节中介绍）。在这些命令按钮上分别设计以下 Click 事件过程：

```
Private Sub cmdAdd_Click()
  Data1. Recordset. AddNew
End Sub
Private Sub cmdDelete_Click()
  '如果删除记录集的最后一条记录
  '记录或记录集中唯一的记录
  Data1. Recordset. Delete
  Data1. Recordset. MoveNext
End Sub
Private Sub cmdRefresh_Click()
  '这仅对多用户应用程序才需要
  Data1. Refresh
End Sub
Private Sub cmdUpdate_Click()
  Data1. UpdateRecord
  Data1. Recordset. Bookmark = Data1. Recordset. LastModified
End Sub
Private Sub cmdClose_Click()
  Unload Me
End Sub
```

在阅读后面的 Data 控件后，读者可回过头理解“数据窗体设计器”自动生成窗体的原理。

⑤ 单击“工程”菜单中的“工程属性”菜单项，出现“工程属性”对话框。在“启动对象”组合框中选择“frmstud”，然后运行工程。这时窗体如图 11-10 所示，可以通过命令按钮执行相应的数据表操作。

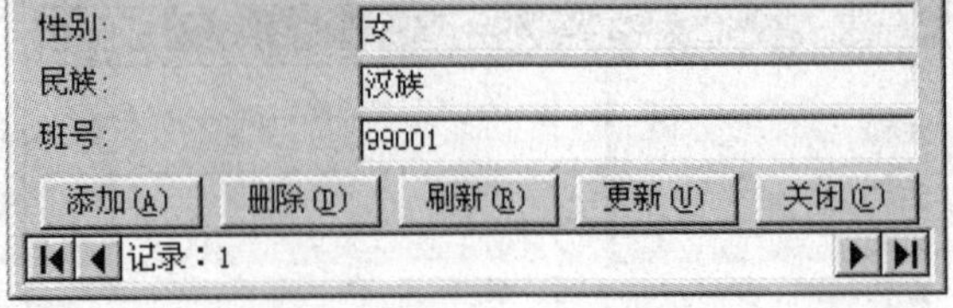

图 11-10　运行后的数据窗体

我们可以对生成的窗体进行修改，使之更美观，操作更方便，如图 11-11 所示，是对上面自动生成的窗体进行修改的结果，其中将“性别”文本框和“民族”文本框改为组合框，以便于数据输入。

图 11-11　改进后的数据窗体

11.3　数据访问控件

11.3.1　Data 控件

Data 控件是 VB 中访问数据库的重要控件，它支持大多数与数据库有关的操作，通过使用 Data 控件可以开发出非常复杂的数据库应用程序。

Data 控件可以不使用代码完成以下功能：

① 完成对本地和远程数据库的链接。

② 打开指定的数据库表，或者是基于 SQL 的查询集。

③ 将表中的字段传至数据绑定控件，并针对数据绑定控件中的修改来更新数据库。

④ 关闭数据库。

1. Data 控件的属性

Data 控件有许多属性，其中如 Name、Left 等属性与数据库的访问无关，另一些属性与数据库访问密切相关，这里我们重点介绍如下属性：

(1) Connect 属性

设置连接的数据库的类型。VB 提供了 7 种可访问的数据库类型，其中比较常用的有 Microsoft Access、dBASE 和 FoxPro 等。可以在属性窗口中单击 Connect 属性右边的按钮，在出现的一个公用对话框中选择相应的数据库类型；也可以在运行时利用语句进行设置。如果处理的是 Access 格式的数据库，不需要设置这个属性。

(2) DatabaseName 属性

设置被访问的数据库的名字和路径。可以单击属性窗口中 DatabaseName 属性右边的按钮，在出现的公用对话框中选择相应的数据库，也可以在运行时利用语句进行设置。

(3) Exclusive 属性

设置是以单用户(独占)方式还是多用户方式打开指定的数据库。设置为 True 时是单用户方式,为 False(缺省值)时是多用户方式。

(4) ReadOnly 属性

设置是否以只读方式打开指定的数据库。设置为 True 时是只读方式,为 False(缺省值)时是读写方式。

(5) RecordSource 属性

设置数据源,可为底层表、SQL 语句或 QueryDef 对象。

(6) Recordset 属性

返回一个指定数据源中的记录集或运行一次查询所得的记录的结果集合。

(7) RecordsetType 属性

设置创建的 Recordset 对象的类型,其取值如下:

① dbOpenTable:表记录集类型。一个记录集,代表能用来添加、更新或删除的单个数据库表。

② dbOpenDynaset:动态集类型。一个动态记录集,代表一个数据库表或包含从一个或多个表取出的字段的查询结果。可从 Dynaset 类型的记录集中添加、更新或删除记录,并且任何改变都将反映在基本表上。

③ dbOpenSnapshot:快照类型。一个记录集的静态副本,可用于查找数据或生成报告。一个快照类型的 Recordset 能包含从一个或多个在同一数据库中的表里取出的字段,但字段不能更改。

(8) BOFAction 属性

设置当 BOF 为 True,记录集移动到第一个记录的上头时,Data 控件的动作。

(9) EOFAction 属性

设置当 EOF 为 True,记录集移动到最后一个记录的下头时,Data 控件的动作。

2. Data 控件的方法

Data 控件的常用方法如下:

(1) Refresh 方法

在 Data 控件打开或重新打开数据库的内容时,该方法可以更新 Data 控件的数据设置。在程序运行时如果设置了 Data 控件的某些属性,如 Connect、RecordSource 或 Exclusive 等属性,则必须在设置完属性后使用 Refresh 方法使之生效。

(2) UpdateRecord 方法

把当前的内容保存到数据库中,但不触发 Validate 事件。

(3) UpdateControls 方法

将 Data 控件记录集中的当前记录填充到某个数据绑定控件。

3. Data 控件的事件

Data 控件的常用事件如下:

(1) Error 事件

当 Data 控件产生执行错误时触发。使用语法如下:

Private Sub Data1_Error(DataErr As Integer, Response As Integer)

其中,Data1 是 Data 控件的名字;DataErr 为返回的错误号;Response 设置执行的动作,为 0 时表示继续执行,为 1 时显示错误信息。

(2) Reposition 事件

当某一个记录成为当前记录后触发。通常是利用该事件进行以当前记录内容为基础的操作，如进行计算等。

（3）Validate 事件

在记录改变之前，以及删除、更新或关闭操作之前触发。

4. Recordset 对象

Recordset 是由 Data 控件返回的代表选定记录集的一个对象，它既是一个属性也是一个对象，并且具有自己的方法和属性。

（1）Recordset 的方法

① MoveFirst、MoveNext、MovePrevious 和 MoveLast 方法。这些方法的功能分别是将记录定位在记录集的首记录、下一个记录、上一个记录和最后一个记录上。

② FindFirst、FindLast、FindNext 和 FindPrevious 方法。这些方法的功能分别是自首记录开始向下查询匹配的第一个记录、自尾记录开始向上查询匹配的第一个记录、自当前记录开始向下查询匹配的第一个记录和自当前记录开始向上查询匹配的第一个记录。这些查找方法只适用于动态集类型和快照集类型的记录集，对于表记录集类型则使用另一种方法 Seek 进行查找操作。

③ Seek 方法。只用于对表记录集类型的记录集中的记录进行查找。注意：该方法必须和一个活动的索引一起使用，而且活动索引指定的字段必须是已经设置为索引的才能使用。Recordset 的 NoMatch 属性可以作为是否找到符合条件的记录的判断依据，如果该属性值为 True，表明没有找到符合条件的记录。

④ AddNew、Edit、Delete 和 Update 方法。AddNew 方法用于添加一个新记录，实际上该方法只是清除拷贝缓冲区允许输入新的记录，但并没有把新记录添加到记录集中，要想真正增加记录，应当使用 Update 方法；Edit 方法将当前记录放入拷贝缓冲区，以改变信息，进行编辑记录的操作，和 AddNew 方法一样，如果不使用 Update 方法，所有的编辑结果将不会改变记录；Delete 方法用于删除一个记录，一旦使用了该方法，记录就永远消失不可恢复；Update 方法进行记录集中的记录更新。

如果使用 AddNew 和 Edit 方法之后，没有立即使用 Update 方法，而是重新使用 Edit、AddNew 等操作移动了记录指针，拷贝缓冲区将被清空，则原来输入的信息将会全部丢失，不会存入记录集中。

⑤ Close 方法。该方法用于关闭指定记录集。

（2）Recordset 的属性

Recordset 的常用属性有 BookMark 属性和 AbsoultPosition 属性。

① Bookmark 属性。这是书签属性，和我们在阅读时使用的书签一样，用于标志记录集中的记录，以便在需要时快速地将记录指针指向一个记录。需要注意的是存储书签的变量必须是 Variant 类型。

② AbsolutePosition 属性。该属性指示当前记录的位置。

【例 11.1】 Data 控件应用示例。

设计如图 11-12 所示的一个窗体，窗体中包含的各控件及其属性设置如表 11-2 所示。

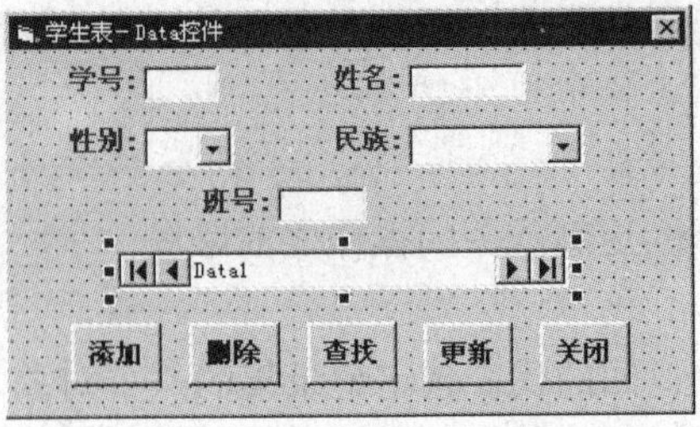

图 11-12 例 11.1 程序界面

表 11-2 控件及其属性设置

控件名字	属性	属性值
Data1	Caption	Data1
	Connect	Access
	DatabaseName	E:\vb\student. mdb
	DefaultCursorType	0 （默认游标）
	DefaultType	2 （使用 ODBC）
	Exclusive	0 （False）
	Options	0
	ReadOnly	0 （False）
	RecordsetType	1 （Dynaset）
	RecordSource	学生表
Combo1	DataField	性别
	Data1	DataSource
Combo2	DataField	民族
	DataSource	Data1
cmdAdd	Caption	添加
cmdDelete	Caption	删除
cmdFind	Caption	查找
cmdUpdate	Caption	更新
cmdClose	Caption	关闭
txtFields(0)	DataField	学号
	DataSource	Data1
txtFields(1)	DataField	姓名
	DataSource	Data1
txtFields(2)	DataField	班号
	DataSource	Data1
lblLabels(0)	AutoSize	－1 （True）
lblLabels(1)	AutoSize	－1 （True）
	Caption	姓名：
lblLabels(2)	AutoSize	－1 （True）
	Caption	性别：
lblLabels(3)	AutoSize	－1 （True）
	Caption	民族：
lblLabels(4)	AutoSize	－1 （True）
	Caption	班号：

该例的执行界面如图 11-13 所示。在开始时,数据库表中数据为空,先单击“添加”按钮,输入或选择各字段的值,单击“更新”按钮,则输入了一个记录。

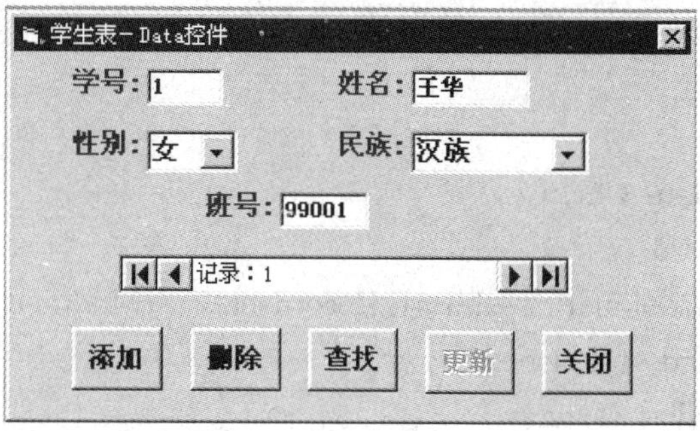

图 11-13　例 11.1 示例执行界面

在本例窗体中设计如下事件过程：

```
Private Sub cmdAdd_Click()
  Data1. Recordset. AddNew
  cmdDelete. Enabled = False
  cmdFind. Enabled = False
  cmdUpdate. Enabled = True
  txtFields(0). SetFocus
End Sub
Private Sub cmdDelete_Click()
  If MsgBox("真的要删除当前记录吗", vbYesNo, "信息提示") = vbYes Then
    Data1. Recordset. Delete
    Data1. Recordset. MoveNext
    If Data1. Recordset. EOF Then
      Data1. Recordset. MoveFirst
      If Data1. Recordset. BOF Then
        cmdDelete. Enabled = False
        cmdFind. Enabled = False
      End If
    End If
  End If
End Sub
Private Sub cmdClose_Click()
  Unload Me
End Sub
Private Sub cmdFind_Click()
  Dim str As String
  str = InputBox("输入查找表达式,如年龄=9", "查找")
```

```
    If str = "" Then Exit Sub
    Data1. Recordset. FindFirst str
    If Data1. Recordset. NoMatch Then
      MsgBox "指定的条件没有匹配的记录", , "信息提示"
    End If
End Sub
Private Sub cmdUpdate_Click()
    Data1. UpdateRecord
    Data1. Recordset. Bookmark = Data1. Recordset. LastModified
    cmdUpdate. Enabled = False
    cmdDelete. Enabled = True
    cmdFind. Enabled = True
End Sub
Private Sub Data1_Error(DataErr As Integer, Response As Integer)
    MsgBox "数据错误事件命中错误:" & Error$(DataErr)
    Response = 0                                        '忽略错误
End Sub
Private Sub Data1_Reposition()
    Screen. MousePointer = vbDefault
    On Error Resume Next
    Data1. Caption = "记录:" & (Data1. Recordset. AbsolutePosition + 1)
End Sub
Private Sub Form1_Initialize()
    If Data1. Recordset. EOF And Data1. Recordset. BOF Then    '检测记录集是否为空
      cmdFind. Enabled = False
      cmdDelete. Enabled = False
    Else
      Data1. Recordset. MoveFirst                          '指向第一个记录
    End If
    cmdUpdate. Enabled = False
End Sub
```

11.3.2 DBGrid 控件

VB 提供了一个简单、方便、快捷的数据库访问对象即 Data 控件，利用它只需少量的代码即可访问多种数据库中的数据。但是，只有 Data 控件是不够的，必须利用数据绑定控件来显示、编辑和查询数据库中的数据。数据绑定控件也叫数据识别控件，可通过它访问数据库的信息。当一个控件通过设置属性被绑定到 Data 控件时，VB 会把从当前数据库记录取出的相应字段值应用于该控件，控件显示数据并接受更改。

在 VB 中可以与 Data 控件一起使用的标准绑定控件包括复选框、图像框、图片框、标签、文本框、列表框和组合框。大多数数据绑定控件都有 DataSource 和 DataField 属性，前者指定绑定的数据源，后者指定绑定的字段。这里主要讨论 DBGrid 控件。

1. 用 DBGrid 控件浏览数据库表

在使用 DBGrid 控件之前，必须通过“工程”菜单的“部件”选取“Microsoft Data Bound Grid Control 5. 0”，如图 11-14 所示。单击“确定”后，DBGrid 控件的图标出现在工具箱中，我们可以像内部控件一样将它拖放在窗体中。

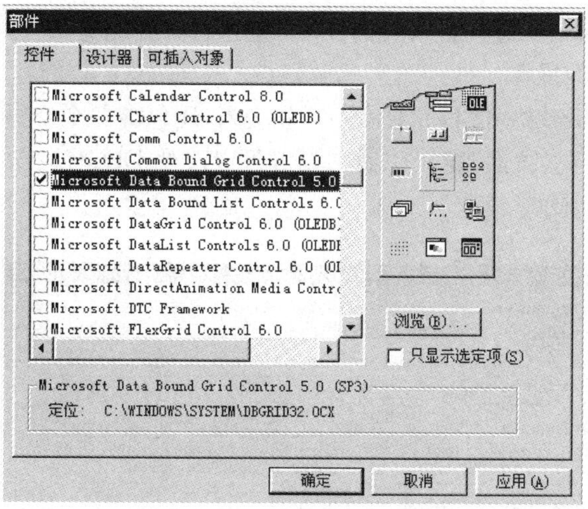

图 11-14 “部件”对话框

把 DBGrid 控件的 DataSource 属性设置为一个 Data 控件的方法是在窗体的空白位置上右击鼠标，在出现的快捷菜单中选择“属性窗口”，出现属性窗口，在上方的对象框中选择 DBGrid 控件的名称，然后设置其 DataSource 属性的值。

当把 DBGrid 控件的 DataSource 属性设置为一个 Data 控件时，DBGrid 控件会被自动填充并且其列标题会用 Data 控件的记录集里的数据自动设置。如果不是这样，选中该控件，单击鼠标右键，选择“Retrieve Fields”(检索字段)进行列的自动填充。这就提供了大量的“已就绪”的功能，它们允许浏览和编辑完整的数据库表及查询结果。

可把焦点设在各个单元格上并直接编辑单元格里的数据。也可选择以行或列为基础的单元格。每一列有自己的字体、边框和颜色等属性，不用考虑其他列就能够设置。在设计时，能设置列宽和行高等。

DBGrid 控件依靠两个对象：Data 控件的 Recordset 对象和 DBGrid 本身的 Columns 集合。DBGrid 控件实际上是 Column 对象的集合，其中每个对象有不同数量的行。每一列对应着数据库表的一个字段，而每一行则对应一个记录。DBGrid 控件的 Columns 集合的 Count 属性决定了列的数量，而 Data 控件的 Recordset 对象的 RecordCount 属性决定了行的数量。

操作中，Row 和 Col 属性指定了网格里的当前单元格。代码中可指定当前单元格，或在运行时用鼠标或箭头键改变当前单元格。当前单元格改变时，Data 控件的记录集自动地重新定位在包含选中单元格的记录上。通过向单元格键入或改变当前选定的 Column 对象的 Value 属性，各个单元格都能交互地编辑。

使用 DBGrid 控件显示和浏览一个已有的数据库表的步骤如下：

① 在新窗体中添加一个 Data 控件，再设置其 DatabaseName 和 RecordSource 属性为想要

显示的数据库和表。

② 在窗体中添加一个 DBGrid 控件，并设置其 DataSource 属性为刚创建的 Data 控件。

③ 设置 DBGrid 控件的其他相关属性。

④ 运行程序。

程序运行时，指定的数据库表将完整地与列标题和滚动条一起显示在 DBGrid 控件中，可直接滚动表的所有记录和字段。另外，还可编辑表里的任意单元格，而当移动到一新行时，它被自动更新(假设基本记录集是可更改的且 DBGrid 控件的 AllowUpdate 属性设置为 True)。将 AllowAddNew 和 AllowDelete 属性设置为 True，通过选择并删除整行就能删除该记录。

2. DBGrid 控件设计操作

当第一次创建 DBGrid 控件时，它只有一行和一列，还包含一个空行(在运行时用星号来标示)，用来添加新记录。在"属性"窗口中通过设置可以改变 DBGrid 控件的属性，DBGrid 控件的"属性页"如图 11-15 所示。

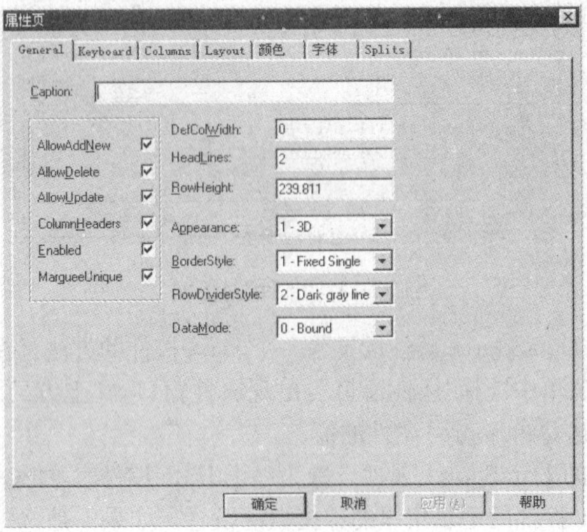

图 11-15　DBGrid 控件的"属性页"

"属性"窗口显示 DBGrid 控件的全部属性。要设置单个的 Column 对象的属性，必须把 DBGrid 控件置为活动状态。将鼠标置于 DBGrid 控件区域，按下鼠标右键，再从 DBGrid 控件的弹出菜单中选择"Edit"(编辑)。使用弹出菜单来插入或删除列，或者剪切和粘贴列，或者追加新列，以此来调整列的设置。

在弹出菜单中选择"属性"可得到"属性"对话框，里面有不同项目的选项卡。每一个 DBGrid 控件都有属性页，每个 Column 对象也有它自己的选项卡。可以使用这些选项卡交互地设置作为一个整体的 DBGrid 控件或者单个选定的列属性。

① "General"选项卡显示出应用于整个 DBGrid 控件的属性并且在设计时可以确定取值。

② "Columns"选项卡显示出单个列的属性。如果选定多列，则 Columns 选项卡中最左边的列先被选择。设置 Column 对象属性不影响整体的 DBGrid 控件的属性。

③ "颜色"选项卡允许选择所有 DBGrid 控件的颜色。Column 对象的颜色不会受这些设置的影响。

④ "字体"选项卡允许选择所有 DBGrid 控件和标题的字体。Column 对象的字体不会受这

些设置的影响。

如果一个单元格的文本太长，在单元格中显示不下，此文本会自动地在同一单元格折到下一行。要显示被折叠的文本，可以加宽单元格的 Column 对象的 Width 属性或 DBGrid 控件本身的 RowHeight 属性。

3. DBGrid 控件的运行操作

在运行时，DBGrid 控件从基本 Recordset 对象中显示记录。即使在 DBGrid 控件中有多行被选中，也是只有一个当前记录。该当前记录相应于 Data 控件的当前记录，可以用 DBGrid 控件的 Bookmark 属性对它进行设置或者检索。Bookmark 属性提供了对基本 Recordset 对象的当前记录的访问。

正如其他的数据绑定控件一样，当在 DBGrid 控件中改变一个记录（或者一个记录中的任何字段）时，基本记录集就会在移动到一个新记录（行）时被更新，前提是假设它可以更新并且 DBGrid 控件的 AllowUpdate 属性设置为 True，否则就会出现一个可捕获的错误。

如果 RecordSelectors 属性为 True，则通过单击该行的记录选择器图标可以选择一整行。

当选择一个单元格时，Col 和 Row 属性就被设置了。该 Column 对象的 Text 与 Value 属性引用当前单元格的内容。可用 SelStartCol 和 SelEndCol 属性返回一个选定范围的起始列和结束列。

【例 11.2】 DBGrid 控件的应用示例。

为应用程序设计一个窗体，如图11-16 所示，窗体中包含的各控件及其属性设置如表 11-3 所示。

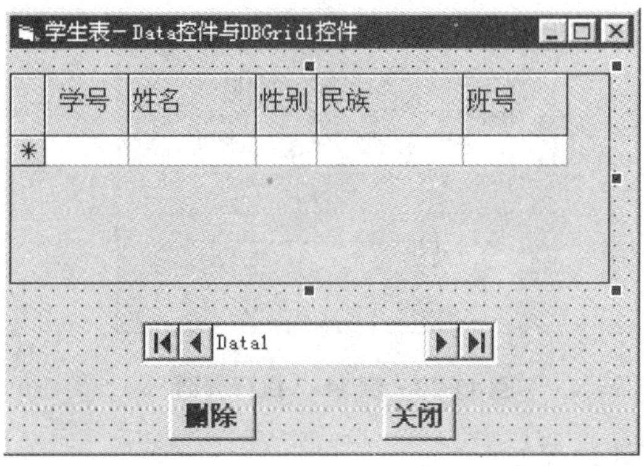

图 11-16　例 11.2 设计界面

表 11-3　控件及其属性设置

控件名称	属性	设置值
Command1	Caption	删除
Command2	Caption	关闭
	Caption	Data1
	Access	Connect
	E:\vb\student.mdb	DatabaseName

续表

控件名称	属性	设置值
Data1	DefaultCursorType	0 （默认游标）
	DefaultType	2 （使用 ODBC）
	Exclusive	0 （False）
	ReadOnly	0 （False）
	RecordsetType	1 （Dynaset）
	RecordSource	学生表
DBGrid1	AllowAddNew	True
	AllowDelete	True
	AllowUpdate	True
	DataSource	data1
	DataMode	0－Bound
	HeadLines	2

本例的执行界面如图 11-17 所示，将记录移动到第一个记录的下方时，便可以输入一个新记录了。如果将一个记录的所有字段值都删除，便可删除该记录，但这样比较麻烦，为此提供了一个删除记录命令按钮，指向一个记录，然后单击该命令按钮便可删除该记录。

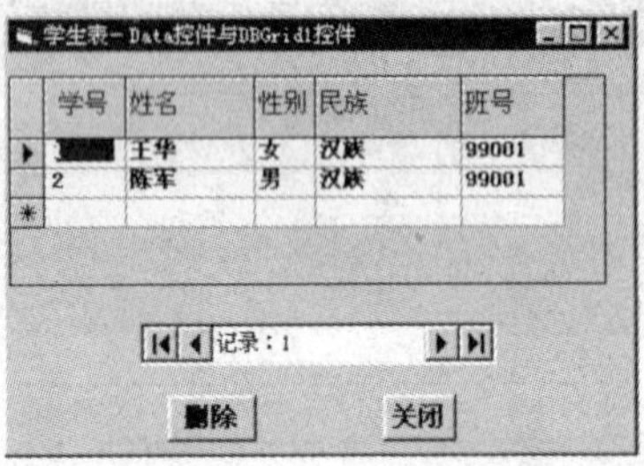

图 11-17　例 11.2 执行界面

本例窗体上设计的事件过程如下：

```
Private Sub Command1_Click()
    Data1. Recordset. Delete
End Sub
Private Sub Command2_Click()
    Unload Me
End Sub
Private Sub Data1_Reposition()
    Screen. MousePointer = vbDefault
    On Error Resume Next
    Data1. Caption = "记录:" & (Data1. Recordset. AbsolutePosition + 1)
End Sub
```

11.4　使用 ADO 数据访问控件

ADO 是为 Microsoft 最新最强大的数据访问范例 OLE DB 而设计的，是基于 OLE DB 之上的技术，因此 ADO 通过其内部的属性和方法提供统一的数据访问接口方法，是一个便于使用的应用程序层接口。ADO 是独立于开发工具和开发语言的简单而且容易使用的数据接口。

ADO 对象可以在所有支持 COM 和 OLE 的平台上使用，如 VB、VC++、VBScript 和 Java 等等。

OLE DB 是一种底层数据访问界面接口，它是一套部件对象模型(COM)接口，用于第三方驱动程序商开发输出数据源到 ADO 技术的应用程序或用于 C++的开发者开发定制的数据库组件。OLE DB 接口支持大量可应用于数据源的 DBMS 功能，提供了对各种数据库的高效的访问，包括关系数据库和非关系数据库，电子邮件和文件系统，以及文本文件和图形等，使数据源能够共享其数据。

ADO 使用了与 DAO 相似的约定和特性，但 ADO 当前并不支持 DAO 的所有功能。

ADO 具有非常简单的对象模型，如图 11-18 所示，它包括 7 个对象，即 Connection、Command、Parameter、Recordset、Field、Property、Error，以及 4 个集合，即 Fields、Properties、Parameters、Errors。ADO 的核心是 Connection、Recordset 和 Command 对象。

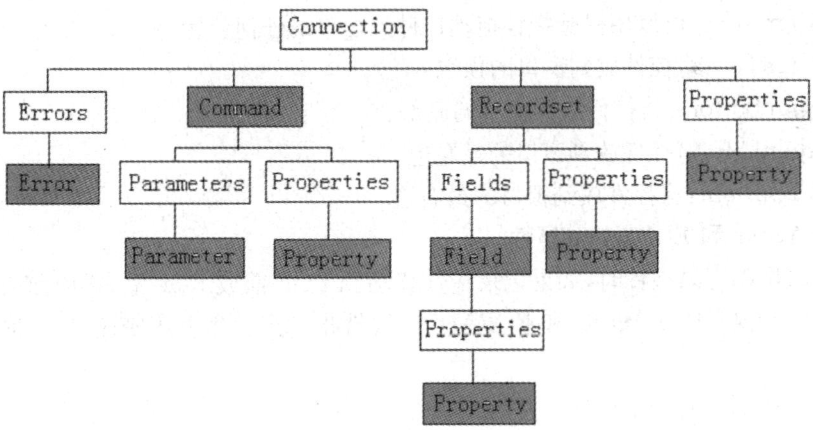

图 11-18　ADO 数据模型

ADO Data 控件可以实现以下功能：

① 连接一个本地数据库或远程数据库。

② 打开一个指定的数据库表，或定义一个基于结构化查询语言(SQL)的查询、存储过程或该数据库中表的视图记录集合。

③ 将数据字段的数值传递给数据绑定控件，可以在这些控件中显示或更改这些数值。

④ 添加新的记录，或根据更改显示在绑定的控件中的数据来更新一个数据库。

要使用 ADO Data 控件，单击“工程”菜单上的“部件”选项，并在“部件”对话框中选择“Microsoft ADO Data Control 6.0”，如图 11-19 所示。单击“确定”按钮，就可将 ADO Data 控件添加到 VB 中的控件工具箱中。通过数据控件可以直接对记录集进行访问,移动记录指针,不需要编写代码即可实现对数据库的操作。

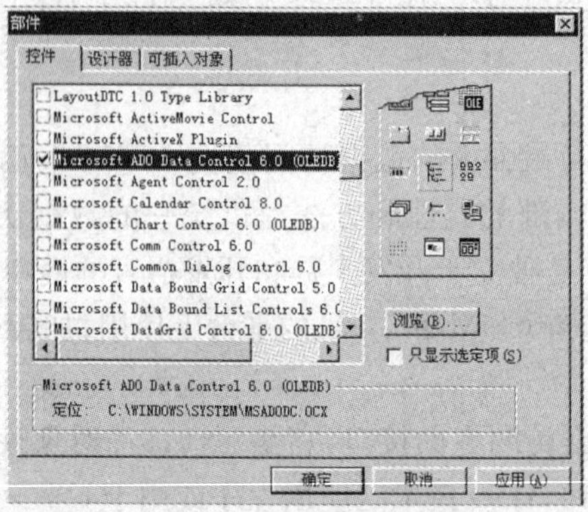

图 11-19 “工程”菜单的“部件”对话框

11.4.1 ADO Data 控件的属性

ADO Data 控件的常用属性如下:

1. Align 属性

用来把数据控件摆放在窗体的特定位置,有 5 个可选的位置:

① vbAlignNone:可以用鼠标指针拖动控件到窗口的任何位置。

② vbAlignTop:将控件放到窗口的顶端。

③ vbAlignBottom:将控件放到窗口的底部。

④ vbAlignLeft:将控件放到窗口的最左边。

⑤ vbAlignRight:将控件放到窗口的最右边。

2. BOFAction 和 EOFAction 属性

当移动数据库记录指针时,如果记录指针移动到 BOF 前或 EOF 后,再向前或向后移动记录指针将发生错误。BOFAction 和 EOFAction 属性指定当发生上述错误时,数据控件采取什么样的操作。

BOFAction 属性有两个可选常量:

① adDoMoveFirst:移动记录指针到第一个记录。

② adStayBOF:移动记录指针到记录的开始。记录指针移动到记录的开始位置时将引发数据控件的 Validate 事件和 Reposition 事件,这时可编写程序代码确定要执行的操作。

EOFAction 属性有三个可选常量:

① adDoMoveLast:移动记录指针到最后一个记录。

② adStayEOF:移动记录指针到记录的结尾,同样可利用它引发事件编写程序代码。

③ adDoAddNew:当记录指针移动到文件尾部时,引发数据控件的 Validate 事件,然后自动执行 AddNew 方法添加新记录,并在新记录上引发 Reposition 事件。

3. ConnectionString 属性

ConnectionString 属性用来建立与数据源的链接的信息。由于 VB 的 ADO 对象模型可以链接不同类型的数据库，所以在使用 ADO Data 控件时也能够通过 ConnectionString 属性来设置要链接的数据库。

在设计时，可以首先将 ConnectionString 属性设置为一个有效的连接字符串，也可以将 ConnectionString 属性设置为定义连接的文件名。该文件是由“数据链接”对话框产生的。

设置 ConnectionString 属性的步骤如下：

① 单击 ADOData 控件，并在“属性”窗口中单击 ConnectionString 属性的“...”按钮，出现如图 11-20 所示的“属性页”对话框。

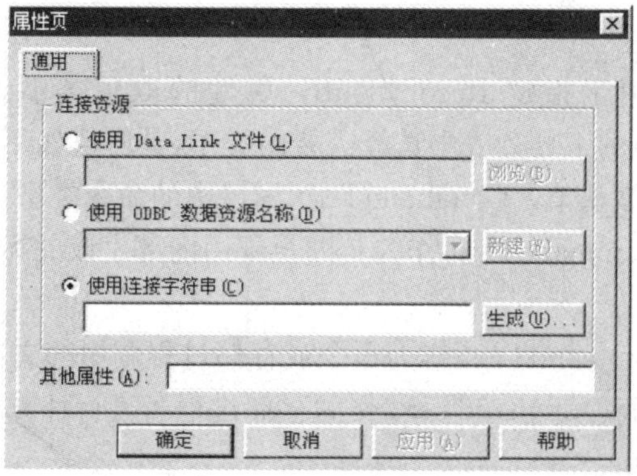

图 11-20　“属性页”对话框

② 如果已经创建了一个 Microsoft 数据链接文件(.UDL)，选择“使用 Data Link 文件”单选按钮，并单击“浏览”按钮，以找到计算机上的文件。

③ 如果使用 DSN，则单击“使用 ODBC 数据源名”连接，并从框中选择一个 DSN，或单击“新建”按钮创建一个。

④ 如果想创建一个连接字符串，选择“使用连接字符串”单选按钮，单击“生成”按钮，然后在如图 11-21 所示的“数据链接属性”对话框中创建一个连接。

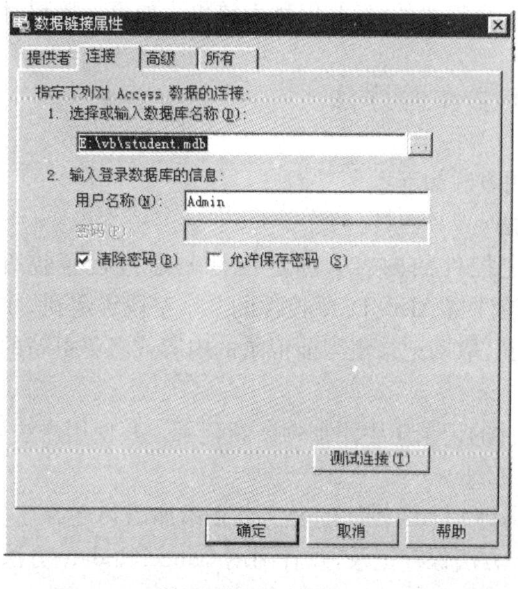

图 11-21　“数据链接属性”的“连接”选项卡

⑤ 在创建连接字符串后，单击“确定”按钮。ConnectionString 属性将使用一个类似于下面一行的字符串来填充：

drive=[SQL Server];server=bigsmile;uid=sa;pwd=pwd;database=pubs

在运行时，可以动态地设置 ConnectionString 更改数据库。

4. RecordSource 属性

RecordSource 属性设置要链接的表或者 SQL 查询语句。可以在“属性”窗口中将“记录源”属性设置为一个 SQL 语句。例如：

SELECT * FROM student WHERE sex="男"

5. CommandType 属性

CommandType 属性用于指定 RecordSource 属性的取值类型。可直接在属性窗口中 CommandType属性框右边的下拉列表中选择需要的类型，其取值如下：

① adCmdUnknown：默认值。CommandText 属性中的命令类型未知。

② adCmdTable：将 CommandText 作为其列全部由内部生成的 SQL 查询返回的表格的名称进行计算。

③ adCmdText：将 CommandText 作为命令或存储过程调用的文本化定义进行计算。

④ adCmdStoreProc：将 CommandText 作为存储过程名进行计算。

6. UserName 属性

UserName 属性用于指定用户的名称，当数据库受密码保护时，需要指定该属性。该属性可以在 ConnectionString 中指定。如果同时提供一个 ConnectionString 属性以及一个 UserName 属性，则 ConnectionString 中的值将覆盖 UserName 属性的值。

7. Password 属性

Password 属性用于指定密码，在访问一个受保护的数据库时指定密码是必需的。和 Provider 属性与 UserName 属性类似，如果在 ConnectionString 属性中指定了密码，则将覆盖在该属性中指定的值。

8. ConnectionTimeout 属性

该属性设置等待建立一个连接的时间，以秒为单位。如果连接超时，则返回一个错误。

11.4.2 ADO Data 控件的方法

ADO Data 控件的常用方法如下：

1. UpdateControls 方法

该方法用于更新绑定控件的内容。绑定控件是通过设置控件的 DataSource 属性和 DataField 属性，从而将该控件与 ADO Data 控件的某个字段绑定到一起的。使用绑定控件，可以让该控件的内容自动更新，取回记录集当前记录的内容或者将更新的内容保存到记录集中。

2. AddNew 方法

用于在 ADO Data 控件的记录集中添加一条新记录。其使用语法如下：

Adodc1.Recordset.AddNew

其中 Adodc1 是一个 ADO Data 控件的名字。在添加语句之后，应该给相应的各个字段赋值，然后调用 UpdateBatch 方法保存记录，或者调用 CancelUpdate 方法取消保存。

3. Delete 方法

用于在 ADO Data 控件的记录集中删除当前记录。其使用语法如下：

Adodc1. Recordset. Delete

4. MoveFirst、MoveLast、MoveNext 和 MovePrevious 方法

用于在 ADO Data 控件的记录集中移动记录。MoveFirst、MoveLast、MoveNext 和 MovePrevious 方法分别移到第一个记录、最后一个记录、下一个记录和上一个记录。使用语法如下：

Adodc1. Recordset. MoveFirst

Adodc1. Recordset. MoveLast

Adodc1. Recordset. MoveNext

Adodc1. Recordset. MovePrevious

5. CancelUpdate 方法

用于取消 ADO Data 控件的记录集中的添加或编辑操作，恢复修改前的状态。其使用语法如下：

Adodc1. Recordset. CancelUpdate

6. UpdateBatch 方法

用于保存 ADO Data 控件的记录集中的添加或编辑操作。其使用语法如下：

Adodc1. Recordset. UpdateBatch

11.4.3 ADO Data 控件的事件

ADO Data 控件的常用事件如下：

1. WillMove 和 MoveComplete 事件

WillMove 事件在当前记录的位置即将发生变化时触发，如使用 ADO Data 控件上的按钮移动记录位置时。WillComplete 事件在位置改变完成时触发。

2. WillChangeField 和 FieldChangeComplete 事件

WillChangeField 事件是记录集中当前记录的一个或多个字段发生变化时触发。FieldChangeComplete 事件则是当字段的值发生变化后触发。

3. WillChangeRecord 和 RecordChangeComplete 事件

WillChangeRecord 事件是当记录集中的一个或多个记录发生变化前触发。RecordChangeComplete 事件则是当记录已经完成后触发。

【例 11.3】 ADO Data 控件应用示例。

本例设计一个窗体，先将 ADO Data 控件放置到窗体中，其名字为 Adodc1，进入其属性窗口，单击 ConnectionString 属性右边的"..."按钮，出现"属性页"对话框，单击其中的"使用连接字符串"选项，再单击其右边的"生成"按钮进入"数据链接属性"对话框的"提供者"选项卡，选择其中的"Microsoft Jet 3.51 OLE DB Provider"，单击"下一步"按钮，出现如图 11-21 所示的"连接"选项卡，单击"选择或输入数据库名称"右边的"..."按钮，在出现的"打开"对话框中选中 E:\vb\student.mdb 数据库，单击"测试连接"按钮，在成功连接后单击"确定"按钮返回。

再在属性窗口中单击"RecordSource"属性右边的"..."按钮，在出现的对话框中的"命令类型"中选择"2-adCmdTable"，在"表或存储过程名称"列表中选择"学生表"，单击"确定"按钮返回。

然后在窗体中设计其他标签、文本框、组合框和命令按钮，如图 11-22 所示。窗体各控件的属性设置如表 11-4 所示。

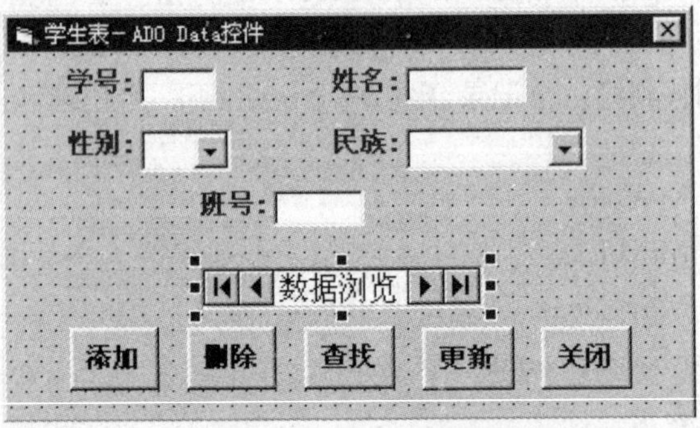

图 11-22 例 11.3 示例界面

表 11-4 各控件属性设置

控件名称	属性	设置值
Adodc1	ConnectMode	3
	CursorLocation	3
	ConnectionTimeout	15
	CursorType	3
	LockType	3
	CommandType	2
	BOFAction	0
	EOFAction	0
	ConnectStringType	1
	Connect	"Provider=Microsoft. Jet. OLEDB. 3. 51; Persist Security Info=False; Data Source=E:\vb\student. mdb"
	OLEDBString	"Provider=Microsoft. Jet. OLEDB. 3. 51; Persist Security Info=False; Data Source=E:\vb\student. mdb"
	DataSourceName	
	UserName	
	Password	
	RecordSource	学生表
	Caption	数据浏览
CmdUpdate	Caption	更新

续表

控件名称	属性	设置值
Combo2	DataField	民族
	DataSource	Adodc1
Combo1	DataField	性别
	DataSource	Adodc1
cmdClose	Caption	关闭
cmdFind	Caption	查找
cmdDelete	Caption	删除
cmdAdd	Caption	添加
txtFields(0)	DataField	学号
	DataSource	Adodc1
txtFields(1)	DataField	姓名
	Adodc1	DataSource
txtFields(2)	DataField	班号
	Adodc1	DataSource
lblLabels(0)	AutoSize	−1　(True)
	学号：	Caption
lblLabels(1)	AutoSize	−1　(True)
	姓名：	Caption
lblLabels(2)	AutoSize	−1　(True)
	性别：	Caption
lblLabels(3)	AutoSize	−1　(True)
	民族：	Caption
lblLabels(4)	AutoSize	−1　(True)
	班号：	Caption

本窗体上设计的事件过程如下：

```
Private Sub cmdAdd_Click()
  bAdd = True
  Adodc1. Recordset. AddNew
  cmdDelete. Enabled = False
  cmdFind. Enabled = False
  cmdUpdate. Enabled = True
  txtFields(0). SetFocus
End Sub
```

```
Private Sub cmdDelete_Click()
  If MsgBox("真的要删除当前记录吗", vbYesNo, "信息提示") = vbYes Then
    Adodc1. Recordset. Delete
    Adodc1. Recordset. MoveNext
    If Adodc1. Recordset. EOF Then
      Adodc1. Recordset. MoveFirst
      If Adodc1. Recordset. BOF Then
        cmdDelete. Enabled = False
        cmdFind. Enabled = False
      End If
    End If
  End If
End Sub
Private Sub cmdClose_Click()
  Unload Me
End Sub
Private Sub cmdFind_Click()
  Dim str As String
  Dim mybookmark As Variant
  mybookmark = Adodc1. Recordset. Bookmark
  str = InputBox("输入查找表达式,如年龄=9", "查找")
  If str = "" Then Exit Sub
  Adodc1. Recordset. MoveFirst
  Adodc1. Recordset. Find str
  If Adodc1. Recordset. EOF Then
    MsgBox "指定的条件没有匹配的记录", , "信息提示"
    Adodc1. Recordset. Bookmark = mybookmark
  End If
End Sub
Private Sub cmdUpdate_Click()
  Adodc1. Recordset. Update
  Adodc1. Recordset. MoveLast
  cmdUpdate. Enabled = False
  cmdDelete. Enabled = True
  cmdFind. Enabled = True
End Sub
Private Sub Form1_Load()
  If Adodc1. Recordset. EOF And Adodc1. Recordset. BOF Then
    cmdFind. Enabled = False
    cmdDelete. Enabled = False
```

```
    End If
    cmdUpdate.Enabled = False
    Adodc1.Recordset.MoveFirst
End Sub
```

运行界面如图 11-23 所示。

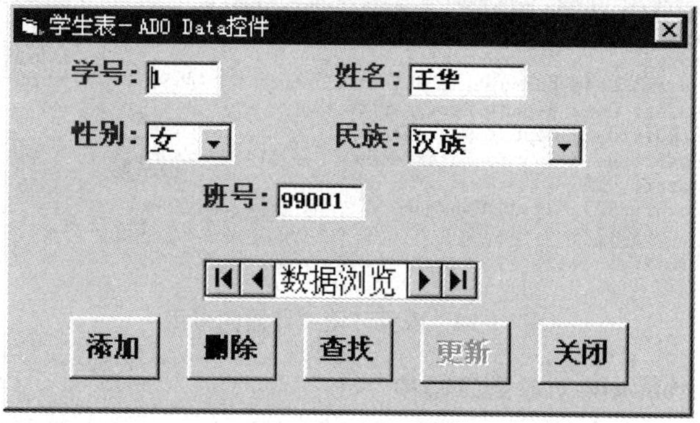

图 11-23　例 11.3 执行界面

11.5　数据环境设计器

11.5.1　数据环境设计器的概念

数据环境设计器为数据库应用程序的开发提供了一个交互式的、在设计时使用的环境，能够可视化地创建和修改表、表集和报表，为建立连接和定义命令提供了很好的图形接口。Data Environment 设计器保存在.dsr 文件中。与 ADO 对象类似，数据环境设计器是用连接对象(Connection)与数据库连接，用命令对象(Command)打开数据表、视图等。因此，用户可将数据环境设计器作为数据源，设计录入、查询与数据报表打印等程序。

11.5.2　数据环境设计器的使用方法

使用数据环境设计器作为数据源的步骤如下：

1. 在工程中引用数据环境设计器(DataEnvironment)

使用数据环境设计器之前，必须在工程中对其进行引用。在 Visual Basic 的主菜单中选择“工程|引用|Microsoft Data Environment 1.0”，如图 11-24 所示。

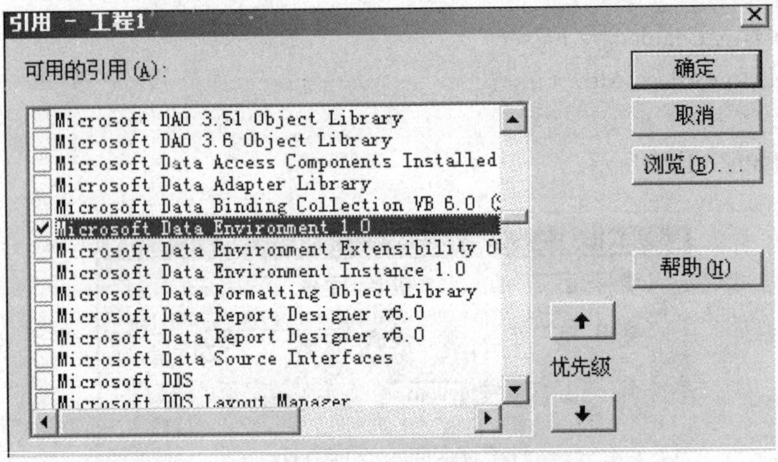

图 11-24　数据环境设计器的引用

2. 添加 DataEnvironment 对象到工程中

在 Visual Basic 的主菜单中选择"工程|添加 DataEnvironment",则可将数据环境设计器添加到工程中去,如图 11-25 所示。

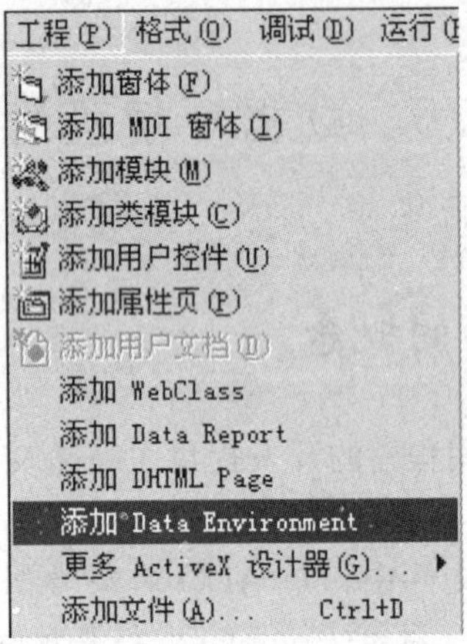

图 11-25　添加数据环境设计器

3. 在 DataEnvironment 环境中创建 Connection 连接对象,并用该对象与数据库连接

要使用数据环境访问数据库中的数据表记录,必须创建一个 Connection 连接对象,并通过连接对象与数据库连接。每一个数据环境设计器至少包含一个连接对象。在数据环境中可添加连接对象,不同连接对象可与不同数据库连接。下面介绍在数据环境中添加连接对象,以及连接对象与数据库连接的方法。

(1) 添加连接对象 Connection

在数据环境设计器 DataEnvironment 的工具栏中单击"添加连接"按钮,或用鼠标右键单击 DataEnvironment 图标,在弹出菜单中选择"添加连接"子菜单,即可在数据环境中添加一个新的连接对象 Connetion2,如图 11-26 所示。

图 11-26　添加连接对象 Connection

(2) 设置连接对象属性与数据库连接

用鼠标右键单击 Connection1，在弹出菜单中选择“重命名”，将 Connection1 改名为 Connetion_xsda。然后按下述步骤设置连接对象属性。

用鼠标右键单击连接对象 Connetion_xsda，在弹出菜单中选择“属性”，出现与 Adodc 控件类似的对话框，选择“Microsoft jet 4.0 OLE DB Provider”并单击“下一步”，在“数据链接属性”对话框中的“选择式输入数据库名称”项输入“e:\vb\data\xsda.mdb”，单击“测试选择”按钮，若连接对象 Connetion_xsda 与数据库 xsda.mdb 连接成功，则显示如图 11-27 所示对话框。单击“确定”按钮。

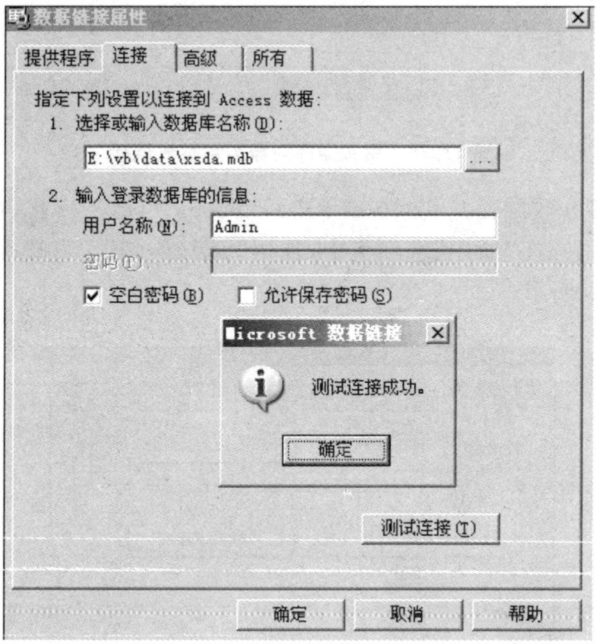

图 11-27　Connection_xsda 与数据库 xsda.mdb 连接成功

4. 在 DataEnvironment 环境中创建 Command 命令对象

Command 命令对象用于连接数据表，与 Adodc 控件类似，可通过表、SQL 语句、视图、存储过程与数据表连接。具体用法如下：

（1）在连接对象目录下添加 Command 命令对象

鼠标右键单击 Connetion_xsda 连接对象，在弹出菜单中选择“添加”，则在 Connetion_xsda 连接对象的目录下新增加一个命令对象 Command1。将该命令对象的 Name 属性改为 Command_TB03_Table，表示这个命令对象将以数据表方式与班级编码表 TB03 连接。

用同样方法添加命令对象 Command2，将该对象的 Name 属性改为 Command_TB03_SQL，表示这个命令对象将以 SQL 语句方式与班级编码表 TB03 连接。

（2）用命令对象打开数据表

可用数据库对象（表、视图或存储过程）与 SQL 语句两种方式打开数据表。

① 用数据库对象打开数据表。右击 Command_TB03_Table，在弹出菜单中选择“属性”，打开“属性”对话框，在“通用”选项卡中，选中“数据库对象”，并在其下拉列表中选择表，“对象名称”处选择 TB03，如图 11-28 所示。确定后，则用命令对象 Command_TB03_Table 打开数据表 TB03。

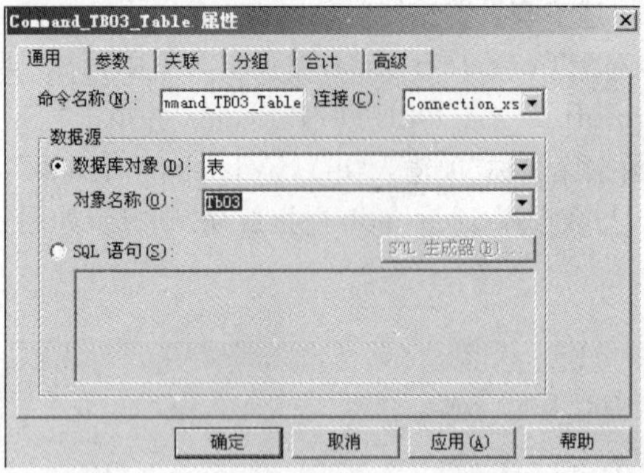

图 11.28 用数据库对象与数据表连接

② 用 SQL 语句打开数据表。鼠标右键单击 Command_TB03_SQL，在弹出菜单中选择“属性”，打开“属性”对话框。在“通用”选项卡中，选用“SQL 语句”。直接在 SQL 语句栏中输入 SQL 语句。如图 11-29 所示。

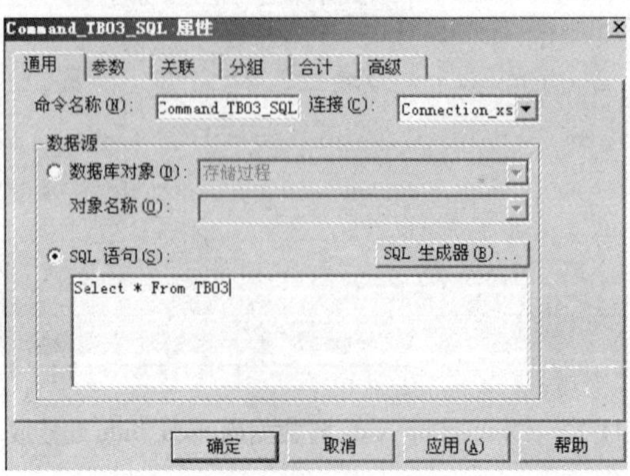

图 11-29 用 SQL 语句与数据表连接

也可用 SQL 生成器自动产生 SQL 语句，如图 11-30 所示。该 SQL 生成器具有较强的功能，可建立多表关联的 SQL 语句。

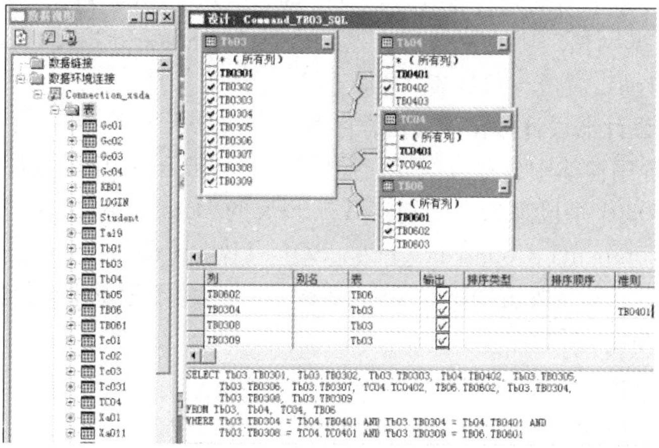

图 11-30　SQL 生成器

③ 单击 Command_TB03_Table 或 Command_TB03_SQL 目录节点，则出现 TB03 表中所有字段，如图 11-31 所示。

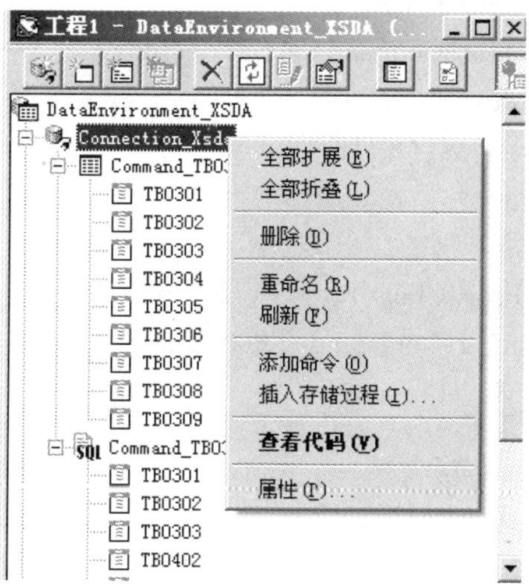

图 11-31　数据环境设计器

5. 通过拖动字段与表到窗体中自动创建数据界面控件

(1) 拖动一个字段

从图 11-30 所示的数据环境设计器中拖动字段对象(如 TB0301)到应用程序窗体中，则在应用程序窗体中将自动创建一个 TextBox 控件，该控件的 DataSource、DataMember 以及 DataField 属性将自动设置成与数据表 TB03 中的 TB0301 连接。

(2) 拖动所有字段

从数据环境设计器中拖动 Command_TB03_Table 命令对象到应用程序窗体中，则在窗体中自动创建 9 个 TextBox 控件，这些控件的 DataSource、DataMember 以及 DataField 属性将自动设置成与数据表 TB03 中的 TB0301～TB0309 连接。

(3) 拖动建立数据表格

从数据环境设计器中用鼠标右键拖动 Commnad_TB03_Table 对象到应用程序窗体中，在弹出菜单中选择“数据网格”，则在窗体中自动创建一个 DataGrid 控件，该控件的 DataSouce、DataMember 属性自动设置成与数据表 TB03 连接。

6. 用数据环境设计器设计数据库应用程序

在数据库应用程序窗体中放置数据界面控件，如 TextBox，可用数据环境作为数据源与数据表 TB03 中的 TB0301 字段连接。分别将 TextBox 的 DataSource、DataMeber、DatoField 属性设置为 DataEnvironment1、Command_TB03_SQL、TB0301 即可。

在窗体中放置 4 个命令按钮(First、Next、Prev、Last)，用于记录指针的移动。

First 按钮单击事件过程：

```
Private Sub Command_First_Click()
  with DataEnvironment1. rsCommand_TB03_Table
    If Not . Bof then . MoveFirst
  End With
End Sub
```

Next 按钮单击事件过程：

```
private Sub Command_Next_Click()
  with DataEnvironment1. rsCommand_TB03_Table
    If Not . eof then . MoveNext
  End With
End Sub
```

Prev 按钮单击事件过程：

```
private Sub Command_Prev_Click()
  with DataEnvironment1. rsCommand_TB03_Table
    If Not . Bof then . MovePrevious
  End With
End Sub
```

Last 按钮单击事件过程：

```
private Sub Command_Last_Click()
  with DataEnvironment1. rsCommand_TB03_Table
    If Not . eof then . MoveLast
  End With
End Sub
```

第 12 章　程序调试与错误处理

本章主要任务

1. 认识程序中的错误类型。
2. 掌握程序调试工具的使用。
3. 了解程序错误的捕捉与处理。

在程序设计的过程中，错误是不可避免的，找到并排除这些错误就是程序调试。程序调试在程序设计中，处于至关重要的地位，它花费的时间常常会高出代码的编辑过程。为了方便编程人员修改程序中的错误，Visual Basic 提供了丰富的调试工具，利用这些工具，可以较快地查找和排除错误。

12.1　错误的概念与类型

Visual Basic 应用程序的错误一般可分为 4 类，即语法错误、编译错误、运行错误和逻辑错误。

12.1.1　语法错误 Syntax Error

通常在语句结构中，语法不正确导致的程序错误即为语法错误。例如，丢失或写错了符号，关键字拼写不正确，有 For 没有 Next，有 If 没有 End If 或把 ElseIf 写成 Else If，以及括号不匹配等等。VB 具有自动语法查错功能，在设计阶段键入程序代码时就能检查出语法错误。如图 12-1 所示，将程序中的＋，误输入成{，当按回车键时，会显示出错提示窗口，刚输入的一行变成红色，出错的部分高亮显示。

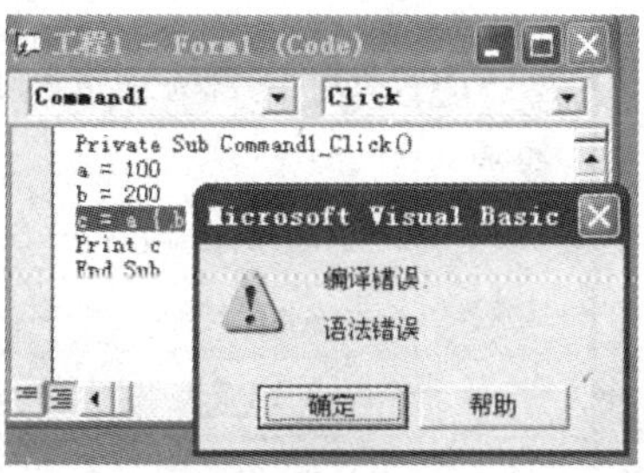

图 12-1　语法错误

单击出错提示窗口中的“确定”按钮(或按回车键),关闭该窗口,对出错的程序进行修改。如果不想对其进行修改,则可将光标移到下一行(或按回车键)继续输入程序代码,但出错行的代码依旧是红色的,直到改正为止。

如果对出错提示窗口中的内容不理解,则在显示出错提示窗口后按 F1 键,即可显示该出错信息的帮助窗口。

注意,只有在设置了自动语法检查后,才会在输入代码的过程中出现语法错误提示窗口。自动语法检查可以通过“工具”菜单中的“选项”命令,在“编辑器”选项卡中进行设置。

12.1.2 编译错误 Compile Error

编译错误是将程序编译成可执行文件(.EXE)时,或用“运行”菜单中的“启动”命令(按 F5 键)运行程序时,由于未定义变量或漏掉了某些关键字等原因而引起的错误。此时,将弹出一个显示出错信息的窗口,并使有错误的程序行高亮显示,如图 12-2 所示。出现这类错误后,VB 将停止编译,并回到有错误的程序代码窗口。

图 12-2 编译错误

在输入程序时,VB 对输入的每行代码进行解释,发现语法错误后显示相应的信息,因此严格地说,语法错误实际上也属于编译错误。

12.1.3 运行错误 Run-Time Error

语法正确,但运行时无法执行的错误叫做运行错误。如以 0 作为除数,运行时将显示一个

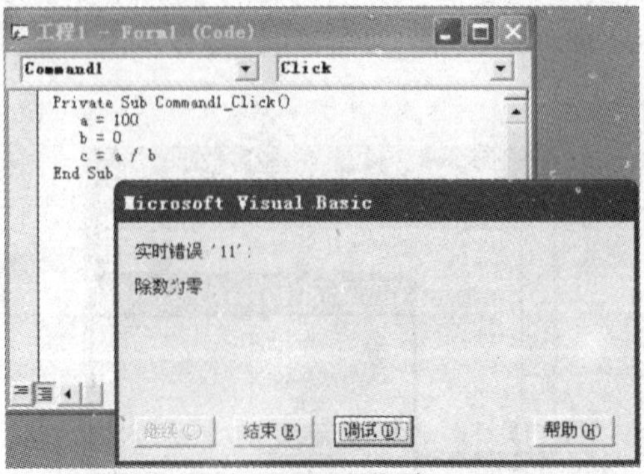

图 12-3 运行错误 1

信息框，如图 12-3 所示。当窗体上没有控件而设置该控件的属性时，也会产生运行错误，如图 12-4 所示。

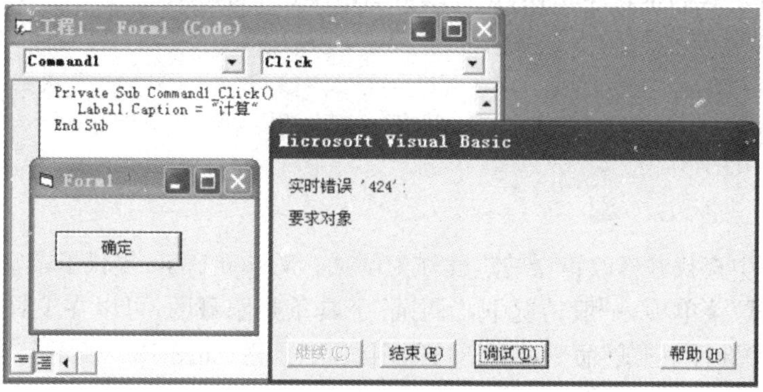

图 12-4　运行错误 2

12.1.4　逻辑错误 Logical Error

与语法错误和运行错误不同，逻辑错误一般不报告出错信息。也就是说，它既没有语法错误，也没有运行错误，从表面上看一切正常，但得到错误的结果。例如，将＋写成了－。这类错误最难发现，因而也最危险。减少或克服逻辑错误，没有捷径可寻，只能靠耐心、经验以及良好的编程习惯。

12.1.5　应用程序的模式

作为一个集编辑、编译与运行于一体的集成环境，VB 提供了 3 种模式的工作状态，方便用户测试和调试应用程序。

1. 设计模式

启动 VB 后，即进入设计模式，在主窗口标题栏上显示“[设计]”字样。

功能：设计窗体布局、绘制控件、编写代码、设计并查看属性等。还可以在代码窗口中设置断点，创建监视表达式，但不能在设计模式下使用调试工具。

2. 运行模式

执行菜单“运行|启动”命令(或按 F5 键、单击工具栏上的“运行”按钮)，即进入运行模式，此时标题栏上原来显示的“[设计]”被“[运行]”代替。

功能：同应用程序交换信息，但不能修改程序。

3. 中断模式

进入中断模式后，标题栏中原来显示的“[设计]”或“[运行]”被“[中断]”代替，中断模式暂停程序的执行。在中断模式下，可以检查程序代码并进行修改，也可以检查数据是否正确，修改完程序后，可继续执行程序。

功能：分析应用程序的当前状态并修改程序代码，并且所有的调试工具都是在中断模式下运行的。在程序调试中，用户可以随时进入中断模式。进入中断模式有以下几种方式：

① 按下 Ctrl＋Break 键来引导程序由运行模式切换到中断模式；

② 选择菜单“运行|中断”命令或单击“中断”按钮将应用程序置于中断模式；

③ 在设计模式下通过设置断点或者使用“Stop”语句将应用程序置于中断模式；

④ 应用程序在运行时产生错误，也可以自动切换到中断模式。

12.2 程序调试

在应用程序中查找并修改错误的过程称为调试。Visual Basic 提供了丰富的调试工具。在菜单栏中有“调试”菜单项，一般情况下，“调试”工具条是隐藏的，可以在工具栏上单击鼠标右键，在弹出菜单中选择“调试”命令，即可打开“调试”工具栏，如图 12-5 所示。

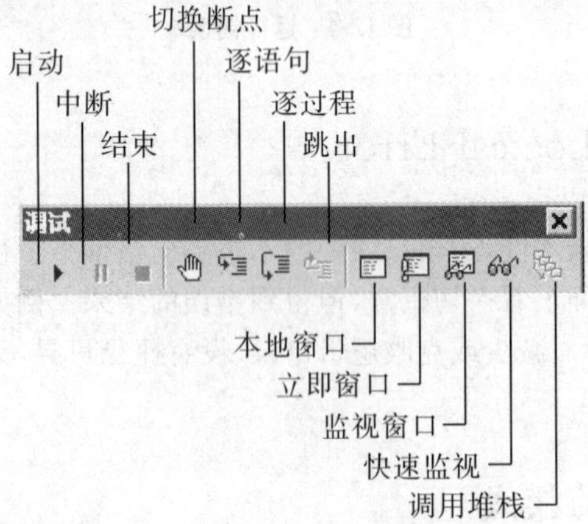

图 12-5 调试工具栏

12.2.1 调试工具栏

调试工具栏中提供了常用的调试功能的快捷按钮，各按钮的功能如下：

① 启动：启动应用程序。

② 中断：临时中止程序执行，单击“启动”恢复运行。

③ 结束：停止程序运行，返回设计模式。

④ 切换断点：在光标所在行设置或清除断点。

⑤ 逐语句：逐条语句地执行程序，每执行一条语句后就返回到中断模式。如果执行的是过程调用的代码，“逐语句”会跟踪到被调用的过程中，继续逐条语句地执行。

⑥ 逐过程：以整个函数或过程为一个整体，一次执行。逐过程与逐语句一样，能够一条语句一条语句地执行代码。但逐过程调试时，把被调用的函数或过程当作一个语句来看待，不会跟踪执行到过程中。

⑦ 跳出：连续执行完该过程的其余部分，返回调用过程的下一条语句并回到中断模式。

⑧ 本地窗口：显示当前过程中所有变量和活动窗体的所有属性值。Me 代表当前窗体。

⑨ 立即窗口：可以检查某个属性或者变量的值，也可以对表达式求值，或为变量、属性赋

值等。

⑩ 监视窗口：对用户定义的表达式进行监视。

⑪ 快速监视：在应用程序处于中断模式时，列出表达式的当前值。

⑫ 调用堆栈：当处于中断模式时，出现一个对话框显示所有已调用但尚未完成运行的过程。

【例 12.1】 计算 10 以内的偶数之和。

新建工程，在窗口中放置一个命令按钮，将按钮的 caption 设置为“求 10 以内的偶数和”，界面如图 12-6 所示，在命令按钮的 Click 事件中输入如下代码：

```
Private Sub Command1_Click()
  s = 0
  For i =0 To 10 Step 2
    s = s + i
  Next i
  Print s
End Sub
```

图 12-6　程序执行界面

利用调试工具可以跟踪并查看程序执行过程中各个变量值的变化过程，以便了解程序的执行过程。

12.2.2　本地窗口

本地窗口显示当前过程中所有的变量的值，当程序的执行从一个过程切换到另一个过程时，本地窗口的内容会发生改变，它只显示当前过程中可用的变量。

① 单击调试工具栏上的“逐语句”。

② 单击调试工具栏上的“本地窗口”按钮，或选择“视图”菜单中的“本地窗口”菜单项，打开本地窗口。

③ 单击窗体上的按钮，程序进入代码窗口，可以在代码上看到黄色的标记，表明是当前正在执行的语句。如图 12-7 所示。

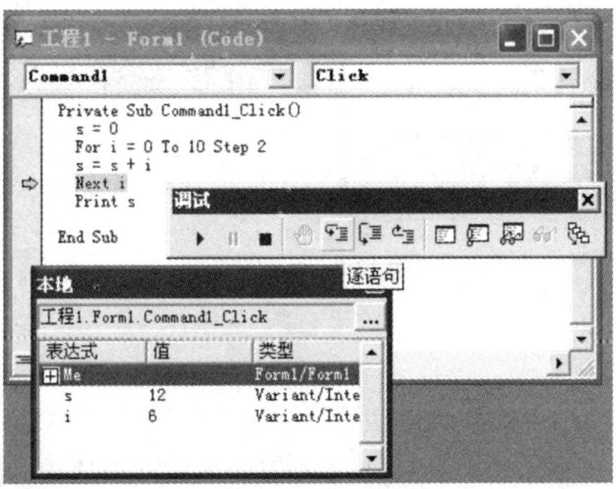

图 12-7　本地窗口

④ 不断地单击“逐语句”按钮，程序不断执行，可以看到本地窗口中的变量值在不断变化。

12.2.3 立即窗口

立即窗口使用方便，不仅可以显示变量、表达式的值，还可以给变量、对象属性赋予新的值，甚至可以在立即窗口中直接执行 Visual Basic 语句。

① 在代码窗口的左侧点击，给语句设置断点，该语句会变成暗红色，并在左侧有一个暗红色的圆点。

② 运行程序，由于设置了断点，当程序运行到断点处时，程序就会停止在该语句处。单击表单中的“命令”按钮，在代码窗口中可以看到在中断处的语句上有黄色显示，表示为当前执行语句。

③ 单击调试工具栏中的“立即窗口”，或选择“视图”菜单中的“立即窗口”菜单项，在打开的立即窗口中输入“print command1. caption”并回车，立即在窗口中显示当前命令按钮的 caption 属性的值，如图 12-8 所示。

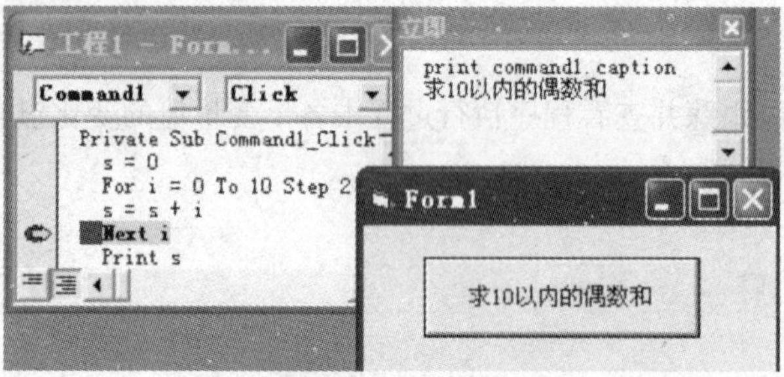

图 12-8 立即窗口

④ 在立即窗口中输入语句“command1. caption=″求和″”，回车，再次回到表单界面，可以看到命令按钮的 caption 属性的内容发生了变化，如图 12-9 所示。

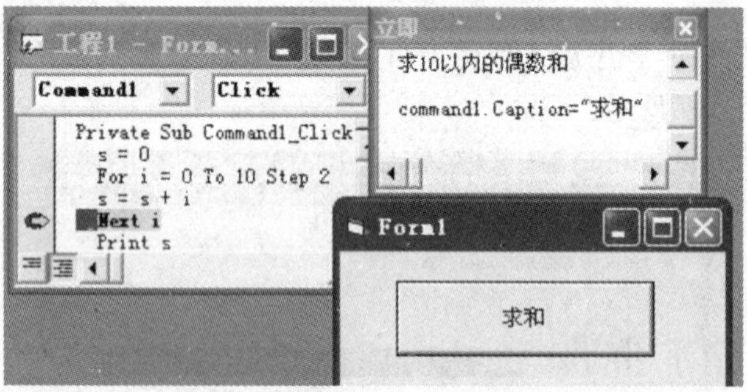

图 12-9 立即窗口

12.2.4 监视窗口

在中断模式下，使用监视窗口，可以选择观察某个变量或表达式的值。该窗口只在中断模式下可用，要监视变量的值，需要在设计模式时添加监视表达式。

① 单击调试工具栏中的“监视窗口”，或选择“视图”菜单中的“监视窗口”，打开监视窗口。

② 在监视窗口上单击鼠标右键，选择菜单中的“添加监视”，在打开的对话框表达式项设置 s>10，监视类型选择“当监视值为真时中断”，如图 12-10 所示，然后单击“确定”，即在监视窗口中增加了一个监视项。

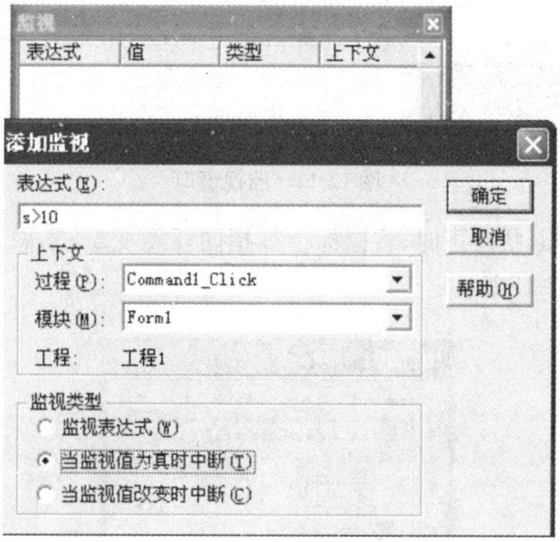

图 12-10　添加监视

③ 在监视窗口中，鼠标右键单击，选择菜单中的“添加监视”，在“表达式”中输入“i”，如图 12-11 所示，单击“确定”，则在监视窗口中又增加了一个监视项。

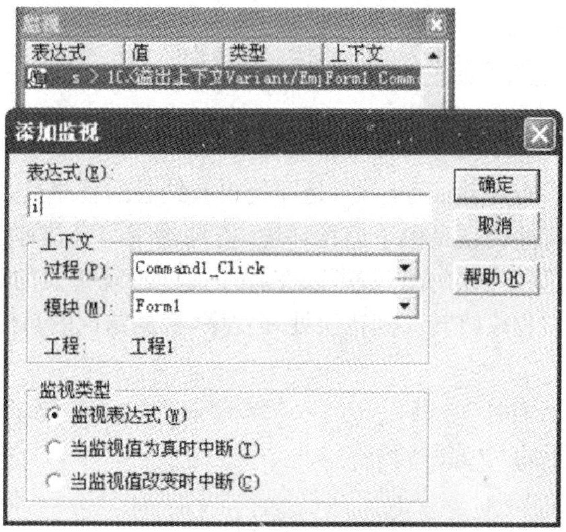

图 12-11　设置监视表达式

④ 执行程序，当单击表单中的命令按钮后，程序中断了，如图 12-12 所示，在监视窗口中显示的信息，表示当 s 的值大于 10 时，程序中断了执行，此时 i 的值为 6(即 s=0+2+4+6=12>10)。

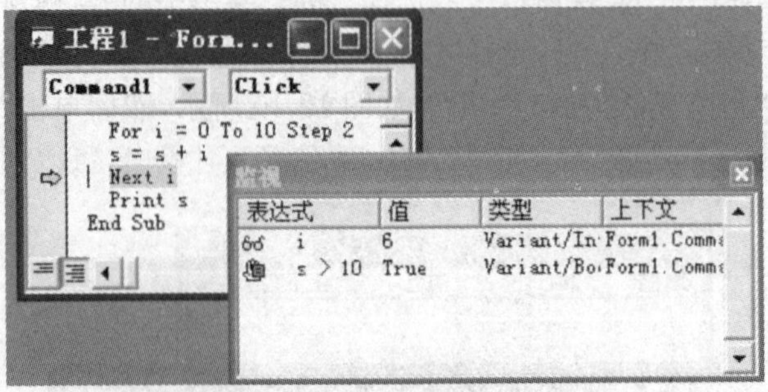

图 12-12 监视窗口

其实,当程序处在中断状态下时,将鼠标指针指向任意变量,稍做停留,就会在鼠标指针旁显示变量当前值,如图 12-13 所示。

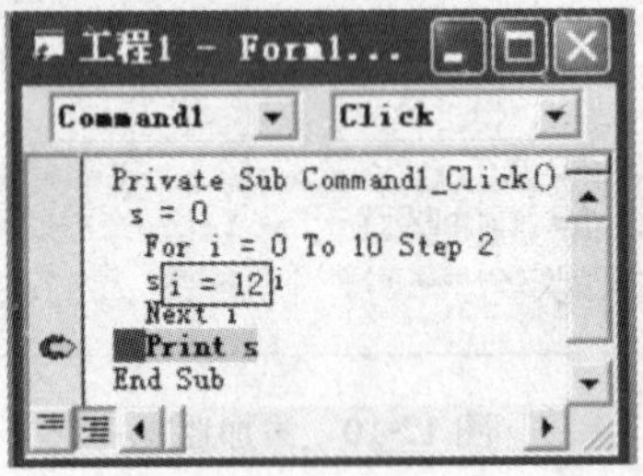

图 12-13 中断时显示变量值

12.3 错误处理

使用调试工具可以检查并验证程序,但是即使再有经验的程序员,无论如何细心,也不可能绝对避免错误的发生。有些错误是由于运行环境、资源使用等其他原因造成的。例如,打开的文件不存在。为了避免这种错误的出现,可以在程序可能出现错误的地方设置错误陷阱,用来捕获错误,一旦错误发生,程序将转移到错误处理程序,根据错误的具体情况按事先设计好的方法做出处理。

12.3.1 错误处理的步骤

① 利用 Err 对象记录错误的类型、出错原因等。

② 强制转移到用户自编的错误处理程序段的入口。

③ 在错误处理程序段内,根据具体错误进行处理,若问题解决了,则在处理后返回原程序的适当位置继续执行,否则停止程序执行。

12.3.2　Err 对象

当程序运行出错后，与错误有关的信息都保存在 Err 对象中，可以通过查看 Err 对象的属性以确定产生错误的原因。

1. Err 对象的主要属性

(1) Number

该属性为数值类型，取值范围为 0～65535，是 Err 对象的默认属性，用于保存错误号。

(2) Source

该属性为字符串类型，指明错误产生的对象或应用程序的名称。

(3) Description

该属性为字符串类型，用于记录简短的错误信息描述。

2. Err 对象的常用方法

(1) Clear

清除 Err 对象的当前属性值。

(2) Raise

产生错误，用于调试错误处理程序段。

12.3.3　On Error 语句

捕获错误的基本方法是在程序的开始放置错误转移命令，相当于激活错误处理程序。On Error 语句有 3 种格式：

格式一：

On Error GoTo <语句标号>　' 标号为错误处理语句处的标号

可能出现错误的语句部分

……

Exit Sub(Function)

标号：错误处理部分。

说明：在没有发生错误时，程序通过 Exit Sub(Function)语句正常退出，如果发生错误，则程序跳转到标号所标志的错误处理部分。

格式二：

On Error Resume Next

可能出现错误的语句部分

说明：当错误发生时，程序将忽略错误不进行处理，而是继续执行下一条语句。

格式三：

On Error GoTo 0

可能出现错误的语句部分

说明：这里的 GoTo 0 不是指程序跳转到第 0 行，而是当出错发生时，关闭当前过程中所有已启动的错误处理程序，把错误处理权交给系统。

12.3.4 Resume 语句

Resume 语句用于在错误处理程序结束后，恢复原有的运行，具体使用时也有 3 种格式：

格式一：

Resume

说明：结束错误处理程序，并执行产生错误的语句。

格式二：

Resume Next

说明：结束错误处理程序，并执行产生错误的语句后的下一条语句。

格式三：

Resume 行标号

说明：结束错误处理程序，并在行标号指定的位置处恢复程序执行。行标号必须与错误处理程序在同一过程中。

参 考 文 献

[1] 刘新民，等. Visual Basic 6.0 程序设计[M]. 北京：清华大学出版社，2004.

[2] 刘炳文. Visual Basic 程序设计教程[M]. 3 版. 北京：清华大学出版社，2006.

[3] 王萍，等. Visual Basic 程序设计基础教程[M]. 北京：清华大学出版社，2006.

[4] 龚沛曾，陆慰民，杨志强. Visual Basic 程序设计教程[M]. 3 版. 北京：高等教育出版社，2007.

[5] 沈祥玖. VB 程序设计[M]. 北京：高等教育出版社，2005.

[6] 刘瑞新. Visual Basic 程序设计[M]. 北京：机械工业出版社，2006.

[7] 王旭启，等. Visual Basic 程序设计语言[M]. 北京：北京理工大学出版社，2010.